海南热带果树气象服务

张京红　王春乙　杨再强　黄海静 等　编著

气象出版社
China Meteorological Press

内 容 简 介

　　本书从应用角度出发,阐述了热带果树气象服务的基础理论和方法。全书分为绪论、海南主要热带果树品种特性及分布、海南热带农业气候资源分布、海南热带果树气象灾害风险评价、海南热带果树关键生育期的环境调控、海南热带果树天气指数保险、海南热带果树气象服务 7 章。着重阐述了热带果树气象灾害风险评价、气象保险指数计算及合同拟定等内容,同时总结了当前热带果树主要气象服务的一些研究成果。

　　本书可供从事农业气象、农业保险、园艺栽培和气象服务的工作人员参考。

图书在版编目(CIP)数据

海南热带果树气象服务 / 张京红等编著. -- 北京 :
气象出版社,2016.12
　ISBN 978-7-5029-6489-4

　Ⅰ.①海…　Ⅱ.①张…　Ⅲ.①热带果树-果树园艺-
农业气象-气象服务-海南　Ⅳ.①S162.5

　中国版本图书馆 CIP 数据核字(2016)第 287880 号

出版发行:气象出版社
地　　址:北京市海淀区中关村南大街 46 号　　　邮政编码:100081
电　　话:010-68407112(总编室)　010-68409198(发行部)
网　　址:http://www.qxcbs.com　　　**E-mail**:qxcbs@cma.gov.cn
责任编辑:陈 红 马 可　　　　　　　　　终　审:邵俊年
责任校对:王丽梅　　　　　　　　　　　　责任技编:赵相宁
封面设计:易普锐创意
印　　刷:北京中新伟业印刷有限公司
开　　本:787 mm×1092 mm　1/16　　　印　张:15.25
字　　数:387 千字
版　　次:2016 年 12 月第 1 版　　　　　印　次:2016 年 12 月第 1 次印刷
定　　价:48.00 元

前　言

海南是中国唯一位于热带的省份,土地肥沃,光热资源丰富,干湿季节明显,雨量充沛,终年无霜雪,同时种植期长,一年四季都能进行农业生产,素有"天然大温室"的美誉。海南热带水果种质资源丰富、产量高、品质优良,是我国主要的热带水果生产区,有"热带水果王国"美称,热带水果种植亦是海南重要的农业和旅游经济支撑。据不完全统计,海南拥有热带水果品种 29 个科、53 个属,为全国及世界其他地区所罕见。目前,海南省种植的热带水果主要有香蕉、芒果、荔枝、菠萝、龙眼、椰子等。与此同时,海南地处热带,海域辽阔,海洋、大气交互作用强烈,台风、暴雨洪涝、大风、干旱、低温、高温等气象灾害连年不断。由于农业生产周期长,基础设施薄弱,气象灾害对海南农业的影响最为严重。据统计,海南省近 4 年气象灾害造成的全省直接经济损失平均约 64 亿元,占全省 GDP 的 3% 左右,其中 2014 年台风"威马逊"造成直接经济损失达 119.5 亿元。日益严峻的农业巨灾风险已经成为经济发展和社会稳定的重大安全隐患,如何开展好农业气象服务,做好灾害风险的评估工作,发展相应的防范对策,已然成为当前急需解决的难题。

2012 年以来,"海南主要热带水果寒害风险管理在农业保险中的应用"项目组针对海南主要热带水果香蕉、芒果、荔枝、龙眼等,在大量收集资料和广泛调研的基础上,开展了热带果树品种种植分布、农业气候资源分布、气象灾害风险评估等研究,建立了热带果树天气指数保险模型,设计了热带水果保险合同并进行了示范应用,提出了热带果树气象服务措施。研究成果在应用中不断得到修正及完善。本书主要展示了近年来项目组在热带果树气象灾害风险评估、气象指数保险及气象服务等方面取得的成果:①收集整理了主要热带水果的生物学特性,分析了海南主要热带水果的主栽品种及其在海南岛的种植分布情况。②研究了气候变化大背景下,海南岛农业气候资源的变化特征及其影响。分析显示海南岛热量资源呈现出明显增加的趋势,年平均最低气温的增温速率较大,升温最明显,热量生产潜力明显提高,在一定程度上会减少低温冷害和寒害对作物生长的威胁,保证作物安全越冬。光照资源近年来有下降趋势,其中 1981—2010 年≥15 ℃、≥20 ℃界限温度生长期间的日照时数均值分别为 1921、1609 小时,比 1961—1980 年分别减少了 86、47 小时。水资源全岛分布不均,总体较丰富,分布呈环状,东部多于西部,山区多于平原,山区又以东南坡最多。东部多雨区年平均降雨量为 1975～2070 mm,多雨中心琼中年平均降雨量达 2388.2 mm;西部沿海地区年平均降雨量不足 1000 mm(东方 940.8 mm),约为东部多雨区的一半,永兴岛年降雨量为 1473.5 mm。③以寒害为例,利用 1990—2010 年海南主要热带水果产量和气象资料,采用线性滑动平均、回归分析、信息扩散等方法,构建了热带水果的理论收获面积模型和气象灾害指数,建立了气象灾害的减产率序列,并建立产量风险评价模型,结合地区间不同品种热带水果种植规模风险的差异,对海南主要热带水果产量风险进行了区划。香蕉寒害产量高风险区主要为五指山市;次高风险区包括白沙市、琼中县大部分地区,东方市、昌江县东南角,乐东县、保亭县北部,屯昌县西部;次低和低风险区主要位于海南岛东部和南部地区,包括琼海至三亚沿海一带市(县);其余地区为中等风险区,主要为海南岛北部和西部、南部部分地区。荔枝产量高风险区位于海口、琼中和五指山等地,东部、西部和南部的沿海地区风险最低,其他多为中等以上风险。芒果寒害风险最高的地区主要集中在西部的儋州和临高;较高风险区位于白沙、昌江的部分地区;东方、乐东的风险低于前者;三亚和陵水产量风险相对全岛为最低,其中三亚很少受到寒害的影响。④收集了与主要热带水果生长、发育及生理活动有密切关系的关键生育期的温度、光照、水分、养分条件,提出了关键生育期环境因子的调控措施。⑤选择香蕉、荔枝、芒果等主要热带水果作为研究对象,利用 1990—2010 年(有产量统计)的气象灾害指数和产量数据建立热带水果相对气象产量拟合方程,基于 1961—1989 年(无产量统计)的气象资料,计算气象灾害指数,通过方程计算得到对应年份的相对气象产量序列,构建了香蕉、荔枝、芒果三种主要热带水果 1961—2010 年的总减产率序列。采用极值理论中的 Weibull 分布(Ⅲ型极值分布)计算热带水果单产风险的分布。利用三种水果 1961—2010 年的寒害减产序列和单产风险分布参数,分别计算免赔额为4％、6％、8％和 10％时的纯保险费率。以海南岛内的 18 个市(县)作为聚类样本,以寒害风险度和产量风险度分别作为聚类指标,选择系统聚类法中离差平均和法,将 18 个市(县)划分为5 个等级,分别赋予不同的风险系数,作为对保险费率的校正,计算得到修正后的保险费率。不同的寒害风险区可以应用不同的免赔额,因寒害造成的减产如果超过当地的免赔额,依据指数计算单位面积的赔付率。随着免赔额的提高,纯保险费率相应的降低,投保人需支付的保费减少,但承担的风险也随之增大。基于研究成果,设计了热带水果保险合同,并进行了示范应用。⑥分析了致灾因子危险性、承灾体暴露性和脆弱性,得出了海南主要农业气象灾害的综合风险区划。其中热带气旋灾害高风险区位于文昌、琼海、万宁三市(县)的沿海地区,以及海口市东部、陵水县东北部地区;次高风险区主要分布在东部沿海市(县)与内陆市(县)接壤的一侧陆地,以及三亚市、东方市的沿海地区;中等风险区主要分布在西部沿海地区,以及定安、屯昌、琼中、保亭等市(县)的东部地区;海南岛中南部山区是热带气旋灾害的次低及低风险区。暴雨洪涝灾害高风险区主要分布在琼海南部、万宁东部、陵水北部一带及海口市大部分地区;次高风险区主要分布在临高和儋州地区,以及文昌、琼海北部到屯昌一带;中等及次低风险区分布中部及西南部的大部分地区;低风险区分布在海南岛的高海拔地区,主要包括五指山、琼中、乐东三市(县)辖区内的大型山脉地区。干旱灾害高风险区在东方市,次高风险区位于陵水、三亚、乐东、临高、昌江县,中等及次低风险区主要分布在海口、澄迈、定安、文昌、琼海、陵水、屯昌、白沙、五指山、保亭等地,琼中县是海南岛发生干旱灾害风险最低的地区。低温冷害灾害高风险区及次高风险区位于海南岛中部的五指山、白沙、琼中、昌江及乐东等市(县)的高海拔地区;中等及次低风险区主要位于五指山以北的地区,即文昌、海口、定安、屯昌、临高、澄迈各市(县)及中部山区的河谷地带;低风险区主要分布于陵水、三亚、乐东到东方一带的沿海地区。基于灾害风险分析结果,提出了相应的热带水果常见气象灾害防御措施。⑦提出了热带水果的气象服务新方式——热带水果气候品质认证,通过对认证产区基本概况进行调查分析,找出各生育阶段品质建成的关键气候因子,评估生育期内的气象灾害对水果品质的影响,建立气候品质模型,根据模型计算结果对农产品气候品质进行认证,为用户提供农产品气候品质认证报告,并给品质达到优以上的农产品发放气候品质认证标签。⑧构建了集产量预测、小气候监测、灾害监测及气象保险指数计算于一体的热带水果气象服务系统。

　　本书共分为 7 章,第 1 章和第 2 章介绍了海南的地理气候特征和热带果树品种特性及种植情况,由王春乙、杨再强执笔;第 3 章详细介绍了海南的农业气候资源特征,由张京红、张明洁执笔;第4章对海南热带果树的气象灾害进行了评价,由王春乙、张京红执笔;第5章对海南热带果树关键生育期的环境调控进行了详细阐述,由黄海静、张亚杰执笔;第6章设计了海南热带果树天气指数保险合同,由张京红、车秀芬执笔;第7章对海南热带果树气象服务的内容进行了介绍,由杨再强、黄海静执笔。在本书的编写过程中,资料收集和数据整理得到了海南省气象科学研究所刘少军、蔡大鑫等人的大力帮助,在此表示衷心感谢!

本书承国家自然科学基金项目"海南主要热带水果寒害风险管理在农业保险中的应用"(项目编号:41175096)、海南省自然科学基金项目"海南岛香蕉产量风险分析和区划研究"(项目编号:414198)、中国气象局华南区域气象中心科技攻关项目"芒果气候品质认证技术研究"(项目编号:GRMC2014M16)等资助,得到了项目承担单位海南省气候中心的大力支持。

由于本书编写者水平有限,难免出现错漏,敬请专家及同行批评指正,欢迎读者多提宝贵意见。

编者

2016 年 3 月 5 日

目　录

第 1 章　绪　论

1.1　海南省简介

海南省位于中国最南端,于 1988 年 4 月 26 日成立并建海南经济特区,地理位置为东经 107°50′~119°10′,北纬 3°20′~20°18′,北靠广西、广东两省,西与越南隔海相望,东为台湾省、菲律宾吕宋岛,南临东南亚诸国。其行政区域包括海南岛和中沙、西沙、南沙群岛及其海域。全省陆地面积 $3.54×10^4$ km²,占全国国土面积的 0.35%;授权管辖海洋面积约 $210×10^4$ km²,约占全国海洋面积的 60%,是我国陆地面积最小、海洋面积最大的热带海洋岛屿省份,也是我国跨纬度最大的省级行政区和我国最大的经济特区,海南省的行政区图见图 1.1。海南省陆地面积最大的是海南岛,全岛面积约 $3.43×10^4$ km²,是我国仅次于台湾岛的第二大岛,地处北纬

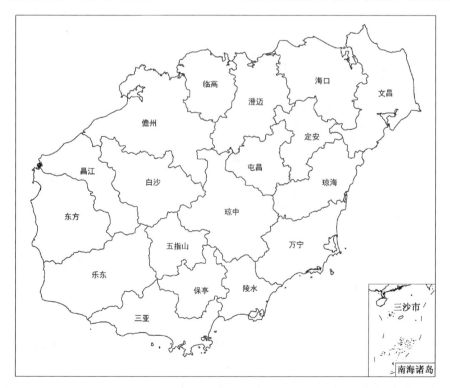

图 1.1　海南省行政区图

18°10′~20°10′，东经 108°37′~111°03′，与广东省的雷州半岛琼州海峡相隔，形似一个呈东北至西南向的椭圆形大雪梨，长轴作东北至西南向，长约 290 km；西北至东南宽约 180 km。

1.2 海南省地理气候特征

海南岛地形为一穹形山体（见图 1.2），中间凸起，四周较低。从海岸到岛的中部依次分布着 5 种不同的地形：海涂—平原—台地—丘陵—山地。其中海拔 500 m 以上的山地占 24.7%，海拔 100~500 m 的丘陵占 10.3%，海拔低于 100 m 的台地占 53.6%，平原占 8.2%，沙地占 2.3%，其他占 0.9%。登上中部的山顶，放眼向四面望去，海南岛的地形就像楼梯似的，一级级往下降，形成环形层状的梯级结构。海南岛的山脉多数海拔在 500~800 m，海拔超过 1000 m 的山峰有 81 座，海拔超过 1500 m 的山峰有五指山、鹦哥岭、俄鬃岭、猴猕岭、雅加大岭、吊罗山等。这些大山大体上分为三大山脉，五指山山脉位于岛中部，主峰海拔 1867 m，是海南岛最高的山峰；鹦哥岭山脉位于五指山西北，主峰海拔 1811.6 m；雅加大岭山脉位于岛西部，主峰海拔 1519.1 m。

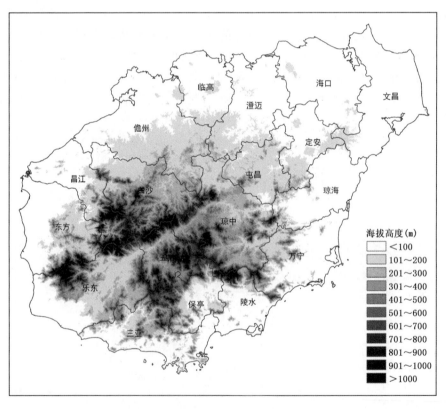

图 1.2 海南岛地形图

山地和丘陵的周围是台地。台地大多很平坦，就像一个个大平台，形状和大小都不一样。海南岛的台地大部分是海拔 20 m 左右和 40~50 m 的两级台地，面积约占全岛总面积的一半以上。40~50 m 台地靠近山地丘陵，受沟谷切割较多；20 m 台地分布在外侧，形状较平坦完整。海南岛的平原有冲积平原、海积平原、冲海积平原等种类，但平原面积不多，只占全岛面积的 1/10 多一点儿,是海南粮食的主产区。

海南的海岸类型多种多样,有沙的,有石的,最多的是泥的,也就是"滩涂"。滩涂中又以红树林滩最具热带海岛特色。红树林号称海上森林,是靠海潮传播种子而繁衍起来的。它像一道道绿色长城,护卫着海岸,养育着鱼虾,被誉为"海岸卫士"和"造陆先锋"。海南岛上河流众多,不算支流,仅算流入大海的河流就有 154 条。其中南渡江、昌化江和万泉河是海南省三大河流。由于受中间高四周低的地势特征影响,河流从中部山地发源,向四面八方流入南海,形成一个水量不能互补的辐射状水系。海南岛河流数量多,流程短。地势落差大,水能资源丰富。因而海南岛上的大小河流都建有大坝和水库,用于灌溉、发电、养鱼等。

海南省第一大河南渡江,全长 334 km,源于白沙县南丰山,流经白沙、儋州、琼中、屯昌、澄迈、定安、海口等市县,在海口市三联村流入琼州海峡。在上游的儋州建有松涛水库和南丰水电站,用以农业灌溉和发电,今已开发为旅游景点并对游客开放。第二大河昌化江,全长 232 km,源于琼中县五指山北麓,流经琼中、保亭、乐东、东方、昌江等市县,由昌化湾注入北部湾。在东方县内河段建有全省最大的水电站——大厂坝水电站,向附近市县供电、供水,创造着较大的经济效益。万泉河为海南第三大河,全长 163 km,上游分南北两支流,北支流源于鹦哥岭东麓,南支流源于五指山北麓,向东流经万宁市与北支流汇合,后经琼海市的博鳌港流入南海。在琼海市和万宁市交界处建有牛路岭水电站。

海南地处热带,属热带季风海洋性气候,长夏无冬,降水丰沛。基本特征为:四季不分明,夏无酷热,冬无严寒,气温年较差小,年平均气温高;干季、雨季明显,冬春干旱,夏秋多雨,多热带气旋;光、热、水资源丰富,台风、暴雨、雷电、干旱等气象灾害频繁。

海南省温度较高(见图 1.3),终年高温的天气为全国之冠。岛上大部分地方一年中以 7月份平均气温最高。日最高气温在 30 ℃ 或以上的日数约在 28 天以上。但是,多年极端最高气温都没有出现在 7 月,而大多数是出现在 4 月中旬—5 月。海南岛最冷的月份是 1 月,平均气温在 16~20 ℃。极端最低气温也是出现在 1 月份,一般在 1~5 ℃。冬季(12 月—翌年 2月),是一年中最冷的季节;夏季(6—8 月),是一年中最热的季节。年极端最高气温出现在海南北部内陆,达 41.1 ℃;年极端最低气温出现在海南中部山区,为 −1.4 ℃。海南年平均气温在 22~26 ℃,年平均海水温度为 26 ℃。海南最冷月是 1—2 月,平均气温为 19.8 ℃;最热月是 6—7 月,平均气温为 28.3 ℃。海南各地年平均气温分布基本呈中间低四周高的环状分布,各地年平均气温在 23.1~27.0 ℃,中部山区的琼中最低,为 23.1 ℃,南部和西部沿海地区一般接近或高于 25.0 ℃,三沙最高,为 27.0 ℃。海南各地年平均最高气温在 28.2~30.4 ℃,南部高于北部,南部地区的乐东最高,为 30.4 ℃,北部的海口最低,为 28.2 ℃。海南各地年平均最低气温在 19.6~25.2 ℃,中部琼中和五指山最低,为 19.6 ℃,三沙最高,为 25.2 ℃。

海南位于北回归线以南,太阳可照时间长。一年中太阳在芒种和小暑前后两次直射头顶。白昼超过 12 h 的日数有半年之多,夏至当日可达 13 h 以上。即便是在冬至前后,海南得到的光热也比我国其他地区多,日照时数仍可达到近 11 h。大部分地区夏季日照最多,春季次之,冬季最少。海南气候温和,终年无霜雪,日照时间长,雨量充沛,光热水同季,气候生产潜力高,素有"天然大温室"的美称,全年皆为喜温喜热作物的活跃生长期,物种资源十分丰富,是我国重要的热带水果生产基地。海南为中国纬度最低的省份,常年阳光普照,全省大部分地区日照时数在 1900~2100 h(见图 1.4),但各地年日照时数差异比较大,保亭最少为 1755.2 h,三沙最多为 2739.7 h,冬季最少,夏季最多,峰值位于 5 月和 7 月。

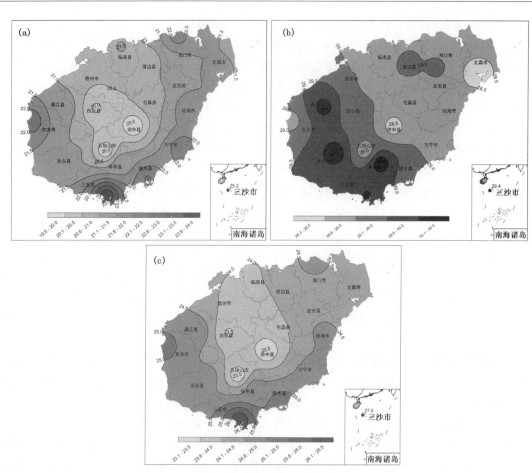

图 1.3　海南省最低气温(a)、最高气温(b)、平均气温(c)分布图(单位:℃)(1960—2014 年)

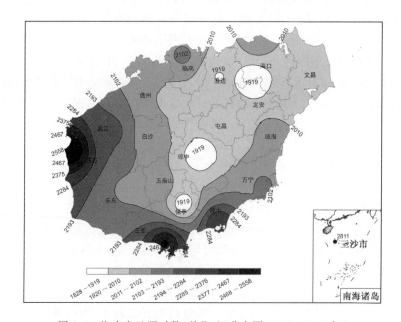

图 1.4　海南省日照时数(单位:h)分布图(1960—2014 年)

　　海南是同纬度世界上降水量最多的地区之一,水汽来源充足,降水总量多,但季节和时空分布不均,降水集中、强度大。东部多于西部,山区多于平原,山区又以东南坡最多。雨季一般出现在 5—10 月,干季为 11 月至翌年 4 月,海南干湿季分明。雨季的雨量,占年降水量的 80.4%~90.5%,旱季只占 9.5%~19.6%。海南大部分地区常年雨量丰沛,年降水量 949.7~2388.1 mm(见图 1.5),东部多于西部。东部地区年平均雨量超过 1900 mm,多雨中心琼中年平均雨量达 2388.1 mm。西部地区年平均雨量不足 1700 mm,少雨中心东方年平均雨量仅为 949.7 mm。各地降水主要集中于 4—11 月,峰值位于 8—10 月。

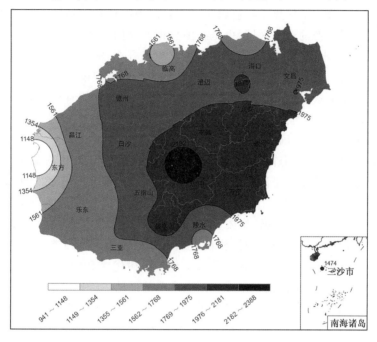

图 1.5　海南省降雨量(单位:mm)分布图(1960—2014 年)

　　海南岛处在西北太平洋台风的西移路径之上,在海南岛登陆的台风次数占全国台风登陆总数的四分之一。次数多、强度大、季节长是海南台风的三大特点。一年之中 5—11 月是台风季节,而以 8—9 月最盛。在海南岛登陆的台风平均每年近 3 次,如包括在附近登陆影响海南岛的在内,平均每年刮台风八九次,台风登陆的主要地段是岛东部的文昌、琼海、万宁一带,故被称为“台风走廊”。台风刮来时,往往也是降水最多、时间最集中的时候,风雨交加,常常造成树木折断、房屋倒塌、山洪暴发,甚至造成人畜伤亡。因此,台风是海南省最主要的自然灾害之一。

　　海南的气候资源虽然丰富,但同时气象灾害也十分严重。气象灾害是自然灾害中最为频繁而又严重的灾害,中国每年由于气象灾害所造成的经济损失达 2000~3000 亿元,其中农业所遭受的损失尤为严重。由于农业关系国计民生,在国民经济中的地位十分重要,采取科学措施规避气象灾害风险,减少农业损失,确保农业的健康稳定发展是政府部门和广大科研工作者当前面临的重大问题。在海南省,主要的气象灾害有热带气旋、暴雨、干旱、雷暴、高温、低温阴雨、雾等,每年因气象灾害引起的经济损失都在数十亿元以上,极大地制约了海南热带农业的发展(陈君 等,2007)。因此,如何做好海南主要热带果树的气象服务是值得深入研究的问题。

1.3 海南省热带水果概况

海南是中国唯一的热带省份,拥有得天独厚的气候资源,土地肥沃,气候温和,光热资源丰富,干湿季节明显,雨量充沛,终年无霜雪,同时种植期长,一年四季都能进行农业生产,素有"天然大温室"的美誉。从产业结构看,从 2004 年的三次产业比例 36.9：23.4：39.7 到 2014 年三次产业的比例为 23.13：25.02：51.85,产业结构属于农业旅游业拉动的"三二一"型。热带水果是其中一项很重要的热带特色农业。而且海南省适宜种植的水果品种也相当广泛,是我国发展热带水果生产的理想区域,也是我国热带产品的主产区,适宜各种热带、亚热带果树生长,果树品种资源丰富,热带、亚热带水果种类相当齐全,80% 以上销往国内各大中城市,是名副其实的全国人民的冬季"果盘子"。虽然海南的陆地面积仅为 3.4×10^4 km^2,但热带水果中菠萝、香蕉、芒果的规模、效率、产值和综合比较优势相比其他省份都要高,未来应该继续巩固和发展其比较优势,增加种植面积,并根据市场的需要及时进行调整品种。增加热带水果种植业的科技投入,扩大国内国际市场(刘海清 等,2009)。

独特的地域、气候条件使海南成为我国的"热带水果王国"。有资料显示,除东南亚之外,世界上大部分热带地区均属干旱沙漠地区,海南有发展热带水果不可多得的"地利";据不完全统计,海南拥有热带水果品种 29 个科、53 个属,为全国及世界其他地区所罕见。海南热带水果种植种类从建省前的菠萝、香蕉、荔枝、芒果等少数几个发展到现在的菠萝、香蕉、荔枝、芒果、龙眼、番石榴、番木瓜、杨桃、红毛丹、柑橘、橙、毛叶枣等几十个种类。一些具有热带、亚热带特色的果树逐步引进并不断消化创新,使海南热带果树优质品种不断涌现。而且许多水果均可常年生产,独特的资源条件使水果成为海南产业的强项。建省以来,海南省充分发挥热带资源优势,大力发展名、优、特、新、稀热带水果生产,使热带水果生产成为海南的支柱产业和新的经济增长点(王萍,2010;李玉萍,2006)。1952 年,全岛水果种植面积仅 0.13×10^4 hm^2,产量仅 0.52 万 t。改革开放之后,海南省水果种植面积和产量均不断增加。1990—2004 年,海南果树种植面积、产量分别从 3.67×10^4 hm^2,15.28 万 t 增加到 16.38×10^4 hm^2,143.45 万 t,增长了 346%,839%,是种植业中增长最快的产业(陈业光,2006)。2000—2007 年,海南热带水果的产量总体呈上升趋势,涨幅达到 119%,种植面积和收获面积的涨幅分别为 23.36% 和 99.74%(李玉萍,2006;王萍,2010)。

2000—2014 年,海南热带水果的产量总体呈上升趋势,除了 2002 年、2004 年和 2014 年总产量有所下降以外,其他年份都稳步上升。2000 年海南热带水果总产量 106.33 万 t,2014 年总产量为 311.35 万 t,涨幅 193%。同时,海南热带水果的种植面积除了 2005 年、2008 年、2009 年、2013 年和 2014 年略微下降以外,基本也呈现一个平稳增长趋势。2000 年海南热带水果的种植面积为 13.92×10^4 hm^2,到 2014 年种植面积已达到 16.54×10^4 hm^2,涨幅为 19%。收获面积除了 2008 年和 2014 年下降之外,总体呈现较高的增长趋势,从 2000 年的 6.41×10^4 hm^2 到 2014 年的 14.01×10^4 hm^2,涨幅为 119%(见表 1.1)。可以看出,2000 年以来,海南的热带水果产业的生产得到了稳步的发展。目前,海南省种植的热带水果主要有香蕉、芒果、荔枝、菠萝、龙眼和椰子。

表 1.1　2000—2014 年海南热带水果种植概况

年份	年末种植面积(hm²)	当年新种面积(hm²)	收获面积(hm²)	总产量(万 t)
2000	139233	38287	64107	106.33
2001	148087	33027	80660	143.64
2002	157433	30867	86887	139.08
2003	159160	26547	89220	148.05
2004	163813	25873	96313	143.45
2005	163400	23400	103660	152.53
2006	169740	26560	114540	187.85
2007	171760	26020	128047	233.31
2008	171160	22520	127673	247.87
2009	170633	28353	136427	267.95
2010	174533	27267	138920	285.36
2011	179580	32520	147733	308.17
2012	179787	26640	151393	334.63
2013	171100	21113	151893	342.54
2014	165367	22313	140107	311.35

数据来源:2000—2014 海南省统计年鉴。

1.3.1　海南香蕉种植概况

香蕉已被联合国粮农组织(FAO)定位为发展中国家仅次于水稻、小麦、玉米之后的第四大粮食作物。中国既是世界香蕉生产国之一,又是香蕉消费大国,其全年的消费量位居全球第二位,年消费增量也较大,因此,中国香蕉的增产与消费的潜力备受世界关注。作为香蕉原产国之一,中国也是世界上栽培香蕉历史最悠久的国家之一,有两千年以上的栽培历史。我国的香蕉生产主要分布在广东、广西、海南、云南、福建等华南五省(自治区),四川、贵州南部也有少量栽培(杨培生 等,2003)。在全国五大香蕉产区中,海南省香蕉产业起步较晚,但是发展迅速,已经成为海南的特色优势产业。海南具有得天独厚的气候资源生态条件,是我国生产香蕉最适宜的产区,也是发展高产优质香蕉最理想的生产基地。海南省气温相对阴凉,昼夜温差大,有利于香蕉果实的养分积累,加上引种优良品种,香蕉风味浓郁,糖度高、品质优。与国内其他省区香蕉主产区相比,海南香蕉外观、质量明显高出一个档次。可以说,海南香蕉具有占据中国市场、抢占国际市场的强劲势头(傅真晶 等,2010)。海南香蕉种植主要分布在琼西南和西北部地区,西南以乐东、东方、昌江等市县为代表,西北以临高、澄迈和海口等市县为代表。海南从 1995 年开始大面积栽培香蕉以来,香蕉种植已形成了区域化布局、基地专业化生产、产业化经营格局,规模化经营程度较高(郑维全等,2011)。我国是香蕉生产大国,根据农业部统计数据,2013 年我国香蕉产量 1211.46 万 t,世界排名第一;种植面积 595.67 万亩*,世界排名第六。其中,海南香蕉产量 202.87 万 t,种植面积 79.81 万亩,是我国第四产蕉大省。2000—

---

　*　1 亩=1/15 公顷,下同。

2014 年,海南省香蕉的收获面积与总产量均有大幅的提升,2014 年海南省香蕉收获面积为 2000 年的 2 倍以上,总产量增长了 166.61％(见表 1.2)。海南香蕉生产占本省水果生产比重最高,其中,面积约占 1/3,产量占一半以上,2013 年海南香蕉生产面积和产量分别占海南省水果面积和产量的 31.08％和 59.19％(张放,2014)。香蕉产业也是海南农业的重要支柱产业,是海南农民重要的收入之一。近年,海南香蕉产业在其各主产市县的农业产值中占有很重要的位置,各级政府及农业部门都把香蕉作为重要的农业支柱产业来抓。2013 年,海南香蕉年总产值 80.9 亿元,在全省所有热带水果的总产值中排列第一,约占全省热带水果总产值的 50％(张艳玲 等,2015)。

表 1.2　2000—2014 年海南省香蕉生产概况

年份	2000	2005	2010	2012	2014
收获面积(hm²)	20439	28056	47824	56835	42792
总产量(t)	600274	913257	1722931	2091019	1600406

1.3.2　海南芒果种植概况

芒果是海南重要的热带水果之一,号称"热带水果之王",为世界五大水果之一,其产量仅次于柑橘和香蕉,在热带水果中排名第三。芒果原产于印度东北部与缅甸交界处,印度已栽培 4000 余年,先后传至东南亚、非洲、美洲、澳洲等地区。目前芒果广泛分布于南、北纬 28~30° 的热带、亚热带地区,全世界有 80 多个芒果生产国,其中印度栽培面积最大,在 $100×10^4$ hm² 以上,占该国果树总面积的 70％,其产量居世界首位(郑素芳 等,2011)。近年来,中国已成为世界第二大芒果生产国,同时也是世界最大的芒果消费市场(倪明鑫 等,2010)。我国芒果的种植和生产主要分布在台湾、广东、海南、广西、福建、四川、云南等地。目前,海南省芒果的收获面积和产量均居全国第一。海南省地处热带,气温高,阳光充足,温度适宜,比内陆芒果生产地温度都高,冬季一般是少雨,有利于芒果的生产。特别是海南西南部气候长夏无冬,而芒果性喜温暖,不耐寒霜,喜光,故而海南是芒果生产适宜区。由于生产中熟品种与广东、广西、云南等地不存在竞争优势,因此海南的芒果生产主要以早熟品种为主。在芒果种植技术方面,海南省大力开展科研工作,早从 20 世纪 90 年代中期开始,海南省农业厅就开始组织教学、科研、生产等相关单位的专家组成调查组,对海南芒果品种及其适应性进行调查,提出适宜海南种植的芒果品种与商品化生产适宜区,此后陆续组织先进种植技术的推广和应用,领先其他省份。海南芒果生产已从传统的小生产种植,向专业化、规模化、产业化方向发展,成为海南热带作物种植业的支柱产业,特别是海南南部、西南部地区重要的经济来源。海南省芒果栽培历史较悠久,建省前芒果产业发展缓慢,1985 年种植面积仅 760 hm²,产量 1184 t。建省后,海南芒果产业得到迅速发展,发展最快时期为 1993—2003 年,平均每年新增种植面积 4024 hm²。近年来,在种植面积稳定的情况下,品质不断提升,产量、产值不断增加,到 2014 年种植面积和产量达到 46862 hm² 和 45.25 万 t。目前海南芒果主要以三亚、陵水、乐东、东方、昌江为最适宜区。这五个市县的栽培面积和产量占海南省种植面积和总产量的 80％以上,并且逐年递增,至 2007 年,已高达 94％(张一举 等,2011)。种植面积和产量增加较多的主要栽培县市为海南农垦、三亚、东方、乐东、昌江、陵水,其中海南农垦和三亚市增幅最大。2003 年后全省栽培面积基本保持稳定,但是产量大幅度提高(高爱平 等,2010)。2000—2014 年海南省芒果的收获面积与总产量的生产概况见表 1.3。可以看出,自 2000 年以来,海南省芒果的收获面积与总产量稳步上升,2014 年海南省芒果收获面积为 2000 年的 2.1 倍,总产量为 2000 年的 4.5 倍,增幅巨大。

表 1.3　2000—2014 年海南省芒果生产概况

年份	2000	2005	2010	2012	2014
收获面积(hm²)	19455	32682	39442	39230	40129
总产量(t)	101220	222685	370172	411243	452518

1.3.3　海南荔枝种植概况

荔枝又名离枝、丹荔,为热带、亚热带常绿乔木,是我国华南特有的珍贵热带果树,因其果实色泽鲜艳、肉质细嫩多汁、香甜可口而享誉中外,被称为中华之珍品,有"人间仙果""佛果""果王""岭南佳果"的美称。目前认为荔枝属仅有 2 个种,荔枝中国种和菲律宾种,中国种为栽培种,分布于中国,有专家认为海南的野生荔枝是变种,菲律宾种为野生种,主要分布于菲律宾。全世界荔枝分布广泛,如中国、美国、印度、以色列、墨西哥、澳大利亚、南非和越南等国家均有分布。荔枝作为一种小宗的热带、亚热带水果,在国际水果贸易中所占比例很小。世界荔枝产量的 98% 产于北半球,产期集中在 5—8 月。荔枝主产国如中国、印度、泰国的荔枝主要是内销。泰国荔枝产量的 10% 左右用于出口,市场主要为东南亚国家,如马来西亚、新加坡等地。据 2010 年统计,全球荔枝种植总面积为 $70×10^4$ hm²,总产量 250 万 t,其中我国种植面积为 $55.56×10^4$ hm²,总产量达 175.83 万 t,分别约占世界种植面积和总产量的 80% 和 75%。中国(含台湾)无疑是最大的荔枝生产地,产量 139 万吨(含台湾 11 万吨),占世界总产的 70%。据统计中国的荔枝品种有 140 个以上,主要分布在南部、西南部和东南部,以广东、广西、海南、福建、四川等省区栽培最盛。主栽品种有妃子笑、三月红、黑叶、桂味、糯米糍、白蜡、大造等十几个品种。荔枝喜高温高湿,喜光向阳,海南省的气候条件十分适宜其生长。海南荔枝的发展经历了几个阶段:1952—1964 年为快速发展期;1965—1984 年为停滞期;1985—1990 年为恢复增长期;1991—2000 年为迅猛发展期;2001 年至今为稳定发展期。海南荔枝资源丰富,有单果重 3~4 g 的焦核荔、单果重 72 g 的鹅蛋荔、种子完全退化的无核荔;20 世纪 90 年代初引进的妃子笑,现已是海南荔枝的主栽品种;同时引进的白糖罂、白蜡、黑叶、三月红等品种,都已在海南不同小环境中开花结果,种植表现都不错(陈业光 等,2008)。海南作为荔枝的原产地,在全省 18 个县市均有分布,主要分布在琼山、文昌、定安、屯昌、琼海、琼中、白沙、儋州、临高、澄迈等市县。海南荔枝的栽培面积均较小,但是与建省前相比,种植面积和产量均有大幅度提升。现海南荔枝主栽品种已从过去单纯的本地实生苗发展到以妃子笑(占 80% 以上)、三月红、白糖罂等嫁接苗为主。与广东、广西、福建等荔枝主产区相比,海南的生产管理水平和产业化水平还较低。2000—2014 年海南省荔枝的收获面积与总产量的生产概况见表 1.4。可以看出,2005 年以来,海南省荔枝的收获面积与总产量有了巨大的提升,2014 年海南省荔枝收获面积为 2000 年的 5.6 倍,总产量为 2000 年的 17.6 倍。

表 1.4　2000—2014 年海南省荔枝的生产概况

年份	2000	2005	2010	2012	2014
收获面积(hm²)	3249	16664	18328	18598	18261
总产量(t)	10376	70338	134969	146941	182340

1.3.4　海南菠萝种植概况

中国是菠萝的十大主产国之一,种植地主要分布在广东、海南、广西、云南、福建等省区,广东和海南是中国最大的菠萝种植、加工和出口基地。2012 年中国菠萝产量为 128.71 万 t (台湾省未统计在内),海南省菠萝的产量为 34.27 万 t,约占全国的 26.63 %。相比其他省份,海南省地处热带北缘,光温条件十分优越,是我国唯一能够较充分满足菠萝生长要求而又无低温寒害的省份,种植环境得天独厚,无污染,长夏无冬,菠萝不受冻害,全年均有鲜果上市。海南省已经成为中国菠萝第二大种植基地。海南菠萝的口感、色泽、香味、纤维度等明显优于国内其他区域的产品。同时,菠萝是海南省三大热带水果之一,而菠萝产业一直都是海南农业一个重要组成部分,在 20 世纪 90 年代,菠萝的种植规模甚至超过荔枝、芒果。目前,海南菠萝种植面积已发展到 8.3×10⁴ hm²,产量 20.28 万 t,占全国总产量的 24%,已形成了一定的产业规模。在销售方面,除本地外,鲜果主要供应北京、武汉、上海、杭州、广州、深圳等国内市场,出口量少,而罐头产品多外销至美国、英国、日本、文莱、乌克兰、新加坡、科威特、安哥拉、阿拉伯联合酋长国、西班牙、马耳他等 30 多个国家和地区,菠萝汁、菠萝饮料则只有少量出口。海南菠萝产区主要分布在文昌、海口、琼海、万宁、定安、琼中等县市。目前的栽培品种主要还是红毛种、巴厘种、沙捞越种和皇后种。近几年开发和引进了许多新品种,如香水菠萝、剥皮菠萝等。海南的菠萝产业在我国菠萝产业中的地位十分明显,种植面积和产量仅次于广东,位居第二,和其他各省比较,也有非常强的优势。而与广东比较,由于年均温高于广东,具有比较强的日照强度,海南菠萝成熟期早于广东菠萝 1 个月左右。因此,海南生产的菠萝成熟早、糖度高,且能最早占据国内市场,具备了比较好的市场优势。1991—2010 年,海南菠萝收获面积从 0.49×10⁴ hm² 发展到 0.99×10⁴ hm²,增长了 1 倍,足以说明菠萝种植在海南的发展势头;而海南菠萝总产量从最低的 5 万 t 上升到 30 万 t。20 年间,面积增加了 1 倍,产量增加了 5 倍,这其中主要归功于单位面积产量稳固上升。在 20 年间,无论种植面积如何波动,菠萝单位面积产量稳步上升,到 2010 年,单位面积产量是 20 年前的 3 倍多,科技进步带动果农生产水平的提高以及生产投入的增加是主要因素(贺军虎 等,2012)。2000—2014 年海南省菠萝的收获面积与总产量的生产概况见表 1.5,无论收获面积还是总产量,海南省菠萝的生产始终稳步上升。

表 1.5　2000—2014 年海南省菠萝的生产概况

年份	2000	2005	2010	2012	2014
收获面积(hm²)	9919	7240	9869	11293	11647
总产量(t)	238853	202648	297352	342721	373075

1.3.5　海南龙眼种植概况

如今中国是世界上龙眼栽培面积最大的国家,我国龙眼主要分布于广东、广西、福建和台湾等省(自治区),种植面积和年产量占全国总种植面积和总产量的 98％以上,海南、四川、云南和贵州省也有小规模栽培。世界上栽培龙眼的国家还有泰国、越南、老挝、缅甸、斯里兰卡、印度、菲律宾、马来西亚、印度尼西亚、马达加斯加、澳大利亚、美国,其中印度、泰国栽培面积分别位于世界第二、第三位,产量也位居世界前三。目前,龙眼在国际水果贸易中所占比例很小。主要生产国的产品主要是内销,市场上产品大多以鲜食和罐头为主,出口也主要以鲜果和罐头为主。每年鲜龙眼的国际贸易量为 30 万 t。全球龙眼种植面积约 62.67×10^4 hm^2,总产量约 157 万 t。我国龙眼种植总面积 46×10^4 hm^2,产量 94 万 t,分别占世界的 73.4％和 59.87％以上。龙眼果实味甜,亦含有多种维生素、矿物质、蛋白等营养物质,深受广大消费者的喜爱。海南省是龙眼原产地之一,在琼中县仍存在着龙眼的野生群落。近年来,海南省的龙眼产业发展迅猛。其中以海口市的永兴、石山、美兰、旧州和定安县的龙塘等乡镇的龙眼最为著名。以前属小规模和零星栽培,20 世纪 90 年代以来,龙眼生产得到快速发展,成为海南省栽培面积较大的名特优水果。在 80 年代以前,海南栽培的龙眼大多数为本地的实生树,主要分布在各地的村庄和居民点,多属零星种植,很少连片栽培。随着龙眼嫁接苗的应用推广,海南从广东、广西和福建引进了储良、石硖、双孖木、乌圆、福眼等品种。经过比较,筛选出储良和石硖 2 个优良品种在全省大面积推广。储良的栽培面积最大,其次为石硖,其余品种只有个别果园种植。据统计,1987 年,全省龙眼种植面积 1307 hm^2,收获面积 87 hm^2,总产量 477 t;1997 年种植面积 8985 hm^2,收获面积 280 hm^2,总产量 920 t;至 2006 年,种植面积 11795 hm^2,收获面积为 4981 hm^2,总产量 20250 t。至 2014 年底,龙眼种植面积 9641 hm^2,产量达 4.8 万 t。虽然占全国的比重较小,但因海南省具有独特的气候特征和丰富的光热资源,一年四季都能为龙眼生长提供必要的光、热条件,因而是龙眼生长的最佳区域,与其他龙眼产区相比,具有气候优势、品种优势。因此,海南龙眼产业经济效益相当显著,前景非常光明(韩剑,2007)。2000—2014 年海南省龙眼的收获面积与总产量的生产概况见表 1.6。可以看出,2000 年以来,海南省龙眼的收获面积与总产量持续增长,2014 年海南省龙眼收获面积为 2000 年的 4.4 倍,总产量为 2000 年的 13.2 倍。

表 1.6　2000—2014 年海南省龙眼的生产概况

年份	2000	2005	2010	2012	2014
收获面积(hm^2)	1621	4521	6611	7016	7213
总产量(t)	3644	15654	35155	42370	48060

1.3.6　海南椰子种植概况

我国椰子分布在海南、广东、台湾、云南、广西等省、自治区,以海南东南沿海为主要产区。椰子全身都是宝,椰肉、椰水、椰壳、椰衣、椰子树杆、椰子叶等均可综合利用,用途极其广泛,且椰子经济寿命较长,因此被称为"宝树"和"生命树"。国外椰子用途多达 360 多种。我国的椰子系列产品也有 30 多个品类。

椰子是热带喜光作物,在高温多雨阳光充足和海风吹拂的情况下生长发育良好。它要求年平均气温在 26～27 ℃,年温差小;年降水量 1300～2300 mm;年平均日照在 2000 h 以上。我国种植椰子已有 2000 多年的历史,主要集中在海南岛。海南岛因广种椰子,享有椰岛之称。椰子属植物类有机果实,含丰富维生素、氨基酸和复合多糖物质,系营养保健的一种纯天然绿色食品,被海南省视为打入国际市场的最佳"椰岛产品"。中国加入 WTO 后,对椰子及其产品的需求量还将不断扩大。海南对于开发椰子系列产品,满足国内需求,进军国际市场具有得天独厚的优势,市场前景非常广阔。椰子与海南地区的文化紧密联系,是海南地区人们生活的重要组成部分。椰子可以作为鲜果直接食用,是食品加工业的重要原料,也是重要的热带景观树种,具有较高的环境与生态效益,同时也是海南旅游业的重要标志。1998 年,为了充分发挥海南热带资源优势,因地制宜解决椰果市场供需矛盾,海南省委、省政府发出"大种椰子、富民强省"的总动员令,在全省范围内实施"百万亩椰林工程",海南椰子种植面积有所增加(董志国,2007)。椰子容易栽培和管理,这也使得长期以来对椰子种植业缺乏足够的重视,小规模种植,管理粗放,造成低产或不产出,海南椰子年均单株产量远远低于国外高产地区的产量水平。海南椰子种植业从 20 世纪 50 年代初的 4000 多 hm² 发展到如今的 40000 多 hm²,面积差不多扩大到 10 倍,年产量从不到 1000 万个到现在的 2.5 亿个左右,增加到 25 倍。到 2014 年,海南椰子种植面积约 $3.66×10^4$ hm²,年产椰果 2.53 亿个。2000—2014 年海南省椰子的收获面积与总产量的生产概况见表 1.7。可以看出,2000 年以来,海南省椰子的收获面积与总产量保持增长的势头,2014 年海南省椰子收获面积与 2000 年相比增加了 51%,总产量增加了 32%。

表 1.7 2000—2014 年海南省椰子生产概况

年份	2000	2005	2010	2012	2014
收获面积(hm²)	19598	24896	27443	29031	29598
总产量(万个)	19166	24007	23125	24155	25292

第 2 章 海南主要热带果树品种特性及分布

2.1 热带果树品种及生物学特性

2.1.1 香蕉

2.1.1.1 香蕉的品种

香蕉是世界上著名的热带和亚热带水果,其富含碳水化合物,维生素 A、维生素 C、维生素 B 等多种维生素和 8 种氨基酸。香蕉依食用方式可简单地分为鲜食香蕉、煮食香蕉和菜蕉三类,也经常合称香蕉和菜蕉。目前我国没有菜蕉栽培。香蕉生产栽培中的分类是根据香蕉的植株形态特征及经济性状划分的。我国香蕉品种属 Musa AAA 类群,Dwarf cavendish 亚群(香芽蕉),栽培品种十分丰富,约有几十个,可归纳为矮秆香芽蕉、中秆香芽蕉、高秆香芽蕉三大类别。

(1)大株型品种

大株型品种可分为:矮秆矮脚、矮秆中脚、矮秆高脚,中秆矮脚、中秆中脚、中秆高脚,高秆矮脚、高秆高脚。

1)矮秆香芽蕉:茎秆矮粗。上、下茎粗较均匀,茎高 115～200 cm,叶柄、叶片短,叶距、果梳距密。果穗细小,单株产量低,果指短小、弯度大,果梳不太整齐,三层果多。含糖偏低,果实风味中等,唯独香味较浓。抗风性强,耐寒、耐病性差(冬期花蕾抽出困难,易感香蕉束顶病和叶斑病)。

①矮秆中脚品种

天宝矮蕉:矮秆中脚品种,原产福建天宝,为闽南主栽品种,茎高 140～175 cm,茎粗 47～58 cm。果穗长 45～65 cm,果指数 145～185 只,果指长 15.8～19 cm。果形弯月,果实含糖量较低,香味较浓,品质中等。一般株产 11～20 kg,单产(按 1/15 hm² 计算,下同)1600 kg。高产 2600 kg。抗风力强(10 级风力倒株率少于 4％),抗病性较差,低温下抽蕾困难,适于沿海地区栽培。因单产低、果指短小,栽培面积有逐年缩小的趋势。

属矮秆中脚栽培品种还有:广西浦北矮蕉、广东阳江矮蕉、海南文昌矮蕉、云南红河矮蕉等,其品种性状与天宝矮蕉十分相似。

②矮秆高脚品种

赤龙高身矮蕉:矮秆高脚品种,原产海南横流,为海南西南部主栽品种。茎高 165～200 cm,茎粗 54～62 cm,果穗长 53～78 cm,果指数 155～205 只,果指长 16.8～19.8 cm,果形弯月,果实品质中等。一般株产 13.5～22 kg,单产 1800～2800 kg。抗风力强,耐寒、抗病性较差,在海南栽培表现较好,为矮秆蕉优良品种,适于华南沿海地区推广应用。

属矮秆高脚栽培品种还有:广东高州矮蕉、云南高身红河矮蕉等,其品种性状与赤龙高身矮蕉无明显差异。

2)中秆香芽蕉:茎秆高度中等(185～330 cm),茎粗大,上、下茎粗差异中等或较大,叶柄、叶片中等长或较长,叶距、果梳梳距中等或较疏。果穗中等或较长,果指中等或较长,果形较弯或微弯,果梳较整齐,三层果数中等或较少。含糖量中等或较高,果实风味中上或优良,抗风性中等或较强,耐寒性中等或较强,耐病性中等或较强,适应性较广。

①中秆矮脚品种

广东香蕉 1 号:中秆矮脚品种,是广东省果树研究所从高州矮品种的优良自然芽变单株选出育成。已在广东、海南、广西推广应用达 2500 余 hm²。茎高 185～235 cm,茎粗 55～63 cm。果穗 57～85 cm,果指数 160～220 只,果指长 17.8～20.6 cm。果形稍弯,果实品质中上,一搬株产 15.5～27.5 kg,单产 2200～3300 kg。抗风力较强(10 级风力倒株率 13％),抗病性中等,耐寒性稍差。集抗风力强矮秆蕉株型与高产、果质中上中秆蕉的优良性状于一体,适于台风区栽培,近年成为广东湛江市、海南儋州市主栽品种之一。

属中秆矮脚栽培品种还有:广东大种矮把、萝岗矮把、云南上允矮把、河口矮把、海南赤龙矮把等,其品种特性与广东香蕉 1 号近似,但产量与果质的表现差于或稍差于广东香蕉 1 号。

②中秆中脚品种

东莞中把(又称黑脚芒):中秆中脚品种,原产广东麻涌,为珠江三角洲主栽品种。茎高 215～275 cm,茎粗 53～63 cm。果穗长 60～88 cm,果指数 156～215 只,果指长 17.8～20.8 cm。果形稍弯,果实品质中上。一般株产 15.5～28 kg,单产 1900～2900 kg。抗风力、耐寒性中上,抗病性、适应性较强,适于我国各蕉区栽培。

威廉姆斯 6 号:中秆中脚品种,为威廉斯品种的优系。原产澳大利亚,近年在广东、广西、海南等地大面积推广应用。茎高 230～285 cm,茎粗 52～62 cm。果穗长 65～100 cm,果指数 142～205 只,果指长 18.5～22 cm。果形稍直较长,排列紧贴,梳型美观,便于包装,果实品质中上。一般株产 16.5～30 kg,单产 2100～3200 kg。抗风力、抗病性中等,耐寒性稍强,适于各蕉区栽培,可作外销生产品种。

厂尔香蕉 2 号:中秆中脚品种,是广东省果树研究所从越南品种的优良芽变单株选出育成。已在广东、海南、广西等地推广应用达 6000 余公顷。茎高 220～260 cm,茎粗 54～65 cm,果穗长 63～95 cm,果指数 158～215 只,果指长 18.3～22 cm。果形微弯较长,含糖量较高,香味较浓,果实品质优良。一般株产 17～31 kg,单产 2150～3250 kg。抗风力中上(9 级风力倒株率 12.5％),适应性较强,唯独耐寒性稍差。集抗风力中上中秆中脚蕉型与高产、优质高秆蕉的优良性状于一体,适于沿海地区栽培,还可供外销生产推广应用。

属中秆中脚栽培品种还有:台湾北蕉、广东矮身矮脚顿地雷香蕉、广西玉林中把等,其品种性状与东莞中把近似。

③中秆高脚品种

高身矮脚顿地雷香蕉:中秆高脚品种,原产广东高州,为广东粤西地区主栽品种之一,茎高 250～300 cm,茎粗 52～63 cm。果穗长 62～95 cm,果指数 154～210 只,果指长 18.2～21.5 cm。果形微弯,果实品质中上。一般株产 16～29 kg。单产 1950～2950 kg。抗风力中下,抗病、耐寒性中等,适应性较强,适于各蕉区栽培。

大种高把(又称大种龙芽、大叶青):中秆高脚品种,原产广东东莞麻涌,为珠江三角洲主栽品种之一。茎高 253～310 cm,茎粗 53～64 cm。果穗长 64～98 cm,果指数 150～205 只,果指长 18.2～21.6 cm。果形微弯,果实品质优良。一般株产 16.5～29.5 kg,单产 2000～3000 kg。抗风力中下,抗病、耐寒性中上,适应性较强,适于各蕉区栽培。

台湾 8 号:中秆高脚品种,选自台湾蕉,为广东、海南、广西近年推广良种。茎高 265～335 cm,茎粗 49～59 cm。果穗长 65～105 cm,果指数 145～205 只,果指长 18.6～22.3 cm,果形稍直较长,梳型整齐美观,便于包装运输。果实品质中上。一般株产 16.5～30.5 kg。单产 2050～3150 kg。抗风力较差,抗病、耐寒性较好,适于台风较小地区栽培,可作外销生产品种。

属中秆高脚栽培品种还有:高身威廉斯、波约、广东黄把头、白油身、潮安高把、云南河口高把、广四玉林高把、海南陵水台湾蕉等,其品种性状与大种高把基本相近,仅在茎秆色泽、粗度、叶片开张、果实腊质、果形或产量等性状上存在某些差别。如黄把头以茎秆、叶柄呈黄绿色、黑褐斑较小著称,白油身以果皮披蜡质呈油蜡状著称等。

3)高秆香芽蕉:茎秆高大,270～450 cm。上茎细,下茎粗,差异大,叶柄、叶片长,叶距、果梳梳距疏。果穗长,果指长大,果形微弯或较弯,果梳整齐,三层果少。含糖量较高,果实风味中上或上等,抗风力差。耐寒性中等或较强,耐病性中等或较强。

①高秆矮脚品种

仙人蕉:高秆矮脚品种,原产台湾,由台湾北蕉变异而来,为台湾主栽品种。茎高 270～385 cm。茎粗 50～59 cm。果穗长 60～110 cm,果指数 140～200 只,果指长 18.6～22.3 cm。果形较直,长大,果实品质中上。一般株产 16～30 kg,单产 1900～3050 kg。抗风力差,抗病、耐寒性较好,适于台风较小地区栽培,可作外销生产品种。20 世纪 80 年代,台湾香蕉研究所从该品种的组培苗选出抗黄叶病台蕉 1 号新品系。

属高秆矮脚栽培品种还有:广东高脚齐尾、全身高脚屯地蕾、广西玉林高脚,其品种性状表现与台湾仙人蕉近似。

②高秆高脚品种

垂叶高脚顿地雷:高秆高脚品种,原产广东高州,为茂名市主栽品种,尤以高州栽培为多,是高脚顿地雷一个优良品系。茎高 290～465 cm,茎粗 51～59 cm。果穗长 68～115 cm。果指数 140～215 只。果指长 19～23 cm。果形较直,长大,型好,含糖量较高(20%～21.5%)果实品质优良。一搬株产 18～34 kg。抗风力差(9 级风力倒株率 80%),抗病、耐寒性较好,适于台风小的地区栽培,为优良外销生产品种。

属高秆高脚栽培品种还有:广西高型香蕉、云南高脚香蕉,其品种植株形态与垂叶高脚屯地蕾相近,但产量与果指质量不及垂叶高脚屯地蕾。

(2)大蕉(含灰蕉)类

1)顺德中把大蕉(又称中脚大蕉):原产广东顺德。茎高 235～295 cm,茎粗 52～62 cm。果穗长 55～75 cm,果指数 100～155 只,果指长 13～17 cm。果形直且起棱,后熟皮较厚,色淡黄或土黄,肉质软滑,甜带微酸,含糖量 20%～23%,无香味。植株生势壮旺,对土壤、肥水要求没有香蕉严格。株产 12～22.5 kg,单产 1650～2425 kg。抗风力、耐寒、耐瘠、耐病、适应性均强,不论平原或山地均可栽培。

2)灰蕉(又称粉大蕉、牛奶蕉):茎高 270～400 cm,茎粗 55～65 cm。果形直且起棱,甚似大蕉,但果皮披白粉,皮厚。肉质软滑,乳白色,无香味,甜度较低,但无酸味。株产 14～25

kg。抗性与适应性近似大蕉,稍感黄叶病。

3)粉蕉(包括龙芽蕉)类

粉蕉(又称糯米蕉、米蕉、美蕉、旦蕉):茎高 250～380 cm,茎粗 50～62 cm。果穗长 45～85 cm,果指数 105～185 只,果指长 10～14 cm。果形直,间有微弯,棱不明显,果皮青绿披少量白粉,后熟皮薄,色淡黄或黄色,肉质滑,味甜,含糖高(23%～26%),微香。植株生势壮旺,对土壤、肥水要求不甚严格。株产 10～22 kg。抗风力较差,耐寒、耐病性(束顶病、叶斑病)较强,适应性较广,华南平原及丘陵、山地均可栽培,但易染黄叶病,卷叶虫危害较烈。

西贡蕉(又称象牙蕉):原产越南,为广西南宁、龙州、四川南部长江沿岸主栽品种,茎高290～430 cm,茎粗 54～66 cm。果穗长 15～95 cm,果指长 12～16 cm。果实形态与粉蕉相同,仅是青果皮色较青绿,果实品质与粉蕉相同。株产 12.5～25 kg,植株高大粗壮,耐寒性、抗旱性较强,抗风、抗病性与适应性与粉蕉相同。由于该品系果较大、高产,种植面积已逐步扩大。

中山龙芽蕉(又称过山香、沙香):原产广东中山。茎高 240～350 cm,果穗长 45～65 cm,果指数 90～150 只,果指长 9～14 cm。果身近圆略弯,后熟皮薄,色鲜黄,肉质粉滑,含糖较高(21%～24%),有特殊香味,品质优异。株产 9～17 kg。耐寒性介于香蕉与粉焦之间,较耐花叶心腐病、叶斑病,但易染黄叶病,抗风、抗虫性(象鼻虫)较差。适于华南地区排水良好水田或坡地栽培(侯振华,2011c)。

2.1.1.2 香蕉的生物学特性

香蕉为多年生常绿大型草本植物,属芭蕉科、芭蕉属。其高度因品种及栽培环境条件而有所不同,高度在 1.5～6 m 不等。成年香蕉植株主要是由根、球茎、假茎、叶片、果穗等组成。植株的基部称球茎,大部分在地下(也称地下茎)。香蕉的叶包括叶鞘、叶柄、叶片 3 部分。叶鞘叠裹而成的主秆称假茎,花芽分化后,在假茎中央着生撑起花蕾向上抽生的茎,称花序茎、气生茎。从假茎顶部至花蕾的气生茎称果轴。果轴从球茎向上生长把花蕾顶出假茎的过程叫抽蕾。开花后雌花子房长成的果实连同果轴称果穗,也称果串。果穗上一梳梳的果实称果梳、果把或果手,果梳上的单个果实称果指。每梳有果指两排,梳与梳着生的距离称梳队(李峰,2009)。香蕉组织器官名称如图 2.1 所示。

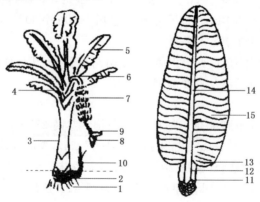

图 2.1 香蕉植株器官组织

(1. 根;2. 球茎;3. 假茎;4. 把头;5. 叶片;6. 果轴;7. 果穗;8. 雄花蕊;9. 苞片;

10. 吸芽;11. 叶柄;12. 叶柄沟槽;13. 叶基;14. 柄脉;15. 肋脉)

（1）根

香蕉是分株繁殖，属浅根性植物，根系属须根系，没有主根，故分布较浅（见图 2.2）。香蕉的大部分根从球茎周围生出，称为平行根，具有吸收肥水及固定植株的作用。少部分从球茎底部生出，向下生长，为直生根。除根尖外根的直径几乎相等。新根为白色，质脆易断。这种形态结构使香蕉根系对土壤的水分、氧分、营养状态等具有高度的敏感性（魏守兴 等，2008）。正常的香蕉根系分为原生根（由球茎中心柱的表面以 4 条一组的形式抽出）、次生根（由原生根长出）、三级根（由次生根长出）及根毛。香蕉的根属肉质根，粗 5～8 mm，白色、肉质，生长后期木栓化，为浅

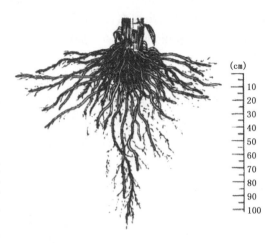

图 2.2　香蕉的根系

褐色。香蕉根的数量取决于植株的年龄及健康状况，香蕉没有主根，其肉质不定根着生于球茎，正常蕉株有 200～300 条根，分为侧根与下垂根。根系浅生，主要分布在土表下 10～30 cm 土层中，良好的土壤条件下侧根可长 60～100 cm，下垂根则可深 75～140 cm。

香蕉根系生长的适温为 20～30 ℃，其根系的抽生在生长季节和营养生长的中后期最为旺盛。4—8 月是根系生长最活跃的盛发时期，高温多雨有利于根系的生长发育，每个月根尖生长可达 60 cm。香蕉根际温度降至 10 ℃时。生长会受到抑制。在 9 月以后进入秋季，温度逐渐下降，同时降水量逐渐减弱，根系生长转入缓慢期。气温在 5 ℃以下时，香蕉根的生理活动处于半休眠状态。因此 12 月—翌年 2 月冬季，温度更低，雨量更少，根系生长转入相对的休眠期。气候的变化也影响根系的分布，从立春开始直到立秋，根向表土层生长，根群密布于表土层。白露以后，随着土温渐低，根系趋向较深土层生长（魏守兴 等，2008）。从香蕉生育期看，在 18～29 叶期间，根系生长最多，发育最快，抽蕾后蕉株基本不再抽生新根。在高温多湿的环境里，次生根与根毛有向上生长习性，故 5—6 月常见蕉园地面浮露出许多雪白的根毛；相反，在低温干旱季节，根系有向下生长的习性。

香蕉根系有如下特点：①好气性。香蕉根为肉质根，需要大量的氧气。土壤中氧气不足时，香蕉根会往上生长，严重时会烂根，故要求土壤疏松，不能渍水。②喜温性。根系的生长和吸收营养需一定的热量，冬季低温时不抽生新根，甚至会被冻死。4—9 月是高温多湿季节，根系生长速度最快，也是对肥料最敏感的时期。低温会影响根系对肥料的吸收。③喜湿性。香蕉根系十分柔搬，含水量高，根毛的生长需要很大的湿度，湿度不足，根毛死亡或不生长，根系易木栓化，降低吸收功能。土壤过于黏重，排水不良或地下水位过高，都会使根系发育不良。④巨型性。香蕉虽然没有巨大的主根，但有吸收功能的三级根也较大，直径可达 1～4 mm。⑤富集性。由于原生根不断从球茎抽生出来，致使根系密集在球茎附近 60～80 cm 范围内，极易造成这个范围内的营养枯竭及有害分泌物和微生物的积累（李峰，2009）。

（2）茎和吸芽

香蕉的茎干可分为真茎和假茎两部分。真茎又包括地下球茎和地上茎（果轴）。

地下球茎（见图 2.3）俗称蕉头，是整个植株的重要器官。香蕉植株在生长初期，地下球茎

的上半部被叶鞘所环抱,平时不易看到。但随着植株的不断生长,外围叶鞘逐渐枯萎脱落,球茎的上半部也逐渐露出地面,这种情况在宿根蕉园是比较普遍的(魏守兴 等,2008)。地下球茎是香蕉根、叶、芽眼、吸芽着生的地方,又是营养物质的贮存中心。球茎富含淀粉和矿质营养,其中央为中心柱,富含薄壁细胞和维管束,四周的皮层,上部着生叶硝,下部着生根系及吸芽。吸芽与母株的维管束是相通的,可与母株进行营养、水分及激素的交流。球茎上端有密生的圆形叶痕(即叶鞘着生的地方),叶鞘的小央是生长点,开始仅抽生叶片,当植株生长到一定程度,生长点叶芽转化为花芽,形成花蕾,并不断向上抽生;抽蕾后,撑着果穗,这就是气生茎,也就是含于假茎之中心的真茎(李峰,2009)。当地下茎的生长点上升到地面40 cm左右时,生长点就不再分化叶片而分化花序芽及苞片。香蕉的地上部分,开花结果而消耗大量营养物质以后,球茎还能残留下来,保留1~2年并可发生分蘖(侯振华,2011c)。

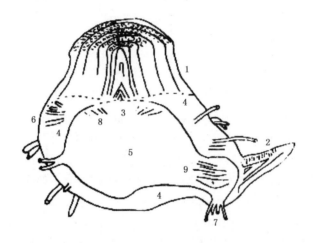

图 2.3　香蕉球茎纵剖图

(1. 叶鞘;2. 吸芽;3. 生长点及形成层;4. 皮层;5. 中心柱;6. 原根组;7. 根组；8,9. 叶基及中柱维管束组)

假茎也称蕉身,是由叶鞘层层紧压围裹而形成粗大的圆柱形茎秆(见图2.4)。从假茎的横切面结构可以看到叶鞘呈螺旋形排列,每片香蕉新叶都是从假茎的中心长出,使老叶及叶鞘逐渐挤向外围,从而促使茎干不断增粗。当最后一张叶片抽出后,假茎的叶心便抽出花轴(魏守兴 等,2008)。假茎含有丰富的养分,其中磷、钾的含量多于其他器官,而含氮量仅次于叶片。在抽蕾以后,香蕉假茎上的养分转移到果实上去,采收后也可部分回供吸芽生长。所以,高产的蕉株都有粗大的假茎,此外,假茎还起着支撑庞大的叶和花果的作用。假茎的高度因品种、品系及栽培条件等不同而有较大差异。

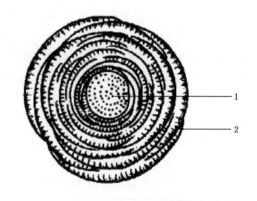

图 2.4　香蕉假茎横截面

(1. 花序着生的花轴;2. 叶鞘)

香蕉吸芽的抽生从春分开始,以4—7月最多,9月以后,吸芽生长缓慢甚至停止。抽芽依季节不同而分为红笋芽(2月后发生,上尖下大,形似竹笋,叶鞘呈鲜红色而得名)和褛衣芽

（8—10 月间发生的笋芽,翌春此芽越冬后因外表披着枯叶而得名）。依叶形不同又可分为剑叶芽(当代植株抽生,叶形尖窄如剑)和大叶芽(上代残留地下茎抽生,叶形短宽如卵形)。

（3）叶

香蕉为单子叶植物,叶形变化很大。蕉叶呈螺旋式互生,叶宽大,长椭圆形。当香蕉新叶从假茎中心向上生长时,叶身左右半片相互旋包着,为圆筒状,当整张叶片抽出后,叶身开始自上而下展开。香蕉叶片由叶柄、中脉、叶面组成,中脉将叶片分为左有两半,叶脉为羽状,中脉具有浅槽,可以引雨水下渗,以利新叶和花序向上伸长,中脉两侧的叶片还具有随不同气候的变化而展开或叶缘下垂的机能,以便调节叶背气孔蒸腾量(魏守兴 等,2008)。

香蕉叶片绿色有光泽,叶特大,长 130～280 cm,宽 50～90 cm。完成营养生长期后总叶数可达到 31～43 片,其中按叶形与叶面大小可以分为,剑叶 8～15 片、小叶 8～14 片、大叶 10～20 片。一株健壮的香蕉具有 10～15 片功能叶(完整叶片),高产株功能叶最少有 12 片。露出的花轴(花序茎)上共有 2 片叶,最后一片叶向下悬张,称护叶,具有保护花蕾作用。蕉的出叶速度因温度和肥水条件而异。在肥水良好的条件下,每年 5—8 月,每月可抽出 4～5 片叶;低温干旱的 12 月至翌年 1 月,每月只能长出 1 片叶或至少。用吸芽繁殖的香蕉,长出 29～37 片大叶(因品种而异)便可抽蕾;试管苗一生的总叶数为 40～44 片。香蕉抽蕾后保持 8～10 片绿叶才能高产、优质,其中尤以倒数第 2 片至第 4 片叶最为重要。

香蕉叶片的形状因品种不同而有所差异。一般香牙蕉叶片阔大,先端圆钝,叶柄粗短,叶柄沟槽开张,有叶翼,叶基部对称。大蕉叶片宽大而厚,叶先端较尖,叶柄较长,叶柄沟槽闭合,无叶翼,叶基部略不对称,叶背披白粉。龙牙蕉叶狭长而薄,叶先端稍尖,叶柄长,叶柄沟槽一般闭合,无叶翼,叶基部不对称,叶柄和叶基部的边缘有红色条纹,叶背披白粉(如图 2.5 所示)。

蕉叶的生长速度与温度、肥水等条件有关。叶片生长的适宜温度为 25～30 ℃,5—8 月气温适宜,肥水充足时,每月可抽出 4～5 片叶,多的达 7 片叶。低温、干旱抑制叶片的抽生,故冬季叶片抽生很少(李峰,2009)。

图 2.5　香蕉叶形态
（1. 香蕉叶;2. 大蕉叶;3. 龙牙蕉叶)

（4）花芽分化和抽蕾

香蕉不具有固定的物候期,所以香蕉的花芽分化是不定期的,一般不受日照时数或温度的影响,只要生长到一定程度即可花芽分化,因此可以周年抽蕾、开花、结果。香蕉在抽蕾前已经在假茎内部形成花序,此时雌花的数目已经决定,剖开观察就能辨认出花序,可以看见有 11 片原始叶。由此可见,生长点转变成花序正是出现 11 片原始叶的时候。从香蕉生长发育规律可以看出,香蕉开始花芽分化与叶片数和叶片总面积、光照时数、生长期间的积温和植株的营完状况密切相关。推测香蕉花芽分化期可根据下列方法判断:

①达到一定的叶面积,新植蕉在刚抽大叶时.宿根蕉在抽 3～5 片大叶时。

②达到一定的生长时间,春植经 5～7 个月,秋植经 8～10 个月。

③当接近地面底部的假茎迅速膨大时或吸芽进入萌发盛期时，香蕉开始进入花芽分化阶段。

海南省黄承和、朱治强详细界定了巴西香蕉花芽分化的始末时间及各阶段的养分含量、养分累积量（李峰，2009）（见表2.1）。

表 2.1　香蕉花芽分化 3 个阶段营养生长指标

采样时间	假茎高（cm）	假茎围（cm）	叶片数（片）
花孕期	202～219	54～59	28～30
花序分化期	220～240	60～65	31～33
花器各部原基分化期	241～268	66～75	34～36

注：假茎高以地面至顶部两片叶叶柄交叉处测量，假茎围以据地面5cm处测量，叶片数以试管苗定植后新长出的第1片叶开始计算。

（5）花

香蕉的花蕾是在花序茎顶端，花序属穗状无限花序，着生两排像梳状的花组，每组被花苞片包裹着。当最后一片叶（葵叶）抽出后，护蕾叶与花序便出现在假茎顶端称现蕾。然后花蕾伸长下垂，花蕾的叶状苞片逐层展开而脱落，露出小花，称花梳（果梳）。每层苞片内的小花分2层排列，称为一个花梳（果梳）。小花有雌花、雄花及中性花3种。花序基部为雌花，中部为中性花，顶端为雄花，小花着生在小花苞内，每一花苞小花数目随品种而异。雄蕊退化，能单性结实（见图2.6）。香蕉中性花和雄花不能结实。香蕉各种花都有一个由3片大裂片和两片小裂片联合成的复合花瓣，一片游离花瓣。一组由3枚雄蕊或退化组成的雄器，一个3室的子房和一个柱头。只有极少数品种的香蕉雄蕊含有花粉，一般栽培品种的雄花虽有发达的花药，但多数无花粉，果实由雌花子房未经授粉发育而成，称为单性结实或营养性结果。

香蕉的开花过程有一定规律性，香蕉在完成花芽分化和花蕾发育后，着生花蕾的花轴由地下球茎向上伸出假茎的顶端，称为现蕾；花蕾向下弯后花苞逐片展开而至脱落，称为开花；雌花开完后将其先端的花蕾切断，称为断蕾。香蕉从现蕾到断蕾的时间因季节不同而异，一般夏季需15天左右，冬季则需25天左右（谭宏伟，2010）。

（6）果实

香蕉的果实也称为果指，为浆果，长圆形，直或微弯，果柄短，未成熟时果皮呈育绿色.催熟后为黄色；果实未熟时硬实，富含淀粉，催熟后肉质软滑香甜，含糖量达19%～22%。香蕉果实是由雌花的子房发育而成的。香蕉果实可分为野生蕉果实和栽培蕉果实两类。野生蕉果实有籽，须经授粉受精才能形成。绝大多数的食用蕉为三倍体，不需授粉受精就能结实，称为单性结实，因此没有种子。大蕉和粉蕉偶有少量种子。

一株香蕉只抽一穗果，一串果穗有果4～18梳，每梳有果指7～35条，单果重50～600 g，长6～30 cm。果穗的梳数、果指数，果指大小、形状等与品种、气候和栽培条件关系甚大。梳果大小由上而下逐渐变小，矮香蕉上、下梳果大小比值为1∶0.55～1∶0.6，相差悬殊，而良种则应上下梳果长度差别不大。焦果自开花到收获需65～170天，高温季节60～90天可收获，低温季节则需120天以上（侯振华，2011c）。

香蕉果实的生长发育可分为3个阶段，第一阶段是在花后35天以前，果实的长度较周径和直径增长快，果实鲜重和干重的增长也较快；第二阶段为花后35～50天，此阶段果实长度和

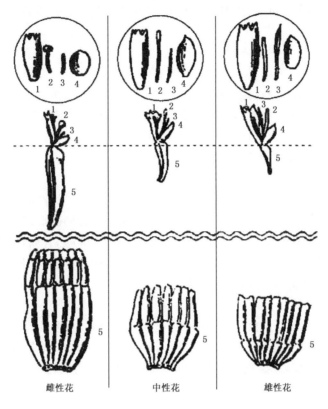

图 2.6　香蕉花
(1. 复合花瓣；2. 柱头；3. 花丝；4. 游离花瓣；5. 子房)

周径的增长速度较为缓慢,且表现同步增长的趋势,果实鲜重的增长速率明显落后于干重的增长速率,干重增长较第一阶段快得多;第三阶段是从花后 50 天到采收,果实长度的增长最慢,而果实周径增长速度较快,果实鲜重和干重的增长最快(谭宏伟,2010)。

2.1.2　芒果

2.1.2.1　芒果的品种

芒果是杧果(中国植物志)的通俗名,是一种原产印度的漆树科常绿大乔木,叶革质,互生;花小,杂性,黄色或淡黄色,成顶生的圆锥花序。核果大,压扁,长 5～10 cm,宽 3～4.5 cm,成熟时黄色,味甜,果核坚硬。芒果果实含有糖、蛋白质、粗纤维,芒果所含有的维生素 A 的前体胡萝卜素成分特别高,是所有水果中少见的。其次维生素 C 含量也不低。矿物质、蛋白质、脂肪、糖类等,也是其主要营养成分。可制果汁、果酱、罐头、腌渍、酸辣泡菜及芒果奶粉、蜜饯等。

（1）桂热 82 号(桂七芒)

桂热 82 号俗称桂七芒,树势中等,花期较迟,属晚熟品种,丰产稳产。果形为 S 形,长圆扁形,果嘴明显,果皮青绿色,成熟后为绿黄色,有光泽,果肉乳黄色,中心果肉深黄色。肉质细嫩,纤维极少,味香甜,含糖量 20%,耐贮运。成熟期在 7 月中旬至 8 月底。

（2）凯特芒

该品种树势强壮。果实硕大,呈卵圆形,果皮淡绿色向阳面及果肩呈淡红色,单果平均重量 680 g,大者可达 2000 g 以上,皮薄核小肉厚,纤维少,果肉橙黄,含糖分 17%,迟熟种,成熟期 8 月至 9 月中旬。

（3）台农一号芒

台农一号芒是台湾省农业试验所用海顿与爱文杂交选育而成。早熟种,树冠粗壮,生势壮旺,直立,开花早,花期长。较抗炭疽病,适应性广。果形扁圆形,单果重 250～300 g,向阳面呈淡红色,果实光滑美观,肉质嫩滑、纤维少,果汁多,糖分含量 20%,味清甜爽口,品质佳,商品性好,深受客商和消费者青睐。具有广阔发展前途。该品种海南引进种植,已进行了大面积的高位嫁接改良,6 月下旬至 7 月上旬可以采果。

（4）紫花芒（农院 3 号）

紫花芒（又名农院 3 号）,该品种是广西大学农学院选育出的高产品种,是从泰国芒实生苗后代选育而成。树势中等,早结、丰产、稳产性较强。果实呈长椭圆形,两端尖,果皮灰绿色,向阳面浅红黄色,成熟后皮色鲜黄,果肉橙黄色,单果重 300～350 g,含糖量 12～15%,可食部分占 73%,外形美观,酸甜适中,品质中上,较耐贮运。果实成熟期在 7 月中下旬。该品种对低温反应敏感,不抗寒,抽花序整齐,因而易受寒害。

（5）红象牙芒

该品种是广西农学院自白象牙实生后代中选出。长势强,枝多叶茂。果实呈长椭圆形,弯曲似象牙,皮色浅绿,桂果期果皮向阳面鲜红色,外形美观。果大,单果重 500 g 左右,可食部分占 78%,果肉细嫩坚实,纤维极少或无,味香甜,品质好,果实成熟期在 7 月中下旬。

（6）泰国芒（青皮芒）

青皮芒（又称泰国芒）,树势中等强壮。果实 6 月上中旬成熟,果形肾形,成熟果皮暗绿色至黄绿色,有明显腹沟。果肉淡黄色至奶黄色,肉质细腻,皮薄多汁,有蜜味清香,纤维极少。单果重 200～300 g,可食部分占 72% 左右,品质极优,是理想的鲜食品种。

（7）象牙 22 号芒

树势强壮,花序坐果率较高,果实象牙形,果皮翠绿色,向阳面有红晕,后熟后转浅黄色,单果重 150～300 g,可食部分占 63%,果肉橙黄色,品质佳,成熟期 6 月下旬—7 月中旬,耐贮远。

（8）金穗芒

该品种 1993 年刚引进种植,具有早结、丰产稳产。果实卵圆形,果皮青绿色,后熟后转黄色。果皮薄,光滑、纤维极少,汁多味香甜,肉质细嫩,可食部分占 70%～75%。成熟期 7 月中下旬。品质中上,是鲜食、加工均佳品种。

（9）金煌芒

金煌芒是台湾自育品种,树势强,树冠高大,花朵大而稀疏。果实硕大,果实长形,成熟时果皮橙黄色,向阳面淡红色,种核偏薄,味香甜爽口,果汁多,无纤维,耐贮藏。平均单果重 1200 g,最大果重可达 2400 g。品质优,商品性好,糖分含量 17%。中熟,抗炭疽病。

（10）桂热 10 号

一年可收两造果,正造果成熟期在 7 月下旬至 8 月。树势强壮,果实长椭圆形,果嘴有明显指状物突出。单果重 350～800 g,可食部分占 73%,果肉橙黄色,质地细嫩,纤维少,汁液丰富,鲜食品质优良。

（11）玉文芒

果实大,平均单重达 1000～1500 g,果色呈紫红色,种核薄,可食率高,果肉细腻,口感佳,可溶固形物达 17～19,可丰产性能较好。

2.1.2.2　芒果的生物学特性

（1）芒果根

实生树主根粗大、深长,在肥沃疏松而地下水位低的沙壤土上,主根可深达 5～6 m 或更深。但侧根较纫长而稀疏,多数侧根于 60 cm 土层分布较多、较密。根系的水平分布较广,常常超出树冠的 1/4～1/3。地上枝条生长壮旺的一侧水平根较发达。深翻压青或施有机肥能促进水平根的生长。芒果根与真菌共生.形成菌根,增强了芒果吸收养分和水分的能力。图 2.7 和图 2.8 分别为芒果的 8 年生嫁接根系和 8 年生实生树根系。

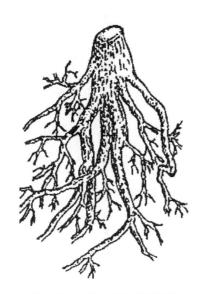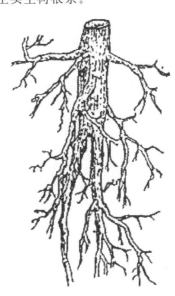

图 2.7　芒果 8 年生嫁接根系　　　　图 2.8　芒果 8 年生实生树根系

（2）芒果茎

实生树主干明显、直立。树皮较厚,单胚类型树皮较粗糙,有许多纵向裂纹;多胚类型树皮比较光滑。枝条生势因品种不同而有很大差异,矮化栽培的芒果树主干短或不明显。有些品种主枝较直立、树冠呈椭圆形(如育皮芒和白象芽芒);有些品种枝条较开展或下垂,树冠呈扁球形或伞形,株高小于冠幅(如秋芒);大多数品种树冠呈圆头形,株高与冠幅大致相等(如椰香芒和吕宋芒)。

（3）芒果叶片

单叶互生,革质,全缘,叶缘或多或少呈波浪状。长 12～45 cm,宽 3～13 cm,因品种、水肥条件和抽梢时的气候不同而异。在一次梢中,中部的叶片较大,基部和顶部的叶片较小。中下部的叶片互生,顶部的叶片呈假轮状排列。叶多呈满圆披针形,但不同品种间叶的长短、宽窄和形态都有差异,大致可分为椭圆披针形、卵状椭圆披针形和宽椭圆披针形(见图 2.9)。

嫩叶的颜色有淡绿色、浅黄褐色、古铜色、浅紫色、紫红色、紫色和红色;老叶有黄绿色、青绿色、深绿色、墨绿色和蟹青色等,均因品种不同而不同。叶柄的长短、粗细,叶枕的大小、形态及与枝条夹角的大小,不同品种也有差异,这些都是区别品种的重要标志。

（4）芒果花

　　圆锥花序顶生或腋生,长 15～45 cm 不等,但多数在 20～30 cm,通常有 2～3 次分枝。从花序轴上长出一分枝,一分枝生二分枝,二分枝上长出三分枝。在最后一次分枝上着生的花朵呈聚伞状排列。花梗有浅绿色、黄绿色、粉红色、红色和玫瑰红色等多种颜色(见图 2.10)。

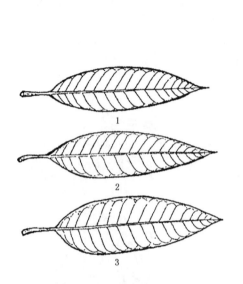

图 2.9　芒果的叶型

(1. 椭圆披针叶;2. 卵状椭圆披针叶;3. 宽椭圆披针叶)

图 2.10　芒果圆锥花序

　　每个花序有 500～3000 朵花,多数是 1000～2000 朵。花小,直径 0.5～0.7 cm,但初开的花由于水分和养分充足,花朵会更大些。花萼和花瓣 5 枚(个别 6 枚)。花萼绿色或浅绿色,约为花瓣长度的 1/2;花瓣栈黄色,中间有三条黄色或橙红色的彩腺。雄蕊 5 枚,多数只有一枚发育,突出花瓣外,其余退化。花药玫瑰红色或紫红色。雌蕊 1 枚,斜生于蜜盘上,子房上位,无柄,一室,胚珠倒悬,花柱斜生于子房上,柱头二裂。芒果花有两种:

　　①雄花:子房退化,仅有雄蕊。

　　②两性花:既有发育的雄蕊,也有发育的子房和柱头,能受精稳实(见图 2.11 和图 2.12)。

　　两种花共存于一个花序上,两性花比例的高低对产量影响极大,高产品种两性花比例在 15%～60%;低于

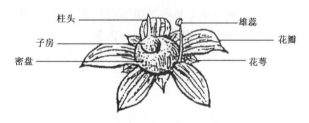

图 2.11　芒果的两性花

5%的品种,其产量也低。同一品种,同一株树在不同年份(气候)两性花比例也有差异。花芽分化期的气温状况、植株的营养水平都直接影响两性花的比例。一般两性花比例高的品种(或年份)其产量较高;两性花比例低者,产量也较低。

　　(5)芒果果实

　　为浆质核果,由外果皮、中果皮、内果皮和种仁四部分组成(见图 2.13)。中果皮厚,肉质,多汁,是食用部分。有些品种纤维多而明显,有些纤维少而软,或食时无纤维感。种子 1 枚,内

果皮木质化,较硬或韧,还有革质的膜,褐色的
种皮紧贴白色的种仁。单胚品种的种仁由两片
子叶和一个胚组成;多胚品种的种仁由多个胚
及子叶组成,但其中只有 1 个合子胚,其余为珠
心胚,后者不会变异。

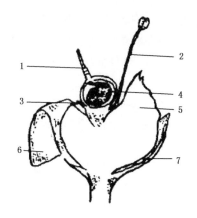

　　果实形状多种多样,有苹果形的、圆球形
的、斜卵形的、椭圆形的、纺锤形或梭状椭圆形
的、梭状长椭圆形的、长卵形的、卵肾形的、长椭
圆形的,还有象牙形或长圆形;大多数商业品种
单果重 100～1000 g,特别以 200～400 g 者居
多,但也有小至 20～50 g 和大至 2000～3000 g
或更大的;果皮有黄色、暗绿色、黄绿色、奶黄或

图 2.12　芒果两性花纵剖面图(李桂生,1993)

(1. 斜生花柱;2. 雄蕊;3. 退化雄蕊;4. 胚珠;

5. 花盘;6. 花瓣;7. 萼片)

钱黄色、金黄色、深黄色、橙黄色至红色;果皮上
还有不同的花纹、白点和其他特征这些特征是
区别芒果品种的主要标志(见图 2.14)。

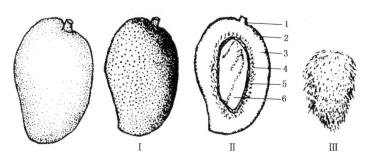

图 2.13　芒果果实

(1. 果枕;2. 外果皮;3. 果肉(中果皮);4. 纤维;5. 内果皮(种壳);6. 果仁)

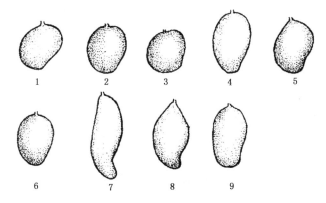

图 2.14　各种果型图

(1. 心形;2. 圆形;3. 斜卵形;4. 宽椭圆形;5. 卵状椭圆形;6. 长椭圆形;7. 象牙形;8. 纺锤状椭圆形;9. 肾状长椭圆形)

(6)芒果枝梢生长习性

芒果枝梢呈蓬次式生长,各次梢之间界线分明。叶芽被苞片包裹着。当新梢生长时苞片

绽开,新梢生长,其后苞片脱落,留下鹅眉状的痕迹。其上叶片互生,叶柄较长,叶片间距离较大,靠近顶部距离缩小,顶端几片叶密集,呈假轮状排列,故一年所抽各次梢明显可辨。在海南省,幼苗和幼树一年可抽4~7次梢或更多。壮年结果树仅抽2~4次梢,分别于1—4月、7月和8—9月(有时也在10—12月)各抽1次。成年或老年结果树在收果后往往仅抽一次梢。有时其他时间也有零星抽梢。每次梢从萌动至叶片稳定老熟约需15~35天。夏季气温高,枝梢生长速度快,完成一次梢所需的时间短,枝梢生长量大,冬季气温低,枝梢生长缓慢,完成一次梢所需的时间长,枝梢生长量小。水肥充足或挂果少也会缩短枝梢生长时间。每次梢的长度12~40 cm不等,条件不良时梢长仅3~5 cm或更短。品种和树龄不同抽梢长度也有差异。

(7)芒果开花结果习性

1)结果枝

芒果树多在末级枝梢的顶芽及其附近的腋芽抽生花序,开花结果。但如当年收果后不抽梢,则春梢、夏梢或已开花结果的枝条下位的侧芽也能抽花序和结果。在结果大年(丰年),成龄树粗大的骨干枝的潜伏芽也能萌发花序。一般认为9月以后抽生的枝条很少抽花序,但有些地方(或年份)10月甚至12月抽生的枝条也能开花结果。秋芒等能多次开花结果的品种,在1—2月抽发的嫩枝上会同时形成花芽。

芒果的花序有纯花序与混合花序(带叶片)两种,后者是在抽枝时遇低温而形成花芽。两种花序同样能成果,但通常以纯花序占的比例大。

2)花芽分化

通常开花前一个月花芽分化。在正常的情况下,海南芒果花芽分化期自11—12月开始。有研究表明,泰国白花芒果等早熟品种11月中下旬开始花芽分化,12月上旬达到高峰;迟熟品种秋芒自12月开始花芽分化,1—2月达到高峰。海南省自然生长的芒果有时10月中旬即开始分化花芽;而用催花剂处理则在任何时候都能分化花芽。

从花芽分化、花序形成、抽花序、花蕾发育至开花是一个连续过程,中间没有休眠期。自花芽分化开始至第一朵花开放历时20~39天,但在第一朵花开放后花序仍在继续伸长。适当的低温干旱有利于花芽分化,但在花芽分化后,气温低会导致花蕾发育缓慢,有利于雄花形成;气温高则能缩短花序发育时间,有利于两性花的形成,提高两性花比例。光照充足,树体健壮也能增加花芽分化的数量;施用乙烯利、硝酸钾、海藻素和多效唑(PP333)都能促进花芽分化或控制开花结果期。

芒果花芽分化的过程如下:

①分化前期:生长点变平、变圆(近半圆形)。

②花序分化期:生长点两端突起,此为花原基。

③花序第一分枝分化期:花序中轴鳞片腋间突起、伸长。

④第二分枝分化期:第一分枝腋间产生突起并伸长。

⑤花器分化期:先分化花萼、花瓣,继而形成雄蕊、雌蕊及蜜盘。

3)开花

芒果自然开花在12月至次年3—4月,有时也会早至11月或迟到5月。个别品种也会有返秋开花。品种、纬度、气温变化及植株的营养状况都会直接影响开花期。一般早熟品种开花较早,迟熟品种开花较迟。同一品种在不同纬度开花期是不一样的。如秋芒在海南春节前后开花,但在广西南宁3—4月才开花,并可延迟至5月。紫花芒、桂香芒等迟花品种在海南东方市 1 月中旬已达盛花期,与早熟的泰国白花芒和吕宋芒等花期相近、5 月下旬—6 月初便有收获。纵然在海南,同一品种在南端的三亚开花期比北部的儋州早;秋冬干旱会提早开花;前一年结果少或不结果的植株开花也比较早,而丰产树则开花较迟。一般东面和东南面的枝条先开花,西面和西北面的枝条开花较迟。一个花序自第一朵花开放至整个花序开花完毕需 20 天左右。花序中下部的花先开放,其后依次向上开花。花轴顶部的花最迟开放。每株树一次花的花期约需 50 天。

在一朵花中,从花瓣展开至柱头干枯约需 1.5 天。天气晴朗时,全天都有花开放,但以黎明时分开花较多;花药多在晴天 09 时开裂,散发花粉。雄蕊在 09~12 时成熟,散发香气。为虫媒花,通常靠家蝇传粉,蜂类也参与授粉活动。开花后子房稍有增大,并由淡黄色变为绿色。未受精或发育不良的子房在开花后 3~5 天凋谢、枯萎。一般能受精的两性花在 35% 以下,而成果率很少超过 1%。

4)果实发育

开花受精后果实开始膨大。初时生长缓慢,约经一个月后迅速增长,采果前 10~15 天又生长缓慢,这是主要是增厚、充实、增重。整个果实发育期呈 S 形曲线增长。

从开花稔实至果实青熟,早熟种需 85~110 天,中熟种需 100~120 天,迟熟种需 120~150 天。在这期间内高温干旱、光照充足则果实成熟快;低温或多雨则成熟迟。在果实发育期中有两个落果高峰:第一次在开花后两周左右,当果实发育至黄豆大小时大量落果,主要因受精不良造成;第二次在小果横径达 2~3.5 cm,约开花后 4~7 周,这期间的落果小部分是发育不良的畸形果和败育果,但更多是因养分和水分不足所造成。一方面此时每个花序有数十个乃至上百个小果在迅速生长;另一方面其时正是春梢盛发期,当新梢发育至叶片迅速增大、变色、充实和转绿期要消耗大量水分和养分,果实和果实之间;果实发育与枝梢生长之间发生争夺养分与水分,导致部分幼果脱落。如果此时干旱或吹干热风会加重落果。两个半月后很少发生生理落果。到后期,只有风害、裂果和病虫害才会招致落果。

果实成熟期(收获期)在每年 5—8 月,低纬度地区较早熟、高纬度地区较迟熟,不同品种成熟期也不同。在海南,土芒、泰国白花芒等早熟品种 5 月上中旬至 6 月上中旬可以收获;迟熟品种 7 月收获。在纬度相近的同一地区,相同的品种在不同的气候类型区成熟时间也不同。如海南南端的三亚市比西北部的昌江和儋州早熟 10~20 天;沿海地区比内陆或山区早熟,果实发育期高温干旱时成熟期也会提前;而气温低或多雨则成熟期推迟。通过催花处理,可使芒果提前到春节后上市(许树培,2003)。

2.1.3　荔枝

2.1.3.1　荔枝的品种

荔枝与香蕉、菠萝、龙眼同号称"南国四大果品"。荔枝原产于中国南部,是亚热带果树,常绿乔木,高约 10 m。果皮有鳞斑状突起,鲜红,紫红。果肉产鲜时半透明凝脂状,味香美。荔枝属无患子科,荔枝属只有二个种:一是中国荔枝,也简称荔枝,目前全世界栽培的荔枝都属于此种;二是菲律宾荔枝,为当地的野生树种,种子大,假种皮(果肉)不发达,味酸涩,品质差,不可食用(吴淑娴,1998)。

我国十大荔枝品种:

(1)桂味荔枝:"桂味"为广东传统名优荔枝品种,以果大核小,风味清香,口感极佳而闻名。

"桂味"果色鲜红美观,果肉白蜡色,有透明感,肉质爽脆,味清甜,具桂花香,可溶性固形物约19%以上,焦核率高,皮硬较耐贮运。

(2)糯米糍荔枝:"糯米糍"荔枝是广东主栽优质荔枝品种之一。糯米糍荔枝果大,单果重20～27.6 g,扁心形;果皮鲜红色,较薄,龟裂片明显凸起,呈狭长形,纵向排列,裂片峰平滑,果肩一边显著突起,果顶浑圆;果肉乳白色,多汁,味浓甜并带香气;种子小,常化成焦核;可食率82%～86%,含可溶性固形物19%～21%,100毫升果汁含维生素C 20.4～30.8 mg,酸0.2 g。糯米糍有"红皮大糯"和"白皮小糯"两个品系,前者果大,皮色鲜红,称"双肩红糯米糍",后者果较小,皮色浅红,称"白壳仔糯米糍"。

(3)妃子笑:"妃子笑"果粒大,单果重30 g以上,卵圆形,皮色淡红,色泽鲜艳,肉厚皮薄核小,肉质细嫩凝脂,爽脆有香味,清甜多汁。"妃子笑"植株生势旺盛,稳产高产,大小年不明显,属早中熟品种。

(4)金橙A4号无核荔枝:具有五大特点:①稳产丰产:能每年开花结果;②无核率高:每年结果确保无核率高达99.99%;③果实全部是并蒂果,每对并蒂果平均重80～100 g,果皮呈玫瑰红色;④品质优:果肉晶莹似凝脂,品质更脆、爽、醇、香,无核无火全无渣,自然贮藏期长;⑤保健功能:果糖含量比普通荔枝高30%以上,更适合忌高糖及肥胖人群食用,果酸激酶含量是荔枝果类中含量最少,因此不上火,果肉含天然卵磷脂,高达1.5 mg/g,对中老年人防治心血管疾病及青少年增强记忆力有保健功效;果汁含有机硒,高达50 μg/kg,对提高人体免疫功能及防癌有保健功效。

(5)灵山香荔:灵山香荔原产地广西灵山县。果树生长旺盛,树冠半圆头形,树姿开张,叶绿微波浪状,稍向上卷。其果卵圆头形,略扁,果中等大,平均单果重21.0 g,大小较均匀,果肉白蜡色,肉质爽脆,味清甜,微香,肉厚核小,含可溶性固形物20.0%,100毫升果汁含维生素C 20.92 mg,可食率73.5%,品质优。分别获农业博览会第一届银奖,第二届金奖,第三届名牌产品,获2003年和2006年广西名牌产品称号。

(6)合浦鸡嘴荔:合浦鸡嘴荔原产于广西合浦县公馆镇香山村,故又称香山鸡嘴荔。果冠关圆头形,枝条粗壮、较硬,幼树枝条稍直立,壮年树冠较开张,叶片中等大,长椭圆头形,叶面开展,叶面深绿色,有光泽,花穗分枝多,花密集、较丰产、适应性强。该品种果大,肉厚核小,平均单果重29.5 g,大小较均匀;果成歪心形或扁圆形,果肩平或一肩微耸,果顶浑圆,其果肉白蜡色,肉质爽脆,汁中等,味清甜,微香;可溶性固形物18%,100毫升果汁含维生素C 22.8 mg,可食率79.3%,品质优、较丰产。1995年荣获第四届农业博览会金奖;2006年获广西优质产品称号。

(7)钦州红荔:该品种树冠圆形,树干灰褐色,表皮光滑,枝条较为粗壮和开张,新枝梢黄褐色,叶片大而厚,小叶对数2～4对,长椭圆形,稍向内折,颜色绿色,有光泽,叶尖渐尖。该果实果形特大,单果重44～47 g,最大单果重62.5 g,近圆形,果肩平,果顶浑圆,果皮色泽鲜红,缝合线不明显,龟裂片平滑,排列整齐,果肉蜡白色,爽脆,汁多而不流,味甜带蜜味,可溶性固形物平均16.5%～18.9%,可食部分占果重78.8%～88.3%。

(8)双肩玉荷包荔枝:双肩玉荷包荔枝,果大,单果重25～34 g,可食率73.7%;果色鲜红间少许绿或蜡黄,果实双肩隆起;外果皮厚,少裂果,耐贮运;果肉厚、坚实、晶莹透明、肉脆、味清甜,糖酸比例合适,可溶性固形物含量18.4～20%,总糖含量16.4%;丰产稳产,适应性强。该品种于2001年北京国际农博会被评为名牌农产品,2002年通过了广东省农作物品种评审委品种审定。

(9)白糖罂荔枝:白糖罂荔枝是早熟荔枝特优品种,品质上等,而且丰产,稳产,售价高,单果重 23.4~26.4 g 果歪心形,果顶浑圆,花梗粗,果皮薄,果色鲜红,果核小,果肉厚呈白蜡色、质爽脆,清甜带蜜香,可食率 71.2%~79.5%,可溶性固形物 17.7%~29.5%。品质上乘,是历代皇朝的名贵贡品之一。该品种 1988 年广东省早熟荔枝品种评比中获第一名,1997 年获第三届中国农业博览会名牌产品奖,1999 年获中国国际农业博览会名牌产品称号,2001 年获中国国际农业博览会名牌产品称号。2004 年获国家原产地标记注册认证。

(10)鉴江红糯荔枝:鉴江红糯荔枝是优质迟熟品种,果实有无核、焦核和大核。焦核型单果重 25~38 g;无核果偏小,单果重 10~18 g;大核型果特大 35~45 g。果皮暗红色,较厚,肉质爽脆,汁较少,浓甜,品质极优,果汁含可溶性固形物 17.5%~18.5%。产量高、售价高。1995 年获第二届中国农业博览会金牌奖,1997 年获第三届中国农业博览会名牌产品奖。

2.1.3.2　荔枝的生物学特性

(1)树干

荔枝为常绿乔木,植株高大,成年树高 8~10 m,百多年生的树可高达 16.0 m 以上,树冠直径 15.0 m 以上,主干粗大。树皮平滑,灰褐或黑褐色。木质纹理密致而呈棕红色,老树木纹呈波浪状。由于品种不同,树干表皮的色泽和光滑程度亦有差异。树皮粗糙呈微龟裂状,但较龙眼光滑,灰白色、灰褐色或黑褐色。不同品种,树表皮的色泽和糙度有差异。如禾荔、黑叶、糯米糍等品种,树干为黑褐色,表皮较粗糙;大造、水东黑叶等品种的树干灰白色,表皮较光滑。树干高低及树冠大小与土壤、品种、繁殖方法以及栽培管理有关。土层深厚肥沃,树冠则较大,土层瘠薄或地下水位高,树冠则较小。驳枝繁殖的植株主干不明显,且多为 3~4 条主干,成多干型,树冠较开张,成半圆头形;实生植株主干明显,成单干型,树冠多成圆头形。荔枝树干木质纹理幼细,呈棕红色。

(2)根系

荔枝根系庞大,由庞大的主根、侧根、须根及大量的根毛组成。根由种子胚根发育而成。

荔枝根系分布因土壤的性质、树龄、繁殖方法、地下水位及栽培管理不同而异。地下水位高时,根群的垂直分布多在土层 1.2 m 以内;冲积土地下水位较低者,其根可入土达 5.8 m。

实生繁殖和用实生砧嫁接的荔枝根系为实生根系,其主根由种子的胚根发育而来,特点为根系发达,根群深广,对环境有较强的适应能力;高空压条(俗称"圈枝苗")缺乏主根,苗期侧根盘生,定植后向四周扩展,也能形成庞大的根群,但分布较浅,抗旱能力较差。山脚冲积土层厚,则根系较深;反之,山地土层较薄,则根系较浅。地下水位越高根系越浅。荔枝吸收根群主要集中分布在 10~150 m 深的涂层中,根系的水平分布随树冠的扩大而扩大,一般可比树冠大 2.3~3 倍。

荔枝的侧根为灰褐色,须根着生于侧根上,是根系最活跃的部伙,由吸收根、瘤状根及输导根组成。吸收根初生白色,有根毛,海绵层厚,有弹性,主要分市于疏松肥沃的耕作层土壤。瘤状根着生于输导根上,形成不规律肿瘤状的节,起着贮藏养分的作用。瘤状根的多少与荔枝的丰产性成正相关。

荔枝的幼根常与真菌共生,形成内生菌根。在土壤含水量低于萎蔫系数时,菌根的菌丝体仍能从土壤中吸收水分并分解腐殖质,分泌生长素和酶,促进根系活动,活化果树生理机能。由于菌根的存在,提高了荔枝吸收水分和养分的能力,因而荔枝具有较强的耐旱耐贫瘠能力。

（3）叶片

荔枝叶为偶数或奇数羽状复叶，小叶 2～5 对.对生或互生，一般小叶长 9～15 cm，宽 3～5 cm。其中禾荔复叶由 1～8 片小叶组成，以 2～4 片小叶较多。荔枝小叶椭圆形或披针形或倒卵圆形，柄短，基部短尖，先端渐尖或急尖。叶基圆形或楔形。叶全缘革质，具有光泽，有的叶缘呈波浪形。叶面绿色，叶背淡青白色。新生嫩叶红铜色或黄绿色，老熟后转绿色。叶背主脉凸起，侧脉不明显，叶面主脉侧脉一般不明显。叶片形状长短、宽窄、大小和色泽浓淡等因品种而异，可作为品种鉴别特征之一。

（4）荔枝枝梢的种类和作用

荔枝枝梢的叶芽和花芽均是单芽并且裸露，仅顶芽有雏叶包围保护。枝梢顶端优势强，顶芽容易萌发成枝；至于腋芽强枝只有 1～2 个能萌发，其余均为潜伏芽。新梢老熟后有的顶端枯死，由第一侧芽变成顶芽。

1）荔枝的枝梢依其性质可分为营养枝和结果枝

①营养枝。由叶芽抽出带叶的枝条称营养枝，一般长为 20～30 cm，徒长枝长达 60～100 cm。末次梢营养充足、生长良好、翌年能抽穗开花者，称为结果母枝。

②结果枝。由结果母枝抽出的能开花结果的枝条称结果枝。荔枝的花芽为混合芽。当花穗发育过程遇低温时，将抽出不带叶的纯花序，结果枝不明显，会变成花序的主轴；而当花穗发育过程遇高温时，则抽出带叶花序的结果枝。

荔枝枝梢的特性因品种而异。大造、水东的枝条疏而长；禾荔密而短；桂味硬而脆。荔枝新梢黄绿色，表皮着生许多灰白色的圆形或椭圆形的斑点；老熟的枝梢灰褐色，多年生枝条颜色较深。

2）荔枝的新梢

荔枝的新梢多是从上一次营养枝顶芽及其第二、第三个侧芽抽出，落花落果枝从残留的花枝、果枝基部，采果枝及修剪枝从枝梢先端腋芽抽出。一年中新梢发生的次数，因树龄、树势、品种及外界条件而异，幼年树营养生长旺盛、肥水充分，可抽梢 5～6 次；青壮年树当年采果后抽新梢 1～2 次，也有 3 次者，未结果年份抽梢 3～4 次；成年树在采果后抽梢 1 次。气温对梢期长短、叶色变化影响较大，气温低时，新梢萌发后嫩叶呈红铜色，经转绿充分成熟，梢期长；气温高时，嫩叶的生长和转绿同时进行，梢期短。

3）枝梢的分类

在年周期中，因物候期不同，枝梢的生长可分为春梢、夏梢、秋梢和冬梢。

①春梢。立春以后抽出，此时气温较低，初生嫩叶多呈红铜色，梢期 80～140 天。

②夏梢。5 月上旬至 7 月底萌发，幼年树及青年树先后有 2～3 次新梢。此时气温由低到高，梢期先后由长到短，长的 50 天以上，短的不足 1 个月。

③秋梢。7 月下旬至 10 月抽出，青壮年树萌发 2～3 次，梢期长短与夏季相反，由短到长，短的只需一个月，长的 90 天以上。秋梢是重要的结果母枝。

④冬梢。11 月至翌年 1 月抽出。冬季温暖多雨，健壮植株萌发冬梢。抽出后又因遇低温霜冻，嫩叶细小且不能正常转绿，甚至干枯，成为无叶光棍枝，不利翌年开花结果。

2.1.3.3　荔枝的花果特性

（1）荔枝的花芽分化

荔枝的花芽分化可分为两个时期：

1)花序各级枝梗分化期:当生长锥由宽圆锥形变得肥大宽同时,花序原基形成。随后,主轴由下而上分化出锥形复叶,叶腋间产生一级枝梗(侧轴)原基,即肉眼可见的"白点"。一级产生二级分枝,二级又产生三级分枝,大型花序中下部枝梗还可有四级分枝,直至主轴顶端进入花器分化时各级分枝分化才停止。全过程中,有一段时间花序分枝与花器分化是同时进行的。

2)花器分化期:花器的分化是由外到内,依次分化出萼片、雄蕊、雌蕊,但多数情况下不见花瓣。随雄蕊原基的发育,中心生长锥周围产生两枚突起,逐渐加高加厚,形成片状心皮,心皮原基渐次由基部向顶端进行边缘愈合,成为两个完整的子房,内有倒生胚珠,心皮

顶端也伸成花柱、柱头。荔枝单花开始分化时具有两性原基,性母细胞减数分裂期两性器官同步正常分化;但在减数分裂之后(尤其处雄性花),已发育到完全程度的雌性器官在开花前一周左右才停止发育,所以在雌雄性别差异决定以前,及时采取人为措施控制花性是有可能的。如在花芽进入分化前增施钾肥对提高雌花比例有良好作用。

荔枝开花次序由下而上,以一个小穗而言,是中央一朵花先开,旁边两朵后开。同一花穗雌雄花开放的高峰期不相遇,依其开放过程可分为 3 个类型。

①单性异熟型:雌雄蕊不同时成熟,也不同时开放。

②单次同熟型:雌雄花有一次同时开放。

③多次同熟型:雌雄花同时开放次数在一次以上。雌花比例一般在 30% 以下,高者可达 50% 以上。每穗雌花量一般有 100~200 朵,高者可达 700 朵。

(2)荔枝花的基本特点

荔枝为聚伞花序,圆锥状排列。花穗由主穗、侧穗、支穗及花组构成。主穗基部(龙头桠)及叶腋处还抽生若干腋侧穗。一个小花组一般由 3 个花蕾组成,品字形排列,两个小花组和中间一个单花蕾即 7 个花蕾构成一个花组。有些大穗型的花穗还由两个花组和中间一个单花蕾,即 15 个花蕾组成一个大花组。一般 2~7 个花组(或大花组)构成一个支穗。3~10 个支穗组成一个侧穗。6~20 个侧穗和若干腋侧穗组成一个聚伞圆锥花序。荔枝花序上小花着生的疏密因品种而异。禾荔花梗短,花多,故觉密集;三月红、大造、铊荔花序粗大,花朵众多;丁香、桂味花序较疏散。每一花序着生花朵数因品种而异:禾荔一花序着生 800 多朵,三月红 1600 多朵,糖罂 1300 多朵,桂味 100 多朵。

荔枝的花序大小因品种而异,与果实成熟期、果实大小、叶片大小有一定的相关性。其一,早熟种如二月红、大造、黑叶等花序大而长,花梗较粗,果农称"长脚花",其特点是花较多,果形较大;迟熟种如桂味、禾荔、糯米糍等,花序短而小,花梗较细,果农称"短脚花",其特点是花数较少,果形中等大或较小。其二,花序长大的,一般叶片较大;花序较小的,叶片较小。就同一品种而言,树势健壮,结果母枝粗壮,或花序发育期遇适当低温干旱气候,则花序较大;树势较弱,结果母枝纤细,或花序发育期遇到较高温湿润气候,则花序较小。此外,花蕾萌发后遇到霜冻而枯死,然后在枯死的花蕾基部重新萌发新花蕾,这样形成的花序一般比较细小。

荔枝花型有雌花、雄花、两性花和变态花 4 种。雌花、雄花数虽多,生产上作用大;两件花数量较少,变态花授粉不良,故在生产上作用不大。图 2.15 为荔枝花型图。

①雄花,也称雌蕊发育不完全的雄花,或称雄能花,果农称"公花"。花托发达,花萼成一杯状,花瓣退化。雄蕊发达,花丝 5~11 枚,一般 6~8 枚,花丝一轮排列、较长,有等长的,也有长短混集的。花丝基部两侧有蜜腺。花朵成熟时,花粉囊纵裂散出黄色的花粉。虫媒花雌蕊短缩退化,其短缩程度因品种不同而异。

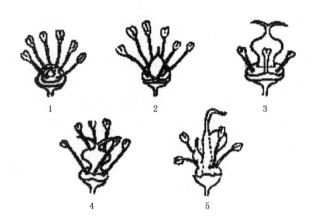

图 2.15　荔枝花型图

(1,2. 雄花;3. 雌花;4. 两性花;5. 变态花)

②雌花,也称雄蕊发育不完全的雌花,或称雌能花,果农称"仔花"。花托发达,被毛茸,花尊成为小杯状,被锈色茸毛,花瓣退化,但偶有带花瓣者。雄蕊 5~11 枚,一般 6~8 枚,花丝较短,只有雄能花花丝长度的一半。花丝某部两侧有蜜腺,分泌蜜液,其蜜腺比雄花明显,泌蜜较多。花粉囊虽大,且有花粉,但发芽率极低。有的花粉囊不能散发花粉。雌蕊一枚,发达,子房上位,2~4 室,2 室居多。柱头在花蕾期已伸出蕾外,开花时柱头直立。柱头两裂的卷曲程度因品种或植株而异,有呈"八"字形,也有向后卷曲 180°、270°、360°。

③两性花:少数品种或植株有少数两性花,是雌雄蕊均发达的完全花。雄蕊能正常散发能发芽的花粉;雌蕊柱头能开裂,有受精能力。

④变态花:也称畸形花。有的子房 4~8 室或子房排成一列或重叠,也有 16 枚雄蕊的各种变态花。这种花一般授粉受精不良,生产上意义不大。

(3)荔枝树的开花特性

荔枝花穗抽出至开花前的孕蕾期长短与多种因素有关,但以冬春(1—3 月)的气温影响最大,一般为 30~40 天。而开花期的长短则与品种、气候、花穗抽生早迟等有关,短的仅 15 天,长的可达 86 天。荔枝树的开花有如下特性。

1)开花顺序

荔枝是雌雄同株异花的树种,即雌花和雄花着生在同一花穗上,开花顺序因花穗性别和着生部位而异。一般是两小穗之间的单花先开,其次是每小穗的中央花,最后是两侧小花,但先开的花以雄花居多。雌雄花的开放顺序大致有 3 个类型,即单性异熟型、单次同熟型和多次同熟型。如三月红、妃子笑、怀枝、白蜡、桂味等品种的开花就属于后两者。

2)开花时间和开花过程

荔枝花没有花瓣,雄花外放时先花蕾顶端纵裂,由花蕾开裂至花丝露出为 4~5 天,再过 2~3 天达盛花期,盛花期花药开裂,散发花粉,再经 2 天完全凋萎。雌花未开放时柱头已突出外面,渐由暗绿转为白色,经 4~5 天,子房和花柱伸长,再经 4~5 天后,柱头开裂分权,分泌黏液即为雌花盛开期,是接受花粉的最适时机,2~3 天后柱头由白色变为黄褐色、枯萎,则为谢花期。

3)雌雄花比例

　　雌雄花比例与坐果关系很大,受到品种、树势、气候、结果母枝状况、栽培管理等多因素的影响。据统计观察,雌花比例高的品种有三月红、糯米糍、黑叶等,可达 27%～33%,而挂绿、桂味等雌花比率为 13%～15%。此外,幼年结果树比成年结果树的雌花概率低,同品种中迟开花的比早开花的雌花概率高。

　　4)对环境条件的要求

　　荔枝抽穗期及开花期的长短受气温的影响甚大,呈负相关关系。荔枝开花的温度因品种而异,早熟品种三月红当气温在 7～10 ℃时可见开花,多数中、迟熟品种开花要求 18～24 ℃,29 ℃以上则开花减少;22～26 ℃是花粉发芽最适宜的温度,18 ℃以下则影响花粉和昆虫传粉,超过 30 ℃则花期缩短,柱头容易干燥,花粉萌发和花粉管的伸长受到影响,对授粉受精不利。荔枝花期忌雨,尤其是连续阴雨或低温阴雨危害更大,雨多则花腐,花穗上积水导致"沤花"发生。

　　(4)荔枝果实特点

　　1)荔枝果实的基本特点

　　荔枝的果实由果柄、果蒂、果皮、果肉(假种皮)及种子等 5 个部分构成(见图 2.16)。果实形状因品种而异,有心形、椭圆形、卵形、圆形及中间形。果肩一般平整,有的品种两边或一边耸起,形成歪肩形。果顶圆形,依品种不同有浑圆、钝圆、尖圆等形状。果蒂部微凹,果柄着生在果蒂部中。果实平均单果重 7.4～84.6 g。果实未成熟时青绿色,成熟时显出该品种固有的颜色。果皮颜色因品种而不同,有鲜红、紫红、暗红等色。果皮有隆起的块状和陷下的纹沟形成的龟裂片。龟裂片的大小、凹凸深浅、尖平程度及其排列方式是荔枝品种的主要特征。

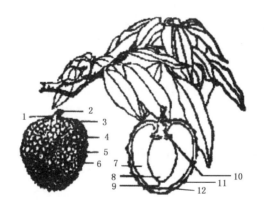

图 2.16　荔枝果实图
(1. 果蒂;2. 果梗;3. 果肩;4. 裂片峰;5. 龟裂片;6. 缝合线;
7. 假种皮;8. 种子;9. 种皮;10. 种柄;11. 果皮;12. 内果皮)

　　龟裂片与龟裂片之间的分界处称"裂纹"。龟裂片中央突起处称裂片峰。果实的两侧有缝合线,明显或不明显。果皮的内部为半透明的凝脂果肉,果肉厚薄及品质风味因品种而不同。果实糖分高、水分少,爽脆的品种俗称"沙肉";糖分较低、水较多的品种俗称"水肉";果皮厚、沙肉的品种耐贮藏;果皮薄、水肉的品种不耐贮藏。果实可食部分占全果重的 18.6%～82.1%,可溶性固形物 16%～22%,果肉与外果皮之间有一层很薄的内果皮包裹着果肉。果肉包藏着种子一枚。种子椭圆形、光滑、棕褐色、有光泽。种子的大小依品种和树龄而异。糯米糙、桂味、玉麒麟几乎全是小核，有的退化成醮核。老龄树果核较小，醮核占的比例较高；幼龄树果核较大。大核者果实较大，种皮包泽鲜亮，内容物饱满，发芽率高；小核者果实较小，种子外皮焦皱，内多空虚，无发芽能力。荔枝醮核与果形存在一定的相关性，一般果形短，果顶稍尖的果实，醮核或小核居多。醮核是种子发育中途败育萎缩的现象，优良品种往往核小或退化。种子与果肉容易分离，种子内有淡黄色月形胚芽。种子有子叶两片，种子脱离果肉后，皱缩很快，容易失去发芽力。

2) 荔枝的果实发育

荔枝是多花果树，但落花落果极为严重，结果率极低，其果实的生长发育所需的时间长短，受品种特性和气候的影响。有效日积温越高，果实成熟越快；早熟品种果实成熟较快，迟熟品种果实成熟较慢。荔枝的果实发育可分为 3 个阶段：

①种胚发育阶段。这一阶段从雌花授粉受精到果肉（假种皮）出现为止，历期 30～40 天。种胚发育的前期即授粉受精后 8～10 天，绝大多数子房二室开始分化，一室继续发育，此期通常称为果实并粒期。

②果皮速生阶段。白果肉从种子基部开始生长至果肉包过种子顶部为止，历时 15～25 天，因品种不同而异。这一阶段果皮迅速生长、增大，果肉从种子基部开始形成，并缓慢向上生长，最后包过种核。果皮由青带黄白色转为棕褐色，并逐渐由软变硬。

③果肉速长阶段。从果肉包顶到果实发育成熟止，历时 20～25 天。本阶段的主要特点是果肉迅速生长、增厚、增重，果肉的增重量约占成熟果全部果肉质量的 85％以上，果肉可溶性固形物迅速增加。这一阶段中期以后，果皮颜色从果蒂端开始转红，并逐渐扩大，最后使果皮全部变红；龟裂片渐平，果肉饱满，果皮渐薄（侯振华，2011a）。

2.1.4　菠萝

2.1.4.1　菠萝的品种

菠萝在植物分类学上是凤梨科凤梨属，属于多年生草本植物。目前，在我国栽培的主要品种皇后类、卡因类、西班牙类。

（1）皇后类

皇后类主要特点是植株中等大，叶缘有刺，花浅紫红色，果皮黄色，果眼深，小果突起，果肉黄色至深黄色，风味较甜，纤维少，果实加工制罐和鲜食均好。栽培品种有皇后、金皇后、"菲律宾"（巴厘）、纳塔尔、神湾、鲁比等。"菲律宾"为广西目前的主栽品种，该品种生长势强，叶绿色，叶背有白粉，叶面彩带明显，叶缘有刺。吸芽一般有 2～3 个，顶芽较卡因种和西班牙种小。4 月开花，花淡紫色。果形端正，圆筒形，中等大，6—7 月成熟（正造果）。果肉黄色，质地爽脆，纤维少，风味香甜，品质上等。该品种适应性强。比较抗旱耐寒，且能高产稳产，果实也比较耐贮运。缺点是：叶缘有刺，田间管理不方便；果眼比较深，加工成品率比卡因种低。

（2）卡因类

卡因类主要特点是植株高大、直立，叶缘无刺或近尖端有少许刺，果形大，长圆筒形，果皮橙黄至古铜色；果眼扁平而浅；果肉淡黄至黄色；风味甜，中等酸，纤维柔软而韧，多汁；果实制罐加工性状好。栽培品种有无刺卡因（"夏威夷""沙捞越"）、台凤、希路等。无刺卡因种植株高大健壮，叶肉厚，浓绿；叶面彩带明显，白粉比较少，吸芽萌发迟，只有 1～2 个。平均果重 1.0～2.0 kg。7—8 月成熟。适宜罐藏加工，成品率高。对肥水要求较高，抗病能力较差，果实容易受烈日灼伤,不耐贮运。

（3）西班牙类

西班牙类为有刺和无刺土种,植株中等大;稍开张,叶片长且宽,叶色淡绿带红;花瓣艳红色。果形中等大,果眼平,果眼特深,果皮深橙和黄红色;果肉深黄至白色;肉质粗,纤维多;风味芳香带酸;果实耐贮运,加工制罐好。吸芽 4～5 个,托芽 7～8 个,耐霜寒能力最弱。主要品种有西班牙、土种、新加坡罐用种、卡比宗那等。目前除小生产和科研单位保存有此类品种外,大田生产基本上已淘汰。

2.1.4.2 菠萝的生物学特性

菠萝为多年生单子时常绿草本植物。植株高约 1 m,纤维质须根系,茎肉质单生,叶剑状,簇生于茎上,头状花序,顶生,完全花,子房下位、肉质聚花果.由于自花不孕,子房内一般没有种子,但在不同品种间人工授粉或自然授粉杂交的条件下,则有种子产生。果顶着生冠芽,果柄上长裔芽、叶腋抽生吸芽。叶序、花序、芽序及小果的排列均为螺旋状。其形态如图 2.17所示。

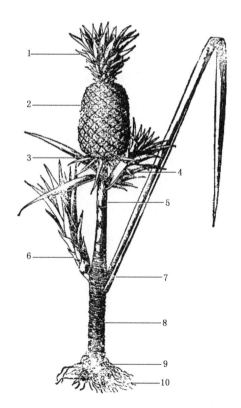

图 2.17 菠萝植株的形态(广东省农业科学院果树研究所编著 ,1987)

(1. 冠芽;2. 果实;3. 叶片;4. 裔芽;5. 果柄;6. 吸芽;8、9. 地上茎;10. 根)

（1）根

菠萝的根不但具有支撑、保持、固定植株的作用,而且还能从土壤中吸收水分和溶解水分中的各种营养物质,同时利用根部的微细导管及时地将这些营养物质输送到植株的各个器官,满足植株生长发育和新陈代谢所用,保证植株正常生长、开花、结果。菠萝植株的根系是由茎节上的根点直接发生而形成的,强壮植株的茎上有 800～1200 个根点。根据根点发生的部位,可以分为茎上根和地下根。由茎上根点先萌发气生根,当气生根接触土壤后,如条件适宜,很快就转变为地下根。另外菠萝根系属于茎源根系,有菌根。因此菠萝根系可分为气生根、地下根和菌根三种。

1)气生根

气生根是菠萝根系的重要组成部分,分布在菠萝植株茎部和各种芽苗的叶腋里,不分枝,没有粗根、细根、须根等类型的根。根点萌发时绿豆大小,微透明,呈淡黄色,伸长后逐渐变成浅褐色。最长的气生根约 30 cm 以上。气生根能在空气中长期生存、生活,保持吸收水分、养分的功能,吸芽的气生根缠绕叶腋间而顽强地生长,以至达到成龄开花结果。当气生根接触土壤后,迅速生长成为次生状的地下根。

菠萝的气生根具有促进早结果、结大果的作用。当然品种不同,气生根的着生位置不一样,对植株的影响也有一定差别。例如卡因种菠萝的位置着生较高,其气生根难以伸如土中,故易早衰;菲律宾种的吸芽比较多,着生位置较低,因而气生根易伸入土中变为地下根,故不易早衰。

2)地下根

菠萝的地下根属于纤维质须根,根细长,分枝多。气生根从根点萌发并穿过茎的皮质,然后伸入到土中,其可细分为粗根、支根和细根三种,具有支撑植株、吸收水分和养分的作用(见图 2.18)。

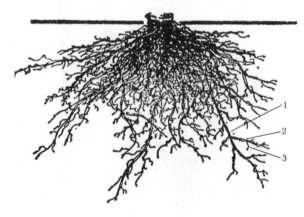

图 2.18　菠萝的根系(广东省农业科学院果树研究所,1987)
(1. 粗跟;2. 细跟;3. 须根)

①粗根是一级永久性根系,多由气生根直接发展演变而来,初期具有吸收水分和养分的功能,植株长到 12 cm 以上时,细根逐渐代替粗根的吸收功能,此时粗根的吸收功能就渐渐弱化,仅仅起到疏导和支撑植株的作用。粗根大部分皮层已木栓化,平均直径为 0.15～0.20 cm,最长可达 90～100 cm,成长的植株约有粗根 100～150 条。

②细根是二级永久性根系,由粗根分枝生长而来,分布在粗根的中下部分,通常一条粗根有 3～5 条细根,个别有多至 8～9 条的。细根的形态和作用与粗根相似.径粗约 0.05～0.10 cm,其尖端幼嫩部分也布满根毛,有吸收作用。土壤肥沃松软和健康的植株细根较多,粗根被折断

后,如条件适宜,会促进增生细根。每株菠萝的细根有 130 条左右。其主要功能是吸收水分和养分,同时还兼有疏导和支撑植株的作用(广东省农业科学院果树研究所,1987)。

③须根是一种临时性的根系,一般从细根处长出,少部分从粗根处长出,白色幼嫩,自身的分支多,呈弯曲状,表皮上密生根毛,生长旺盛。每根细根可分出 3～5 条须根,所以每株菠萝共有须根 600 条左右,形成庞大的根系,足以维持地上部所需的水分和养分供应。这些须根是主要吸收根,承担植株养分和水分的 95% 的吸收任务。须根及根毛娇嫩,抗逆性较差,怕涝、风、晒、旱等,遇过高或过低温度时易枯死。

3)菌根

菠萝地下根共生着菌根,是一种由真菌和土壤表层附近的细根和须根尖细嫩的部分共生的根,分枝众多,外观呈树枝状。菌根在平时发挥的作用不大,一旦在土壤干旱或土壤含水量低于凋萎系数时,菌根就利用其菌丝体从土壤中吸取水分,这种功能对于增强菠萝植株的耐旱性具有重要意义。另一方面,菌根利用其菌丝体分解土壤中的腐殖质和有机物,供给植株所需的营养元素。

(2)茎

菠萝茎为黄白色肉质近纺锤形的圆柱体,是植株生长、发育的基本,又是吸收、贮藏、疏导的重要器官,同时有支撑叶、花、果的作用。

菠萝茎可分为地上茎和地下茎两部分(见图 2.19)。埋于土中的茎称地下茎,地下茎着生地下根,萌发地下芽;地上茎高 20～30 cm,被螺旋状排列的叶片紧包,不裸露。茎的最顶部中央是生长点,在营养生长阶段不断分生叶片,至生殖发育阶段则分化花芽,进一步形成花序。成熟的茎上均着生许多休眠芽和根点,当花芽分化花序时,部分休眠芽即相继萌发成为裔芽和吸芽。吸芽的气生根如能早入土,就能够加速吸芽苗的生长,由于吸芽着生位置逐年上升,导致气生根不易深入土中,吸收的水分和养分受阻,易造成早衰现象。可采取有效措施来避免,就是及时培土,培土是菠萝管理上的一项重要措施。

茎的粗细是植株强弱的一项重要标志。茎粗壮而大,叶片宽厚,植株就健壮,将来果大、丰产。茎细长,叶片瘦长,苗就弱,将来果小、低产。通常每 100 g 茎重可以生产果重 350～400 g。所以,培育粗壮的茎是获得丰产的基础。

(3)叶

菠萝的叶片革质,簇生于茎上,狭长形,呈剑状。叶面深绿或淡绿色,常有明显的或

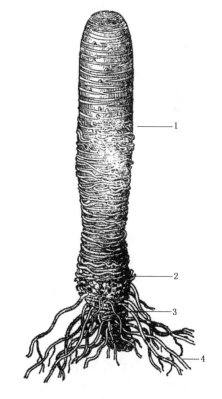

图 2.19　菠萝根与茎的形态(广东省农业科学院
果树研究所,1987)

(1. 地上茎;2. 地表界线;3. 地上茎;4. 根系)

不明显的紫红色彩带。叶片中部较厚,稍凹陷,两边较薄向上弯,形成叶槽,这种形状有利于雨水和露水积聚于基部。叶背披一层白色蜡质毛状物,其下是一层较厚的栅栏组织,为贮水之用,叶背被一层厚茸毛,具有阻止水分蒸发的作用。上下表皮均着生气孔,气孔在夜间才开放,同时气孔上覆盖着茸毛,可减少气孔对水分的散失,这些耐旱结构很适合保水。以上这些结构使菠萝植株具有很强的节制水分蒸发和抗旱能力,所以,菠萝的蒸腾率远比许多作物低。菠萝的低蒸腾率使植株果实每形成 1 份干物质仅需水 30 份,而其他作物则需 300 份之多,这是菠萝生长在干旱地区仍能高产的原因之一。

菠萝叶片的生长量受低温影响很大,一般 6—8 月定植后,温度较高,植株迅速生长,月平均出叶 4～5 片,高者可达 7～8 片;10 月天气转冷,逐渐干旱,植株的生长也慢慢缓慢;1～2 月低温干旱时,植株的生长几乎停顿,平均仅出叶 0～2 片。当然不同的品种对低温的敏感程度也有一定的差异性,如菲律宾品种(巴厘)、神湾品种对低温最敏感,经霜后大部分叶色变红,卡因品种则较耐寒,仅叶色变黄、叶尖干枯。因此在 10 月以前要促使植株生长壮旺,出叶数多且长大;在低温期尽量减少叶片受霜冻,是保证丰产的关键。

不同菠萝品种叶片数目的变化很大,以卡因品种最多,一株可达 60～80 片;菲律宾品种 40～60 片,皇后品种 50～60 片,西班牙品种 40～50 片;神湾品种最少,一般 20～30 片。生产实践表明,菠萝叶片的多少、叶片宽窄、叶片发育程度、总面积和果实的大小、果重、品质成正比,叶片宽且多,光合作用面积大,制造养分就多,在一定范围内,叶数多、叶片大、果也大。例如卡因具青叶 30 片时,果重为 1.18 kg,青叶增加 3 片,果重可增加 200 g。

(4)花

菠萝在适宜的生长条件下,经过一段时间的生长发育,从植株外部形态可观察到心叶变细、变短,聚合扭曲,株心逐渐增宽,再经 20～30 天的生长,当株心现红环及心叶变红时,在茎的顶端形成了花序,进而开花、抽蕾。花序是由 100～200 个小花聚合而成。通常基部小花先开,顺序向上开放,经 15～30 日小花开完。菠萝在自然状态下开花可分为三个时期,2—3 月抽蕾的为正造花,花芽分化多在 11—12 月间进行;4 月下旬到 5 月下旬抽蕾的为二造花;7 月初至 7 月末抽蕾的称为三造花,又称为翻花。

菠萝的小花是无花柄的完全花。每朵花有肉质萼片三片,花瓣三片,长约 2 cm,基部白色,上部 2/3 为紫色或紫红色.花瓣互叠成筒状,雄蕊六枚,分两轮排列,雌蕊一枚,

柱头三裂,子房下位.有三室,每心室有 14～20 个胚珠,分两行排列。小花外面有一片红色苞片,花谢后转绿或呈紫红色,至果实成熟时又变为橙黄色。菠萝花的结构见图 2.20。

菠萝开花与叶密切相关,只有当叶面积或叶片数量达到一定即可开花。如卡因 35～50 片青叶数、巴厘 40～50 片青叶数、神湾 20～30 片青叶数时开始开花。

生产实践表明,菠萝花序中小花数的多少与果实大小有密切关系。菲律宾小花数为 90～100 朵时,平均果重为 660 g;51～62 朵时果重 370 g。植株健壮,营养充足会增加小花数目,产量提高。

在自然条件下,菠萝的品种不同,花芽分化时期也有所不同,例如巴厘的花芽分化期在 10—11 月,无刺卡因则在 12 月下旬至 1 月中旬。另外定植苗的大小对植株的花芽分化也有影响,菠萝植株需长到一定大小,才能感受花芽分化诱导。一般是大苗、大株先分化,定植大苗要比中苗花芽分化早 10～15 天。因此为了提前催花的需要,必须加强在早期培育大苗、壮苗。

除了以上的因素外,用化学药剂或物理方法进行人工催花时,只要条件合适,不论植株大

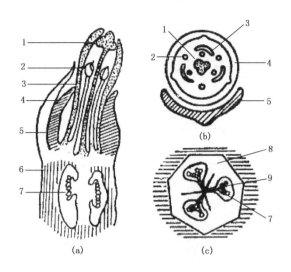

图 2.20　菠萝花的结构模式图(广东省农业科学院果树研究所,1987)

(a)花的纵切面;(b)菠萝花冠排列模式图;(c)菠萝子房的横截面

(1. 雌蕊;2. 雄蕊;3. 花瓣;4. 萼片;5. 苞片;6. 子房;7. 胚珠;8. 子房壁;9. 子室)

小、季节,均可促进花芽的分化,达到周年结果。

(5)果实

菠萝从开花至果实成熟需 120~180 天。花谢后,由花序的肉质中轴(果心)和聚生于中轴周围小花的肉质子房、花被、苞片基部共同发育形成聚花肉质果。小果在果轴上螺旋排列,有左旋与右旋之分,与其植株的叶片旋向相一致。通常小果的行数为 6~8,列数为 13~21。基部的小果较大,顶部的小果较小。

菠萝的小果通称为"果眼",果眼的大小、形状、凹凸程度在品种类型间有较明显的差异。谢花后小果的三枚萼片互相重叠闭合,闭合的萼片与花蜜盘所构成的部分及所包含的空间称为"果丁"(也称为"花腔"),果丁内可见到宿存的雌蕊和雄蕊残留部分,果丁的深浅与罐藏加工的难易和果肉利用率有很大关系,果丁的大小形状和深浅因品种类型而异(见图 2.21 和图 2.22)。

菠萝果实的成熟期和开花是密切相关的,基本上分为 3 个时期:

1)正造果

这是菠萝开的第一次花结的果实。2—3 月现红抽蕾,6 月下旬至 8 月上旬成熟。果柄粗短,托芽多,果形小,品质最好,最受市场欢迎,价格也最高。

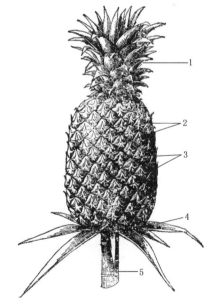

图 2.21　菠萝果实的形态(无刺卡因种)

(广东省农业科学院果树研究所,1987)

(1. 冠芽;2. 小果(果眼);3. 小果苞片;

4. 聚合果的总苞片(幼嫩时呈红色);5. 果柄)

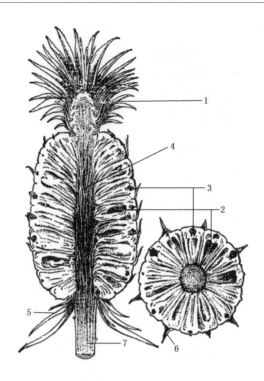

图 2.22　菠萝果实的纵、横剖面(广东省农业科学院果树研究所,1987)
(1. 冠芽;2. 小果的子室(呈空洞状);3. 果丁;4. 果心;5. 聚合果总苞片;6. 苞片;7. 果柄)

2)二造果

这是菠萝开的第二次花结的果实。又叫秋果,4月末至5月末抽蕾,9—10月采收。果形和品质与正造果形差不多,肉质疏松,汁较少,品质稍差。

3)三造果

这是菠萝开的第三次花结的果实。又称翻花果、冬果,7月抽蕾开花,11月开始采收,直至翌年元月或2月。果形较大,但品质差,水分和香味少,纤维多,含酸量大,色、香、味均不及前两造果。

(6)种子

菠萝是异花授粉植物,一般同品种和自花均不孕,具有单性结实的能力,靠风媒或虫媒进行异花授粉。同一品种即使人工授粉也不能获得种子,故一般品种均无种子。但是如果采用不同的品种进行授粉,则可获得正常的种子,这种情况在杂交育种时才需要。

菠萝的种子藏于小果的子房室中.种子呈尖卵形、棕褐色,长约3～5 mm,宽约1～2 mm、小而坚硬,外观似黑芝麻,内含胚乳和一个小胚。种子形状如图 2.23 所示(广东省农业科学院果树研究所,1987)。

(7)芽

菠萝的芽根据其着生部位不同,可分为冠芽、裔芽、吸芽块茎芽4种(见图 2.24)。

图 2.23　菠萝种子

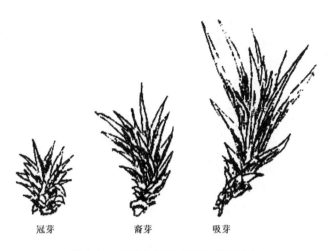

冠芽　　　裔芽　　　吸芽

图 2.24　菠萝的冠芽、裔芽、吸芽形态

1）冠芽

冠芽又称顶芽、尾芽，是着生于果顶的一种芽体，由茎顶端遗留下来的分生组织细胞生长而成，正常为单冠，发生变异时可变为复冠或鸡冠。

在生产管理上，为了保证菠萝的生长发育达到最佳，常采用挖冠、摘冠等除冠芽的措施，常常在果实与冠芽之间的分界线位置进行。

冠芽随菠萝抽营和果实发育而生长，冠芽的叶多而密集，根点多，种植后发根快且多，植株旺盛，结果整齐、果实大，但由于芽比较小，定植后两年左右才结果。冠芽的大小受温度、湿度、品种、栽培管理、激素使用的品种和方法等因素的影响。

2）裔芽

裔芽又称托芽、"菠萝鸡"，自果柄叶腋处长出，着生在果实基部和果柄上，一般每株抽 4～6 个，多则 20 个。裔芽多，而且随着果实的增大而增大，长期留在果柄上，吸收部分养分而影响果实的生长发育，故要在适当时间除去。裔芽可留在果柄长至 20 cm 以上时分批采摘，如果一次性采摘的话，可能会因伤口过多且过于集中，从而导致果柄干缩。除去的裔芽可以作为繁殖材料，一般通过假植培育后作种苗。例如在卡因类菠萝繁殖时，用裔芽做种苗种植，只要切除裔芽基部的果瘤就可以了。用裔芽苗种植，虽发根较慢，但结果大，种植后 1 年半至 2 年结果。

裔芽着生的数量与不同品种和成果时期有密切关系。生产中发现，卡因类的品种比皇后类的品种裔芽多一些；同一品种同一种植园里，正造果比二造果和三造果的裔芽多。

3）吸芽

吸芽又叫腋芽，比冠芽、裔芽大，着生于地上茎叶腋中，一般在母株抽蕾后抽出。开花结束后一个月左右是吸芽盛发期。

菠萝吸芽多少与品种和植株的强弱有密切关系。卡因品种吸芽较少，0～3 个，萌发迟，芽粒较高；菲律宾品种一般有 2～4 个吸芽，芽位适中；粤脆吸芽也少，只有 1～2 个；巴厘也不多，有 2～3 个；神湾种的吸芽比较多，有时多达 24 个，一般在 10～20 个。强壮植株吸芽多，瘦弱植株吸芽少。

吸芽生产上主要用其接替母株结果，吸芽定植后 1 年至 1 年半结果，植株在第 1 年开花、结果时一定要培育健壮的吸芽,才能保证稳产、高产。

吸芽也是非常好的繁殖材料,过多的吸芽在采果后摘下普遍用作种苗,当芽苗高 25 cm。35 cm 时,基部叶腋间出现褐色小根点,这是芽成熟的标志。在生产上应选用较大的吸芽种植,不可用过熟的吸芽作为繁殖材料。

4)地芽

地芽又叫蘖芽、地下芽、块茎芽,由地下茎上的芽萌发而成,因受叶丛遮蔽,接受阳光少,导致地芽的数量少且细弱,如用作种苗 2～3 年才结果,且果形小,结实期晚,产量低,一般很少用其作种苗。但是,地芽的着生位置低,受风的影响相对较小,在开花结果时不易被风吹倒,所以,当宿根抹前三种芽位提高时,可适当选留一些健壮的地下芽作为第二年的结果株,从而达到降低芽位、防止倒伏的效果,同时也便于培土管理。

2.1.5 龙眼

2.1.5.1 龙眼的品种

龙眼别名桂圆、益智,是无患子科龙眼属植物(邱武陵,1996)。龙眼对人体有滋阴补肾、补中益气、润肺、开胃益脾,可作为治疗病后虚弱、贫血萎黄、神经衰弱、产后血亏等功效,是著名的果实食、药兼用的热带特色果树。中国龙眼品种资源丰富,据不完全统计,全国约有 300 个品种(品系)(张春叶 等,1999)。其中主要的为:

福眼:福建省泉州市普遍栽培。产量高,果大(13.9 g),肉厚、皮较薄,品质中上,含糖量 14.3%～15.5%,最适罐藏,亦可焙干(但壳易凹陷或破裂),鲜食味偏淡。较抗鬼帚病,抗旱力较强。大小年结果现象较明显。

水涨:产于福建省厦门市同安区。高产稳产,适应性强,果大(14.1 g)、肉脆、汁多,品质中上,含糖量 11.9%～12.4%,适于罐藏和鲜食。果实不耐贮藏,焙干时壳易凹陷,焙干率低。

乌龙岭:出于福建省仙游县郊尾塘边的乌石村而得名。本种产量高、果大(12.6 g)、含糖量高(18.4%)、皮厚、核大、焙干率高,产品外形美观,为福建莆田、仙游产区最主要的制干良种。亦宜鲜食,但核偏大,大小年结果明显。

油潭本:出自福建省莆田市华亭乡油潭村。丰产稳产,成熟期较迟,果大(12.4 g)。品质中上,含糖量高(16.9%)、核大、皮厚、焙干率高,焙后壳不凹陷,亦不易破裂,为制干良种。亦宜鲜食,但核较大,易患鬼帚病。

红核仔:福建省福州市主栽品种。产量高,不易落果,耐旱能力较强,味浓甜(含糖量 17.1%),品质上,适宜鲜食。但果较小(7.5 g),大小年结果明显,应从中选出大型果的优良单株或品系。

石硖:为广东省栽培最多的品种,产广东南海、中山、番禺、广州等地。高产、优质、肉厚、质爽脆,含糖量高(22.6%),核小。可食率高,为广东名牌鲜食优良品种,亦可制干,焙干率高,产品上乘,但果实偏小(7.5～10.6 g)。易感染鬼帚病。

草铺种:出自广东省潮安县枫洋,为粤东地区主栽品种。果实圆球形或略扁,果中大(9.7 g),品质中等,可溶性固形物 18.9%。采收期长,可树上留果至中秋节前后采收,仍不影响果实品质。

大广眼:为粤西地区广泛栽培的品种之一,以高州市为最多。果较大(10.5 g),肉厚,质爽脆,含糖 16.8%。未见鬼帚病。早熟。

双孖木:出自广东省高州市曹江区,是粤西的主栽良种,现珠江二角洲也普遍栽培。果大(约 12 g),可食率高,含糖量高(20.7%),质脆,品质上,制干率高。少见鬼帚病。

大乌圆:果大叶乌绿而得名,为广西主栽品种,广东省花都区等地也有栽培。果特大(18.3 g),肉厚,肉质较软,味较淡(含糖量 13.5%),适宜鲜食、罐藏及加工桂圆干和桂圆肉。较抗鬼帚病,大小年结果较明显。

广眼:广西主栽品种。适应性强,抗鬼帚病,果实中大(9.55 g),味甜肉脆,含糖量 15.7%,适宜鲜食和加工。大小年结果不明显。

粉壳:台湾省栽培最多的品种。果实黄褐色,果粉多于其他品种,故名。本种适应性强,丰产稳产,果较大(9.1～12.7 g),肉厚,质脆味甜,可溶性固形物 17%～20%,宜鲜食和制干。

红壳:台南一带的主栽品种。因果壳深褐色,而得名。果重 11.1～14.6 g,可溶性固形物 18.2%～21.0%,可食率 65%～66%,果实成熟期 8 月上中旬。果大而甜,丰产。

扁匣榛:产于福建省长乐市。晚熟,果较大(11.0 g),含糖量高(含糖 18.9%),是鲜食良种,亦宜焙干,果实极扁为其主要特征。

八月鲜:1959 年四川泸州市园艺科学研究所从实生树选出。较早熟丰产,果大(12 g),肉厚,可溶性固形物含量 20%,是鲜食品种。亦宜制干、制罐头。

2.1.5.2　龙眼的生物学特性

(1)龙眼根的生长习性

龙眼的根系,根据其发生来源可分为实生根系与茎源根系。前者如实生苗和嫁接苗,主根发达,根系较深;后者如高压苗,其根系来源于枝条上的不定根,其特点是主根不明显(李于兴,2009)。龙眼树的根系由主根、侧根和吸收根组成。主、侧根主要起支撑树冠、输送和贮存养分的作用。吸收根由须根和毛细根组成。

龙眼骨干根根皮孔粗大而明显,要求土壤通气良好。吸收根上有菌根共生,无根毛。幼嫩苗根色浅,老的菌根或菌根基部成黄褐色,其形态为总状分枝状(见图 2.25)。菌根的存在是龙眼适宜地旱、贫瘠等恶劣环境的重要原因。它能改善根部吸收养分及水分的能力,尤其是显著地增强对磷的吸收。菌根吸水能力比根毛强,能够在萎蔫系数下从土壤中吸收水分,大大提高龙眼对水分的利用率,增强树体抗旱能力。菌根还能不断分泌某些激素,促进龙眼的生长与发育。

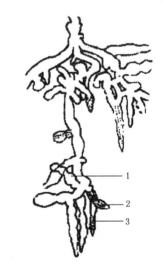

据观察,龙眼树吸收根的生长发育在一年之中有 3 个活动期,第一个活动期在 3 月下旬—4 月下旬,此活动期根系的生长量较少;第二个活动期在 5 月中旬—6 月中旬,也是一年中根系的生长高峰;第三个活动期在 9 月中旬—10 月中旬,根系的生长次于第二个活动期。

首先,根系的生长活动受地上部分,主要是枝梢的生长和结果的影响最大。根系生长活动高峰出现的迟早和强弱通常都在各期枝梢的生长高峰之后显示出来。这是由于枝梢的生长情况及光合作用的差异对根系的发育有很大的影响,而当年结果的多少又与新梢和新根的生长有密切关系。经过研究发现,凡当年结果多的树,只有待果实采收后,新根的生长才有所回升。因

图 2.25　龙眼菌根的外形
(1. 菌根;2. 中柱;3. 吸收根)

此,适当控制结果量可以减轻树体在养分方面的消耗,可以有营养促进枝梢的生长发育,进而促进根系的生长发育。

其次,根系生长发育还受环境因素的影响。主要表现在土温和水分方面。据实践观察,土壤温度在 5.5～10 ℃时根系活动很弱,随土壤温度的升高,根系活动加快。当土温在 23～28 ℃时,根系生长发育最快;当土温升至 29～30 ℃时,根系生长又缓慢;当土温高达 33～34 ℃时,根系则处于休眠状态,停止生长。在水分含量较高的土壤中时,根系生长较快,反之,根系生长较慢,甚至停止,因此,早起保持果园土壤水分是龙眼栽培的重要措施之一。在实际操作上可以用经常耕翻的办法来改善和调节水、温、气、肥的关系,以促进根系生长,打好丰产稳产的基础。

(2)龙眼枝梢的生长习性

龙眼树与其他亚热带常绿果树一样,周年均有新梢生长,一般全年抽梢 3～5 次,1 次春梢,1～3 次夏梢和 1 次秋梢,抽冬梢的情况较少。新梢通常从充实的枝梢顶芽抽出,也可从短截后枝条的腋芽或不定芽抽出。夏梢的腋芽萌芽率和成枝力均强,也有当年抽生 2 次新梢。一般新梢从抽出展叶至老熟约需 1 个月的时间。抽梢时间的早晚、次数及数量,随树体的营养水平、树龄、结果量、品种、管理水平及环境条件等各种因素的不同而异。

1)春梢

通常从上年的秋、夏梢及末萌发秋梢的结果枝或老枝抽出。龙眼春梢萌动期多在 1 月中下旬,其旺盛生长在 2—3 月中旬,4 月中旬则停止生长,4 月下旬基本老熟。春梢生长时间依每年春季气温回升的差异而略有变动。连年结果的树春梢量少,而当年花穗较少或落花量较多的树春梢量相应加多,并且梢壮。反之,当年花多则春梢量少.而且也弱,难以形成良好的结果母枝。因此,可将春梢剪除,以促使抽发强壮的夏、秋梢,作为翌年结果母枝。

2)夏梢

通常从当年的春梢或上年的夏、秋梢及末萌发春、秋梢的结果枝及老枝抽出,也可从春季修剪和疏去花穗的短截枝上萌发出来。夏梢抽生时间较长,从 5 月上旬—8 月上旬,可先后抽生 2～3 次。5 月上中旬可抽第一次夏梢,其生长量较小。6 月下旬—7 月上旬可抽第二次夏梢。这期间因气温高,雨水足,可大量抽生,也是夏梢生长的高峰。第三次夏梢在 7 月中下旬—8 月上旬抽生,可从当年早萌发的夏梢顶端或落花结果枝顶端抽出。夏梢生长与当年结果量及管理水平有密切关系。如果当年结果多,养分大部分为果实生长所用,夏梢抽生就少而弱。反之,结果适量的树,在肥水充实的情况下,抽生的夏梢就多而旺。另外,夏梢的正常生长对当年果实增大和促使秋梢萌发均有显著效果。

夏梢是龙眼树的重要枝条,除在其上继续萌发秋梢作为翌年的结果母枝外,也有部分可直接成为翌年的结果母枝。观察表明,生长健壮、叶片多的夏梢是良好的结果母枝或基枝,其对增加秋梢数量、促进果实生长、减少后期落果有明显作用,是获得丰产的基础之一。

3)秋梢

秋梢多在 8 月上旬—11 月初萌发。树势壮者抽生早,一般在采果后 15～20 天即可抽出;秋梢分两种,一种为“夏延秋梢”,从当午夏梢顶端抽出,秋梢数量较大,但长势较差,如肥水供给及时,有部分采果梢的夏延秋梢可成为结果母枝;另一种从短截枝或老枝上抽生出来,数量较少。秋梢的抽生量与树势、挂果量、果实成熟时期、管理措施及气候也有密切关系。如前所述,当年结果少或不结果的树,因春、夏梢量大,影响秋梢生长;早熟种萌发早,秋梢抽生量大;

迟熟种秋梢生长较差;肥水好、管理完善的树,抽生的秋梢长而粗壮;秋季雨水足对秋梢抽生有利;秋旱及时灌水施肥,则能促进抽生出健壮秋梢等。由于秋梢也是翌年的结果母枝,所以加强管理、培育足够数量的健壮秋梢,也是丰产的重要措施之一。

4)冬梢

一般成年结果树很少抽冬梢,只有幼树或壮树在秋末冬初气温偏暖的情况下,于 11 月间从已充实的夏秋梢顶端抽出冬梢。冬梢数量少、长势差,难以形成翌年的结果母枝,所以生产上常采用控制肥水、使用生长调节剂和修剪等方法来抑制、疏除冬梢。

龙眼枝梢生长与抽穗结果两者之间存在既相互依存又相互矛盾、争夺养分的关系,因此,在生产上要很好地控制和调节两者之间在养分争夺上的矛盾。这也是克服龙眼在生产上的结果大小年现象,创造连年丰产的关键技术。

(3)叶

龙眼叶片为偶数羽状复叶,少有奇数羽状复叶,小叶对生或互生。种子播种后长出的幼苗第一、第二叶仅具 1 对小叶.第三叶具 2 对小叶,以后逐渐增加。成年植株 4 对小叶的最多,3对、5 对的次之,6 对以上者较为罕见。叶多为椭圆状披针形、倒卵状椭圆形和卵状长圆形几种(见图 2.26)。全缘、革质,叶面绿色,叶背淡绿;叶柄短,主脉明显突比,侧脉明显。嫩叶常为赤褐色,叶片寿命约 1～3 年。

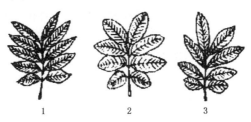

图 2.26　龙眼小叶的基本叶形
(1. 椭圆状披针形;2. 倒卵状椭圆形;3. 卵状长圆形)

2.1.5.3　龙眼开花结果的习性

龙眼属于当年花芽分化当年开花结果的类型,龙眼的花芽分化一般在 2 月上旬开始,4 月上旬花芽基本形成。龙眼有 3 种花,雄花较早分化,雌花迟些,两性花与雌花相近。整个花芽分化过程需 2 个月左右。

(1)抽穗

龙眼抽穗通常在 2 月上旬—3 月下旬,4 月上中旬后才逐渐发育完全,可以说,龙眼是边抽穗边完成花芽分化,直至花序形成。抽穗开始,顶芽先抽出一段新梢,然后在叶腋间出现紫红色的支穗原始体,而后逐渐形成包括主轴、侧轴、支穗、小穗、小叶及各种花朵的花穗。

龙眼花为圆锥形聚伞花序,出混合发芽发育而成,其花穗可以分为:

1)长花穗(龙头穗):由健壮结果母枝顶芽发育抽生,分枝级数多,花穗大而长,抽穗早,花量多,花期亦早,但是坐果率低。长花穗的主花序主轴明显,长 20 cm 以上,有 10～15 枝第一级侧花序,多的可达 20 枝。两个侧花序之间相隔距离大。在第一级侧花序的腋间抽第二级侧花序,在第二级侧花序的腋间再抽第三级侧花序,同时结果母校顶芽以下 1～3 个腋芽也可抽出丛状花序分枝。花穗分枝级数多,花穗大而长,花量多且花期早,消耗营养多,坐果率低。

2)短花穗(虎头穗):主要由白露至秋分秋梢发芽抽生,抽穗较迟,花穗短小,花量少,雌花比例高,花期亦较迟,但是坐果率高。

3)丛状花穗:因结果母枝顶芽或主花轴受损,由侧花序和结果母枝侧芽抽出的丛状花穗组成的花穗称为丛状花穗。此种花穗短,花量适中,雌花比例也高,坐果率较高。

4)"冲梢"花穗成花逆转,也叫"冲稍"。龙眼混合花芽在发育抽生花穗分配过程中,因受内部条件和外部环境因素的影响,常导致营养生成趋向加强,花穗上幼叶逐渐展开、成长,或花序发育中途中止,花穗顶端抽生新梢。

花穗抽出后,穗轴的幼叶逐渐展开、长大,叶色变绿。通常在穗上的幼叶应在花穗的发育过程中早行脱落,否则消耗更多养分,对花穗发育不利。生产中应注意,花穗很容易产生"冲梢"的现象,即花穗部分中的小花脱落,而在花穗的顶端形成不正常的发育枝。"冲梢"一般发生在花序迅速分化的时期,在不同程度上造成减产,甚至绝收。产生这种现象的原因除与养分积累有关外,还与当时的气候有关。据试验观察,花穗的正常发育需要在较低的温、湿度下进行,3月气温如能保持8~14 ℃的条件最好。如温度高达20 ℃左右,在雨水较多的情况下,则导致营养生长加强,产生不同强度的"冲梢"现象,影响当年产量。也有时,在发生"冲梢"现象不久气温又下降,则冲出的梢顶又发育出小花穗。不过,这种小花穗落花落果较严重。实践表明,冲积平地比丘陵坡地、实生树比嫁接树、幼树比结果树、壮树比弱树更易发生"冲梢"现象。抽穗的时间受结果母枝种类、树势和早春气候影响。夏梢作翌年结果母枝、树势壮的植株,抽穗最早;夏延秋梢作结果母枝的次之;秋梢作结果母枝、树势较弱的植株,抽穗较迟。花穗大小与抽穗的早晚也有关联,通常,早抽的穗大,开花期也早;晚抽的穗小,开花也迟。花穗的大小还受修剪的影响,如在每次抽梢时,使每个枝条留1~2个新梢,则可形成强壮充实的结果母枝,以后抽的花穗也较大,使产量得到提高。

另外,连年结果的植株,结果枝萌发的秋梢抽花穗比例较高,为避免减弱树势,可通过加强施肥管理,使养分积累增多,秋梢粗壮,因而翌年抽出的花穗也多,给连年丰产打下基础。

(2)开花

龙眼树开花受气候、品种、树势、抽穗期、花穗大小及着生于树冠的不同部位而有差别。龙眼的花主要有雄花、雌花,也有为数较少的两性花及各种变态花(包括中性花及多种畸形花)。图2.27为龙眼的三种花。

1)雄花

雄花呈浅黄白色,有花萼(5深裂),花瓣、花盘粗大。雄蕊达7~10枚,多为8枚。花丝长0.6~0.8 cm,黄白色,呈现放射状散开。雄蕊上花药黄色,具有4个花粉囊和一个药隔,花粉囊具有表皮纤维层、中间层和毡绒层。在始花后一天开裂,且一朵雄花上的8个花药不是同时开裂的,可持续2~3天,一般在08—10时开放,散发花粉后花药呈纵裂。成熟花粉属二核花粉,生殖核授粉后发育成两个精子,精子圆形,大小略异。雌蕊退化,仅留一个红色的小突起。雄花一段在开放

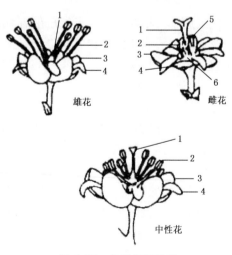

图 2.27 龙眼的三种花

(1. 柱头;2. 雄蕊;3. 萼片;4. 花瓣;5. 子房;6. 花盘)

后 3～4 天即脱落或枯干。

2）雌花

雌花是龙眼最主要的花型,外形与雄花相似,但雌蕊发达,子房 2～3 室(多为 2 室),花柱合生,开放时柱头分叉,弯曲形状有眉月双弯、叉状和 r 型。雌蕊柱头开裂成 2 叉时就可接受花粉,可维持 2～3 天仍然授粉有效;3 天后柱头干枯失去光泽,子房周围有退化雄蕊 7～8 枚,花丝特短,花药不散发花粉。龙眼的胚珠属倒生胚珠,有内外两层珠被,在受精后还发育出第三株被,即果肉、胚囊发育方式属蓼属型,具八核,受精前两个极核并合为次生核。

3）中性花

中性花花萼和花瓣未能充分裂开而重叠成为盘状,外形似雄花、雌花,唯有花丝短,仅露出花盘,花药不散发花粉者为显雄性的中性花;花柱短,柱头稍露出花盘,柱头稍开裂但不弯黄,均不坐果,为显雌性的中性花。这两种退化的雄花、雌花都失去性功能,故统称为中性花。

一般情况下,龙眼树的花期从 4 月中旬持续到 6 月上旬。通常,在春夏之交气温回升较早的地区开花早;树势壮,或以夏梢作结果母枝所抽生的花穗,因早抽穗,所以花期也早。反之,树势弱,或以秋梢作结果母枝所抽生的花穗,花期较迟。位于树冠南或西南面的花穗,花期早几天;一株树的花期前后为 30～45 天,每个花穗的花期为 15～30 天,大多数为 20 天,每朵单花的花期为 1～3 天。一个花穗大多是穗基部的小穗花先开,又以雄花早开,再开雌花,最后又以雄花结尾。雌花又通常集中开 3～7 天,一次开完。有的品种,雌花集中开 2～3 次,延续 10～20 天,使授粉期拉得过长,造成每一个果穗因先后授粉而出现果实大小不一的情况,影响龙眼整体上的品质。从单花穗上不同性别的花来看虽然开放的时间不同,但从整株树来看,雌雄花开是相互交错的,并不影响授粉。另外,龙眼花花期的长短还受当时当地的气温影响,气温较高就短而集中,在 19～25 ℃时开花最旺;反之时间延长。若花期正好碰上低温阴雨的天气,就不利于开花和授粉,很容易导致严重的落花落果。若气温升高到 29 ℃以上,则花易脱落。在实践中要注意加强管理以达到提高雌花比例、增加产量的目的。

（3）花芽分化

1）未分化期。特点是生长点狭而尖,鳞片紧包。

2）花序原基分化期。2 月上旬至中下旬为花序原基分化期。此时的特点是,花序原基与叶芽原基开始分化,两者差异不大,仅花序原基呈圆锥形,短而略宽。

3）花芽分化期。2 月末至 3 月上中旬,特点是花芽形成速度较快,进一步分化产生许多支穗原基;早分化的支穗,进而发育分化成小穗原基;有部分原基开始分化花萼。

4）花序迅速分化期。3 月中旬,末花序进入迅速发育的时期,此时分化出大量支穗和小穗原基,并且多数原基已开始花萼分化,少数出现花瓣原基。

5）花器建成期。龙眼花器发育和花序分化基本上同时进行,4 月上旬整个花序基本建成,而花器发育加速,花序上大量雄蕊原基出现,继而子房开始发育,这段时间很短,大约 10 天;各型花分化决定期依花型不同而异,雄花较早,雌花迟些,两性花与雌花相近。整个花芽分化过程约需两个月,大致是 2 月上旬—4 月上旬。

6）龙眼花芽分化的条件。龙眼从营养生长转向生殖生长,需要一定的内外在的条件。首先,任何枝梢在花芽分化期停止生长或者缓慢生长,都能进入花芽分化,也就是说,秋梢并不是唯一可进行花芽分化的枝梢。有些衰弱的树或管理失调的树,没有抽出秋梢,但只要春、夏梢充实都能进行花芽分化。其次是了解停止生长的枝梢受什么因素的影响,目前的研究结果表明,温度、水分、光照以及风等外界的环境因素都影响植株生长,也是植株生理转化的信号之一。

　　当气温下降,日照缩短,大气湿度越来越小,加上北风,天气的变化植株会发生一系列生理变化。当生理发生变化时,从外观上可见枝梢停止生长,新梢很难抽发。所以,荔枝、龙眼进入花芽分化的首要条件是天气发生一定的变化,即低温、干旱和北风。

　　最后,还要了解植株进入花芽分化时,植株内的生理及代谢的变化。据研究发现,花芽分化分两阶段进行。首先是生理分化,即矿质营养水平、碳水化合物水平、蛋白质水平及各激素平衡关系和各种酶的活性等都与营养生长时不同。在花芽分化时期,钾、糖及蛋白质氮等含量较高,脱落酸和细胞分裂素含量较高。这就是在末次秋梢控梢时,不能施过多氮肥的原因之一。氮肥过多,枝梢会不停止生长,体内各养分及激素不能及时转变,不能转入花芽分化。当生理分化完成后,就进入形态分化,顶芽各细胞发生变化,从芽分化为花芽,此时在显微镜下,可见细胞排列的不同和花芽各部分原基。

　　只要各条件不发生变化,花芽分化进行至现蕾抽出纯花,若在花芽分化过程中出现不利因素(如高温、降雨等),要采取相应的栽培技术如控梢促花技术,让花芽分化能顺利地进行。

　　(4)结果

　　龙眼树上通常有$60\%\sim90\%$的花蕾能开花,但是其坐果率大多只有$10\%\sim20\%$。龙眼花开授粉后$3\sim20$天(5月上旬—6月上旬)为生理落果期,一般落去总果量的$40\%\sim70\%$。造成落果的主要原因还有花期阴雨低温、授粉不良、肥水不足等,如果情况严重的还会引起6月中旬至7月中旬的第二次生理落果。因此,在平时的管理过程中必须注意对授粉和肥水的管理。

　　开花授粉后,幼果开始进入果实膨大期。坐果后第一个月,果粒纵径增大比横径快。6月末至7月上旬,果肉已包满种子,以后则是果肉增长肥长,故果实增大后期逐渐由长圆形变为圆形至扁圆形,横径的生长速度大大超过纵径的增长速度,所以在中后期(7月上旬以后)果实增大的最快期间,应注意加强肥水的供应,对增产有很好的效果。

　　果实的成熟期又与品种、气候有关系。气温高的年份可促进果实早熟,我国龙眼成熟期多为8—9月间。果实成熟的外观标准是,果实大小及果壳颜色已具有该品种特征,果壳变薄、光滑,用手指压果面有明显弹性感,种子已充分硬化,核皮色由主色发红变为发黑,内在标准则是品质及含糖量增加到该品种通常的指标,并具有该品种特有的风味(侯振华,2011b)。图2.28为龙眼的果实。

图2.28　龙眼

(1. 果枝;2. 雄花;3. 雌花)

2.2　海南热带果树主栽品种分布

如图 2.29 和图 2.30 为海南各县市主要水果种植面积及产量,可看出香蕉在各地均有种植,并且种植面积最大。种植地主要集中在澄迈县,东方市及乐东县,其中乐东县年产量最高。海南省菠萝主要产区分布在文昌市、琼海市、万宁市。荔枝在各县市均有种植,种植面积最大为海口市,其次为文昌市。龙眼种植面积及产量相较其他几种主要热带水果较低,种植区域主要在乐东县及保亭县。芒果种植面积则在三亚市最大,其次分别为乐东县和东方市。

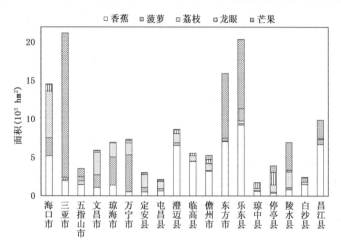

图 2.29　海南省各市县主要水果种植面积

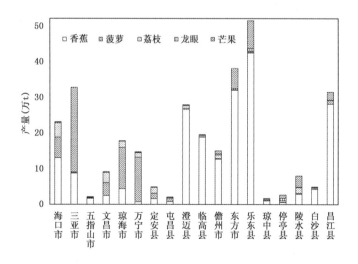

图 2.30　海南省各市县主要水果产量

2.2.1　香蕉主栽品种分布

海南有近千年的香蕉种植历史。海南栽培的香蕉有四大品种类群,即香芽蕉(香蕉)、粉蕉、大蕉、龙芽蕉,此外,还有泰国蕉、红蕉、黄帝蕉、酸大蕉、黄牛角蕉、四大方蕉等 20 余个品种。经济价值较高的是香芽蕉、粉蕉及黄帝蕉。

　　海南省位于世界香蕉种植的最适宜区,昼夜温差大,有利于香蕉果实的养分积累,加上引种优良品种,香蕉风味浓郁,糖度高、品质优。国外产蕉区主要是菲律宾等东盟与南美地区,这些地区常年气温较高,虽有利于香蕉生长,但香蕉生长周期短(如菲律宾为 7～8 个月,南美洲 6 个月)不利于香蕉营养物质的积累和转化,所以品质和风味较差。与国内其他省区香蕉主产区相比,海南香蕉外观、质量较高(中国热带农业科学院,2004)。由于海南过去长年封闭,香蕉只是在岛内销售,多是以条蕉或许片蕉的方式销售,因而商品化程度不高,岛外的认知度不够;产业经营滞后,未能发挥其高效农产品的经济效益。海南香蕉虽然种植历史悠久,但形成产业也只是近十来年的事。海南的香蕉产业起步较晚,但发展势头强劲。近几年来,海南的香蕉种植面积已初具规模,经多年选育,选出了一些抗逆性强、产量高、耐贮藏的品种,如巴西、威廉姆斯、8818 等品种,目前种植面积最大的是巴西品种(杨志斌 等,2002)。随着海南国际旅游岛建设的发展,人们在享受海南自然风光的同时,尤其青睐物美价廉且又具有较高营养价值和观赏价值的特色香蕉这一旅游特色产品,如贡蕉、红香蕉(也称红皮蕉)、牛角蕉等。如表2.2,海南部分市县香蕉种植规模可看出其产业的生产经营状况差不多一半来自农民一家一户,每户平均不超过 10 亩,且大部分属兼业;另一半来自专业大户、中小型农业企业,面积一般在数十亩至数千亩左右,上万亩的比较少。(王芳 等,2008)

　　此外,根据 2015 年海南省统计年鉴分析显示,目前海南香蕉种植主要分布在西南、西部及北部地区,即三亚、乐东、东方、昌江、儋州、临高,主要分布在澄迈县、东方市、乐东县、昌江县、海口市、临高县、儋州市、三亚市等市县。目前,海南香蕉在国内市场的占有率达 80%。经过近几年的发展,海南香蕉产品包装、保鲜、储运等技术有了很大的提高,产品品质与进口香蕉差距日益缩小,具有垄断中国市场、抢占海外市场的强劲势头。

表 2.2　海南部分市县 2005 年香蕉种植规模情况

序号	种植面积(亩)	类别
1	7.4(平均)	分散种植户
2	399(平均)	专业大户
3	3600～10000	种植企业
4	10000 以上	香蕉合作社

数据来源:对海南东方、乐东、临高、澄迈等市县调研所得。

2.2.2　芒果主栽品种分布

　　海南是我国重要的芒果生产基地,其种植面积约占全国的 60%。海南芒果栽培历史悠久,最早有文字记载的是明朝正德年间的琼州府志,距今有近 400 年历史,但是新中国成立前只有零星种植(高爱平 等,2010)。建省之初,海南从北到南,各市县均有芒果栽培,但产量和品质主要以三亚、陵水、乐东一带的芒果最佳。从 20 世纪 90 年代中期开始,省农业厅组织教学、科研、生产等相关单位的专家组成调查组,对海南芒果品种及其适应性进行调查,提出适宜海南种植的芒果品种与商品化生产适宜区。表 2.3 为芒果优势区域布局规划。海南地处热带,气温高,光照足,冬季干旱,是发展芒果商品生产的理想地域,海南是全国最大的芒果种植和生产基地,其收获面积和产量均居全国第一。1990 年以前海南省芒果种植主要集中在三亚、儋州、东方、乐东、白沙、昌江、通什这七个县市,其中东方、昌江、三亚、乐东、陵水五个县市芒果种植面积占全省芒果种植总面积的 52.2% (贺军虎 等,2005)。随着优势区位被进一步被划分出来 以及从芒果种植的效益等方面考虑,海南省芒果种植面积逐渐向最具优势区位的芒果种植最适宜区集中。海南芒果主要以三亚的田独、崖城、藤桥、保港、梅山,陵水的英州至椰林,乐东的尖峰、佛罗至千家,东方的抱扳、大田、新龙、感城、扳桥、中沙,昌江的七差乡和叉河镇为发展最适宜区域,进行芒果规模化商品生产,重点发展早熟优质品种。而儋州的海头、富克,白沙的七坊以西地区到昌江、东方、乐东、三亚、陵水内陆山区及保亭县、五指山市的毛阳和番阳镇等则为芒果适宜区,重点推广中熟品种。但由于生产中熟品种在海南没有太大优势,因此目前海南芒果主要以三亚、陵水、乐东、东方、昌江的最适宜区为主(华敏,2008)。表 2.3为海南各地区芒果生产情况。据 2015 年海南省统计年鉴数据分析显示,5 个市县的栽培面积和产量占全省芒果栽培面积和产量的 90% 以上。

表 2.3　海南省芒果分布

优势产区	区域范围	综合评价	果熟期	外部环境	主攻方向
海南—雷州半岛	海南南部、西南部昌江流域的三亚市、乐东县、陵水县、东方市、昌江县等市县,广东雷州半岛西南岸的雷州市、徐闻县等市县	芒果最佳生态条件地区。春季少雨,利于开花结果,我国芒果成熟最早的区域	2—5月	鲜果在国内市场上具有明显的质量优势和名气,销售渠道畅通,产业基础好	优质早熟及早熟鲜食品种;扶持发展名牌;采后商品化生产线设施的建设;加快加大出口生产基地建设,在满足国内市场后拓展境外市场。
右江河谷	广西西南部的百色市田东、田阳、右江区、田林等县市	平均海拔 150 m 以下,特有的亚热带季风气候,有"天然温室"之誉,气候土壤非常适宜芒果生长,栽培历史悠久,为全国最大的芒果生产基地之一,具有很好的资源优势和经济优势	6—8月	区域交通不便,且产业化程度低	加工型品种和中熟鲜食品种,发展加工型的品种,提高加工生产工艺及加工品种类的研发;拓展鲜果和加工品销售市场。
滇西南、滇南、滇中、元江流域	云南临沧的永德县,思茅的景东、景谷县,玉溪的元江县,宝山的潞江坝等县市	干热河谷地带,光、热、温、水、土等适合芒果生产	5—8月	芒果生产改善了干热河谷的生态环境,地处云南山区,交通不便,不利于鲜果的销售	加工品种和优质中迟熟鲜果。调整品种结构,提高良种覆盖率,提高产量和品种,发展加工型的品种,提高芒果加工生产工艺,拓展鲜果和加工品销售市场
金沙江干热河谷	云南华坪县、巧家县,四川攀枝花市仁和区、东区、西区、米易、延边等县区	海拔高、纬度低、高原型内陆山地,独特的生态环境成为芒果成熟最迟的地区,果实品质优,有利于芒果无公害、绿色食品的生产	8—10月	产期和品种具有明显市场优势和出口潜力。政府重视,产业基础好。	晚熟、特晚熟优质鲜果。创立品牌,拓宽出口市场。

1998—2007 年，在全国芒果面积基本稳定，广东、广西、云南 3 个芒果主产省面积下降的情况下，海南芒果栽培面积仍以每年 3.2% 的速度稳定增长，海南芒果在全国的优势地位已经确立。目前芒果产业已成为海南南部、西南部地区重要的经济来源和支柱产业。

建省之初，海南芒果种植面积不大，品种有近百个，广泛栽培的品种有 20 多个，但没有一个品种形成规模生产。20 世纪 90 年代初开始，随着芒果生产的快速发展，不断引进优新品种，对老品种进行大规模的换冠改造，据不完全统计海南原生品种 9 个，分别为东方黄皮芒、东方青皮芒、仙桃芒、土芒、麻面芒、王下芒、芒果头、芒果之南、千家芒等；直接从国外引入品种 32 个，分别为：泰国白花芒、大青皮、白象牙芒、黄玉芒、吕宋芒、海顿芒、古巴 1～4 号等；海南选育品种 7 个，分别为海豹芒、象牙芒变种、龙井大芒、黄果芒、红云芒、东方无名等；从其他各省引进品种 17 个，分别为椰香芒、菠萝香芒、红象牙芒、三年芒、桂香芒、粤西号等（海南岛芒果种质资源）。其中，以台农 1 号、金煌芒、白象牙、贵妃芒、椰香芒为代表的优质品种在芒果生产中占很大比重。目前，上述 5 个优质品种占海南芒果产量的 70% 以上。芒果除供鲜食外，还可以制成多种加工品。芒果加工品种类主要有芒果浓缩汁、芒果原浆、芒果果糕、芒果果干、芒果腌制品、果酱、芒果罐头、糖浆等。海南省曾在海口、昌江、白沙、儋州、东方等地建立过芒果加工厂，生产芒果果汁等加工品，培育出了众多品牌企业。芒果初级加工品正在向机械化、标准化和优质化发展，加工种类逐渐增加，生产规模日益扩大（郑素芳 等，2011）。

2.2.3　荔枝主栽品种分布

荔枝在全省 18 个县市均有分布。在海南霸王岭等少数原生态山地，仍保存成片野生荔枝原始林。历史上有关海南荔枝栽培的记载出现较晚。迄今可见最早的记载约见于元代大德年间的《南海志》，书中记载了几个荔枝良种（王贵忱，1999），此后的记载并不多见。1921 年，陈焕镛提出海南岛存在野生荔枝。新中国成立后，分别针对海南荔枝进行了几次大规模调查。海南野生荔枝广泛分布在海南省的霸王岭、吊罗山、尖峰岭、黎母山、金鼓岭等地海拔 500～900 m 的热带雨林中。在海口市永兴、石山等地荔枝林也随处可见。近来发展种植的规模化荔枝商品生产基地主要分布在海南省东部、东南部、东北部、北部等地（许书海，2010）。目前海南栽培的荔枝资源有两大类：一类是从广东、广西等地引进的大陆品种；另一类是原产于海南本地的品种（陈业渊 等，1997）。前者多是一些优良的早熟品种，如三月红、妃子笑、白蜡、白糖罂等，从 20 世纪 80 年代开始引入，在海南表现良好，已成为海南的荔枝主栽品种。后者则是从多次资源普查中发现的荔枝优株中选育而来。目前海南种植面积最大的荔枝品种是妃子笑，占全省种植面积和产量的 90% 左右；其次为白糖罂，占 5%；其余品种如无核荔、大丁香、紫娘喜、三月红等占 5%。由于荔枝长期以实生繁殖，因而形成海南独特的、极为丰富的种质资源，果实形状多种多样。经过多年科学研究，荔枝生产在良种引种推广、种苗繁殖、矮化密植栽培、控梢促花、保果壮果、病虫防治、保鲜技术等，栽培方面取得重大突破。克服了荔枝自然生长所存在的大小年结果、产量低、不稳产等生产技术问题，实现了荔枝年年挂果的目标，并达到高产稳产和提高经济效益的目的（许书海，2010）。

海南荔枝的发展经历了几个阶段：1952—1964 年为快速发展期；1965—1984 年为停滞期；1985—1990 年为恢复增长期；1991—2000 年为迅猛发展期；2001 年至今为稳定发展期。近来海南发展种植的规模化荔枝商品生产基地，主要分布在海南省东部、东南部、东北部、北部等地，据 2015 年海南省统计年鉴数据分析显示，主要以海口、文昌、陵水、琼海、定安、万宁、澄迈、屯昌、保亭、儋州等市县为主。以适应性强、高产、优质、早熟的妃子笑为主栽品种,并种植白糖罂以及本地优选的无性系,如无核荔枝、大丁香、鹅蛋荔等优良品种。

2.2.4　菠萝主栽品种分布

我国大陆地区菠萝种植地主要集中在广东雷州半岛海南岛东部和西北部。菠萝历来是海南四大传统水果之一。海南菠萝主要栽培品种是巴厘,菠萝品种结构比较单一,其他品种如香水菠萝、金钻菠萝和甜蜜蜜菠萝品种占据的份额比较少;在海南东部地区主要种植的是巴厘,香水菠萝种植的比较少。新品种主要种植在海南的西北部,其中香水菠萝的面积比较大,主要种植在昌江境内;澄迈种植的以甜蜜蜜和香水为主,也有部分的金钻菠萝。但是,这些菠萝品种的种植面积均不大(贺军虎 等,2012)。菠萝除了当水果鲜食外,还被广泛用作食品加工,被制作成菠萝果脯、菠萝干、菠萝浓缩原浆、菠萝饮料,以及制成菠萝酒、菠萝醋、菠萝色拉和柠檬酸、酒精、乳酸等。菠萝还是制作罐头的绝好材料,在国际市场有"罐头之王"的美称。20 世纪 80 年代,海南菠萝主要用于罐头加工。90 年代后,菠萝罐头产业由于加工技术和原料收购等原因陷于萧条。而今,海南菠萝加工项目以菠萝罐头、菠萝汁和浓缩汁为主,在国内已有一定的规模,形成了一定的市场(许海平 等,2008)。

从 1991—2010 年的 20 年间海南菠萝收获面积从 $0.49 \times 10^4 \mathrm{hm}^2$ 发展到 $0.99 \times 10^4 \mathrm{hm}^2$,菠萝总产量从最低的 5 万吨已经上升到 30 万吨。20 年间面积增加了 1 倍,产量增加了 6 倍。这主要归功于单位面积产量稳固上升、海南菠萝的种植区域主要以气候生产力划分。据 2015 年海南省统计年鉴数据分析显示,目前海南菠萝种植分布主要以万宁、琼海、海口、文昌等市县为主,四个市县菠萝种植面积占全省的近 80%。

2.2.5　龙眼主栽品种分布

海南是龙眼的原产地,在全省 18 个县市均有分布。海南栽培的龙眼大多数为本地的实生树,主要分布在各地的村庄和居民点,多属零星种植,很少连片栽培。随着龙眼嫁接苗的应用推广,海南从广东、广西和福建引进了储良、石硖、双孖木、大乌圆和福眼等品种,经过比较,储良龙眼果大质优、外观好,平均单果重 12～14 g,果汁可溶性固形物含量 20%～22%,最高可达 24%,果实可食率 69%～74%,鲜食风味远比泰国主栽品种伊多好,对反季节药物的敏感性一般;石硖龙眼果中大,风味较佳,平均单果重 8～11 g,果肉厚,白蜡色,稍透明,肉质爽脆,果汁少,味清甜、香浓,品质上乘,产量高,抗逆性强,果汁可溶性固形物含量 23%～26%,果实可食率 65%～70%,对反季节药物的敏感性较好。因此,筛选出储良和石硖 2 个优良品种在全省大面积推广(韩剑,2007)。储良的栽培面积最大,其次为石硖,其余品种只有个别果园种植。1983 年,从泰国引进诗签甫和伊罗 2 个品种,在琼山、定安、屯昌、儋州和白沙等市县种植,均能正常生长和开花结果,但其品质和产量比不上储良和石硖,没有推广种植(林盛 等,2009)。因此,目前海南省龙眼的主栽品种为储良和石硖。据 2015 年海南省统计年鉴数据分析显示,目前海南龙眼种植主要分布在乐东、保亭、海口、五指山、儋州、白沙等市县。

第3章　海南热带农业气候资源分布

　　海南岛位于我国最南端,濒临南海,地理位置特殊,属于热带海洋性岛屿季风气候区,长夏无冬,光热丰富,雨量充沛,干湿季节明显,台风频繁。光热水同季,气候生产潜力高,素有"天然大温室"的美称,全年皆为喜温喜热作物的活跃生长期,物种资源十分丰富,是我国重要的冬季瓜菜生产基地、热带水果生产基地、天然橡胶生产基地、农作物种子南繁基地、无规定动物疫病区和海洋渔业基地,其热带农业在全国具有不可替代的地位。近几十年来的气候变化已经对其产生了深刻的影响,在气候变化的大背景下,研究海南岛农业气候资源的变化特征及其影响,对充分利用气候资源优势,减少和避免不利气候条件的影响,合理进行种植区划和植期安排等具有重要的意义。

3.1　热量资源分布

　　近50年来,海南岛年平均气温为24.2 ℃,以约0.20 ℃/10a的速率呈明显的上升趋势(见图3.1),与全国同期平均升温速率(0.22 ℃/10a)持平,但远高于全球近百年平均升温速率(0.07 ℃/10a),也高于全球近50年升温速率(0.13 ℃/10a)。海南岛气温空间分布上,呈南高北低、沿海高于内陆的环状分布特征。白沙、琼中和五指山部分地区年平均气温最低(22.9～23.5 ℃);儋州、临高、澄迈、屯昌和白沙琼中的部分地区年平均气温略高(23.5～24.0 ℃);西部的昌江、东方,南部的三亚、陵水、万宁沿海年平均气温在24.5～25.5 ℃(见图3.2)。

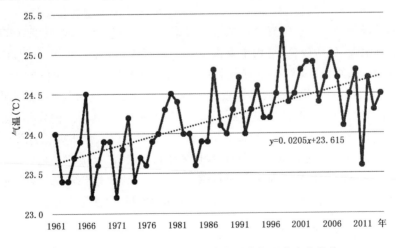

图3.1　1961—2014年海南岛年平均气温的变化趋势

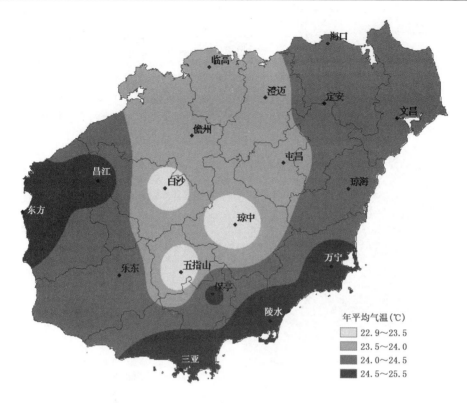

图 3.2 1961—2014 年海南岛年平均气温的空间分布

年平均最高气温 28.87 ℃,以 0.161 ℃/10a 的速率上升,上升的趋势由南向北逐渐降低(见图 3.3)。空间分布上,西部高于东部:从儋州、白沙、五指山、陵水西部开始向西年平均最高气温大于 29.0 ℃,向东年平均最高气温在 28.0～29.0 ℃(见图 3.4)。

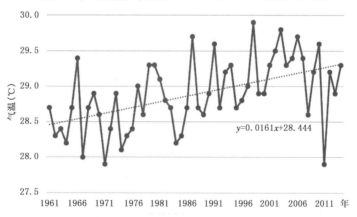

图 3.3 1961—2014 年海南岛年平均最高气温的变化趋势

年平均最低气温的上升速率相对较高(0.273 ℃/10a)(见图 3.5),空间上西部大于东部,且自 20 世纪 80 年代末以来,年平均最高气温和年平均最低气温均处于偏高时段(见图 3.6)。空间分布上,与年平均气温的分布特征一致,呈南高北低、沿海高于内陆的环状分布特征。

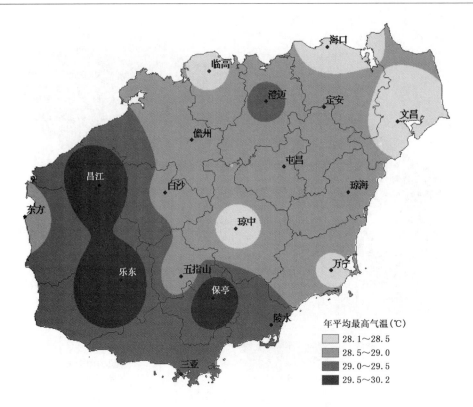

图 3.4　1961—2014 年海南岛年平均最高气温的空间分布

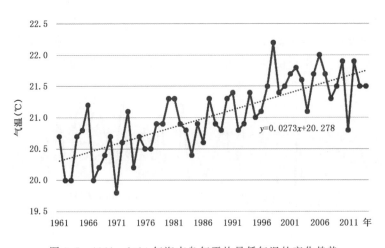

图 3.5　1961—2014 年海南岛年平均最低气温的变化趋势

　　≥10 ℃的活动积温平均为 9285.397 ℃·d，琼海、万宁、陵水、三亚和东方的沿海地区相对较高（8800～9325 ℃·d），其他地区 8212～8800 ℃·d（图 3.7）。由于年平均气温和年平均最低气温的显著升高，≥10 ℃的活动积温以 173.89 ℃/10a 的速率显著上升，能够充分满足喜温喜热作物的生长需要。

　　总体说来，海南岛热量资源呈现出明显增加的趋势，热量生产潜力明显提高。年平均最低气温的增温速率较大，升温最明显，在一定程度上会减少低温冷害和寒害对作物生长的威胁，保证作物安全越冬。

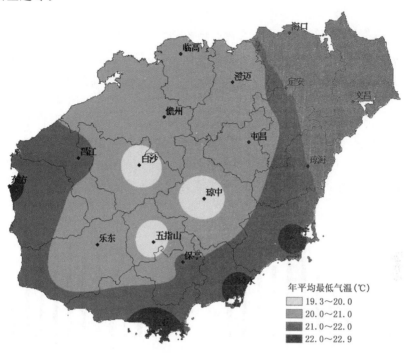

图 3.6　1961—2014 年海南岛年平均最低气温的空间分布

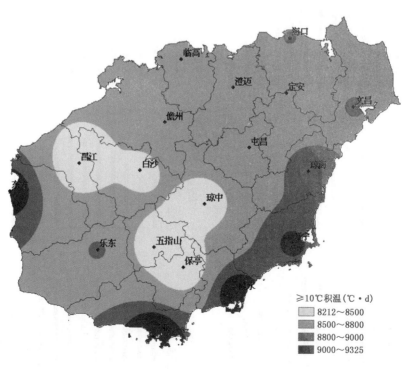

图 3.7　1961—2014 年海南岛平均每年≥10 ℃积温的空间分布

3.1.1 太阳辐射

海南 19 个地区中,海口、文昌、定安、屯昌、琼海、昌江、东方、乐东 8 个地区太阳总辐射年变化呈单峰型,其中海南西部的昌江、东方及乐东地区月辐射值最高出现在 5 月,而海南东部文昌、安定、屯昌及琼海地区月辐射值最高出现在 7 月。中部其他地区太阳总辐射年变化呈双峰型,分别在 5 月及 7 月出现两个辐射高值,而 6 月辐射相对较低(见图 3.8)。

分析 1981—2010 年近 30 年海南省太阳总辐射和变化趋势,可知海南省太阳总辐射总体呈下降趋势,总辐射最少年份为 2008 年,最多年份为 1987 年(见图 3.9)。

进一步分析 1981—1990 年、1991—2000 年、2001—2010 年这三个不同年代的太阳总辐射可知,总辐射平均值逐渐减小,2001—2010 年平均总辐射最低(见图 3.10)。

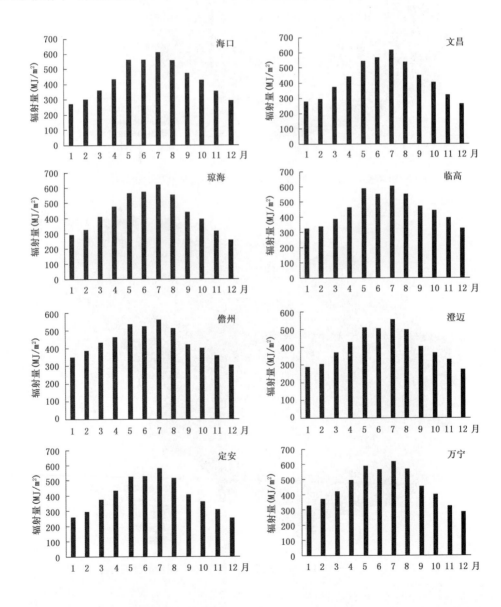

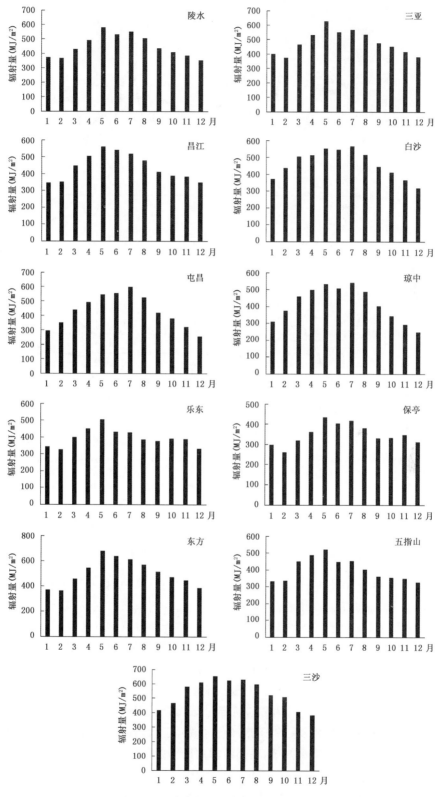

图 3.8　海南各地区逐月太阳总辐射分布

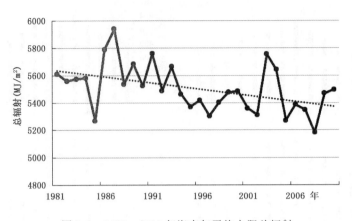

图 3.9 1981—2010 年海南年平均太阳总辐射

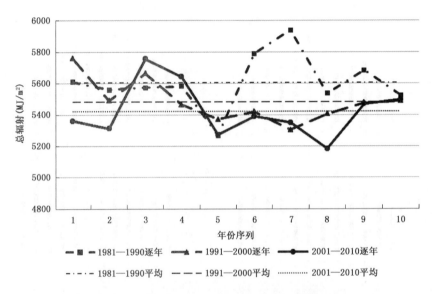

图 3.10 1981—2010 年海南各年代太阳总辐射变化

海南省年总辐射量,南部地区高于北部地区,沿海地区高于内陆地区,夏秋季北部总辐射高于南部,冬春季南部总辐射高于北部,西南部东方、昌江到东南部三亚、陵水一线是全省总辐射最多区域,中部保亭、五指山和北部的定安、澄迈一带为全省总辐射最少区域。海南省东方、三亚、白沙、临高及陵水年太阳辐射量均≥5500 MJ/m²,其中本岛太阳总辐射最高地区东方为6334 MJ/m²,全省总辐射最高地区三沙市为 6415 MJ/m²(见图 3.11 和图 3.12)。

根据太阳能资源丰富程度评价标准,对复杂地形下海南省太阳总辐射进行评价,可知海南省太阳能资源较为丰富,其中三沙市和三亚南部地区属于太阳能资源丰富区,除澄迈、琼中、定安、屯昌大部分区域以及五指山、保亭、乐东部分区域属于太阳能资源较贫区外,海南省其他地区均为太阳能资源较富区,海南岛西部、南部沿海地区辐射条件好,利用价值高(见图 3.13)。

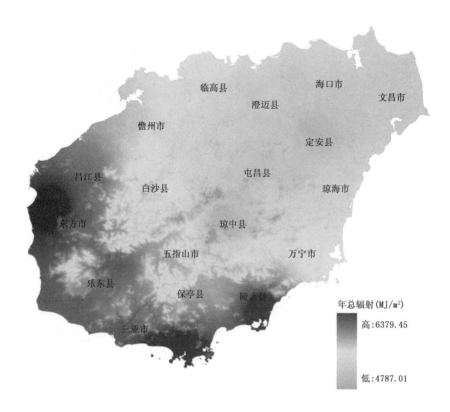

图 3.11　海南岛年太阳总辐射空间分布

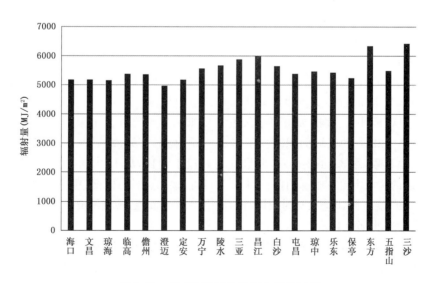

图 3.12　海南省不同地区年太阳总辐射

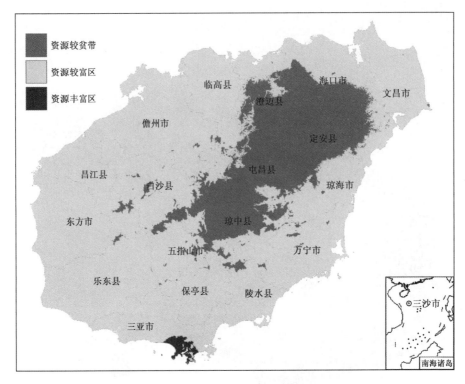

图 3.13 海南省太阳能资源评价图

3.1.2 平均气温

由图 3.14a1,a2 可以看出,1961—2010 年海南岛年平均气温均大致呈由中部向沿海递增的趋势,这主要是由海南岛中央高、四周低的环形层状地貌所致。1961—1980 年(时段Ⅰ)全岛年平均气温为 23.8 ℃,1981—2010 年(时段Ⅱ)为 24.4 ℃,升高了 0.6 ℃。由图 3.14a3 可见,整个分析期内海南岛年平均气温呈升高的趋势,全岛各站增温率在 0.15~0.35 ℃/10a,平均 0.26 ℃/10a,略低于 0.27 ℃/10a 的全国平均水平,且所有站点均达显著水平($P<0.05$)。从各站年平均气温的气候倾向率看,总体呈现由南向北递减的态势,但北部的海口市情形相反且其气候倾向率为全岛最高,原因是海口市热岛效应明显。

据研究,22 ℃是椰子、槟榔和可可生长发育要求的年平均气温下限,与时段Ⅰ相比(见图 3.14a1),时段Ⅱ≤22 ℃的区域面积减少了 1568 km² (见图 3.14a2)。23 ℃是橡胶生长发育的适宜年平均气温下限,图 3.14a2 显示,时段Ⅱ与时段Ⅰ相比,岛上>23 ℃的区域面积增加了 3023 km²,增加的区域主要在中部山区。24 ℃为可可、腰果、油棕、槟榔、椰子等热带作物生长发育的适宜年平均气温下限,时段Ⅱ与时段Ⅰ相比,岛上>24 ℃的区域面积增加了 11 858 km²,增加的区域主要集中在北部市县。

1 月是海南岛最冷月,其空间分布特征与年平均气温类似。时段Ⅱ内(见图 3.14b2)岛上 1 月平均气温为 18.8 ℃,比时段Ⅰ(见图 3.14b1)升高了 0.8 ℃。由图 3.14b3 可见,整个分析期全岛各站 1 月均温也呈升高趋势,平均每 10 年上升 0.36 ℃,仅定安县、澄迈县和昌江县未达显著水平,中部和西南部地区较高,北部(除海口北部)、西部和东南部地区相对偏低。据研究,月平均气温低于 18 ℃会对椰子、腰果、油棕等热带作物的生长发育造成一定的负面影响,

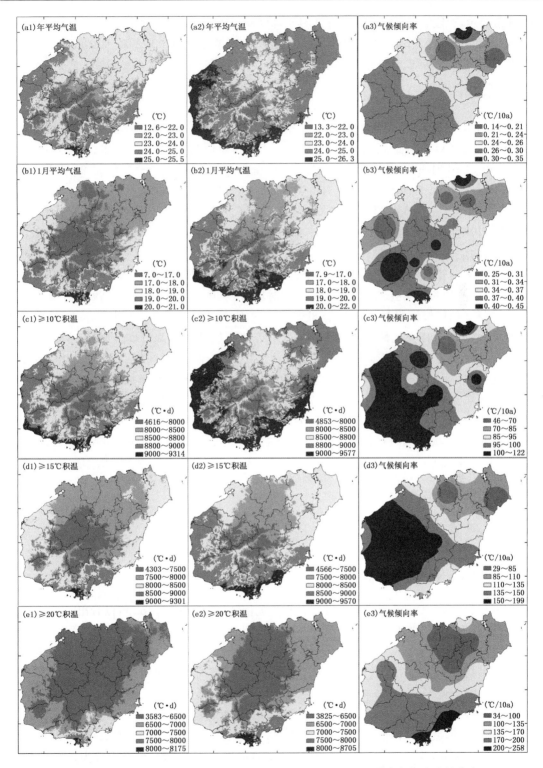

图 3.14　海南岛不同时段年平均气温、1 月均温和不同积温及其气候倾向率的分布

(1. 1961—1980 年；2. 1981—2010 年；3. 1961—2010 年)

图 3.14b 显示,时段Ⅱ与时段Ⅰ相比,岛上 1 月平均气温≤18 ℃的区域面积减少了 10472 km²,减少的区域主要是北部地区;而>19 ℃和>20 ℃的面积分别增加了 5476 km² 和 2203 km²,增加的区域分别主要集中在西部、东部地区和南部地区。

3.1.3　≥10 ℃、15 ℃、20 ℃积温

由图 3.14 可见,两个分析时段内海南岛≥10 ℃、≥15 ℃、≥20 ℃积温均表现为由中部向沿海逐步递增的趋势,最低值均出现在琼中县,最高值均出现在三亚市。时段Ⅰ(见图 3.14c1、d1、e1)和时段Ⅱ(见图 3.14c2、d2、e2)内全岛各站≥10 ℃、≥15 ℃、≥20 ℃积温均值分别为 8673.4 ℃·d、8054.0 ℃·d、6574.6 ℃·d 和 8903.6 ℃·d、8330.5 ℃·d、6878.5 ℃·d,时段Ⅱ较时段Ⅰ分别平均增加了 230.2 ℃·d、276.5 ℃·d、303.9 ℃·d。图 3.14c3、d3、e3 显示,整个分析期内本岛各站≥10 ℃、≥15 ℃、≥20 ℃积温均呈增加趋势,气候倾向率大致由南往北减少,均值分别为 94.4(℃·d)/10a、130.1(℃·d)/10a、147.4(℃·d)/10a,≥10 ℃积温所有站点均达显著水平,≥15 ℃积温仅澄迈县、文昌市和定安县未达显著水平,≥20 ℃积温仅澄迈县、屯昌县和定安县未达显著水平。与时段Ⅰ(见图 3.14c1)相比,时段Ⅱ≥10 ℃积温≤8800 ℃·d 的区域面积明显减少,>8800 ℃·d 的面积明显增加(见图 3.14c2)。≥10 ℃积温在 8500 ℃·d 以上能种植橡胶、咖啡、可可等热带经济作物,时段Ⅱ较时段Ⅰ≥10 ℃积温≤8500 ℃·d 的区域面积减少了 5390 km²。≥10 ℃积温为 9000 ℃·d 是划分中热带的主要指标之一,时段Ⅱ较时段Ⅰ≥10 ℃积温>9000 ℃·d 的区域面积增加了 5783 km²,增加区域主要为西部和东部沿海地区。≥15 ℃积温在 8000 ℃·d 以上橡胶生长迅速,定植后 6～7 年可开割,时段Ⅱ(见图 3.14d2)较时段Ⅰ(见图 3.14d1)≤8000 ℃·d 的区域面积减少了 7481 km²,而>8500 ℃·d 的区域面积增加了 5518 km²。与时段Ⅰ相比(图 3.14e1),时段Ⅱ≥20 ℃积温≤6500 ℃·d 的区域面积减少了 7961 km²,>7000 ℃·d 的面积增加了 6267 km²(见图 3.14e2)。

3.2　光照资源分布

3.2.1　日照时数时间变化特征

海南全省 1981—2010 年日照时数变化规律见图 3.15。由图 3.15a 可以看出,1981—2010 年期间,海南日照时数多年平均值为 2059.6 h,年日照时数最多为 1987 年,达到 2352.6 h,最少为 2008 年,仅有 1828.4 h,两者相差 524.2 h,占多年平均值的 25.5%,可见海南省照时数的年际变化振幅大。由图 3.15b 海南 1981—2010 年年日照时数距平可以看出,1981—1990 年海南省日照时数偏多,除 1985 年是负距平外,其他年份都是正距平,1987 年日照时数距平达到 293.0 h,为 30 年最高;1991—2000 年开始,日照时数开始下降,除了 1991 和 1993 年具有较大的正距平外,其他年份都为负距平,其中 90 年代中期负距平较为显著;2001—2010 年日照时数进一步下降,除了 2003 年、2005 年有较小的正距平外,其他年份都表现为负距平,其中 2008 年日照时数距平达−231.2 h,为 30 年最低。为进一步确定海南省日照时数突变的时间点,利用 Mann-Kendall 法对 1981—2010 年海南的年日照时数序列进行突变分析。给定显著性水平 $\alpha = 0.05$,即 $u_{0.05} = \pm 1.96$。计算结果如图 3.15c 所示,可以看出,在 1993 年,UF 和

UB 两条曲线出现交点,且交点在临界线之间,因此 1993 年是 30 年日照时数减少突变的时间点。1993 年之后日照时数下降明显,1997 年之后这种下降趋势表现最为显著。日照时数变化主要受云量、大气透明度和太阳常数等变化的影响,其中,云量和大气透明度的影响较为重要;而云量和大气透明度的变化又会受到大气气溶胶变化的影响。

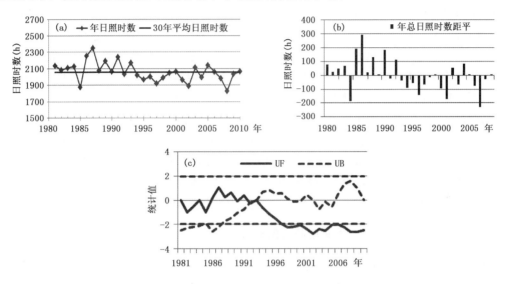

图 3.15　海南省年日照时数变化规律

(a)年平均日照时数;(b)年日照时数距平;(c)Mann-Kendall 统计量曲线

海南日照时数月、季变化见图 3.16,日照时数年分布状况为正态分布,即从 2 月开始逐渐上升,7 月最多,7 月后又开始逐渐下降。其中 2 月最少,平均日照时数仅有 219.5 h,7 月日照时数最多,达到 231.7 h,显著高于其他月份。从季节变化可以进一步看出,海南冬季(12 月、1月和 2 月)日照时数最少,平均仅有 398.4 h,春季(3 月、4 月和 5 月)日照时数为 555.3 h,高于秋季(9 月、10 月和 11 月)日照时数 490.5 h,夏季(6 月、7 月和 8 月)日照时数达到 639.6 h,显著高于全年其他季节。

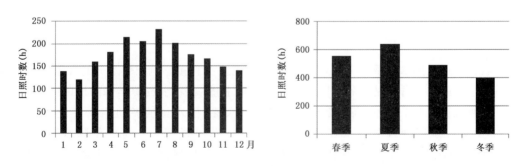

图 3.16　海南日照时数月、季变化分布图

海南年、月日照时数呈纬向分布,中部山地由于年平均云量较大,日照时数低于同纬度的其他地区。具体分布为,以三亚、陵水、东方一带为最高,月平均达到 190 h 以上,年平均日照时数在 2300 h 左右,往北日照时数逐渐减少,其中中部地区日照时数分布最少,保亭、琼中、

屯昌月平均小于 160 h,全年平均小于 1900 h,北部的定安、澄迈、儋州以及东部的文昌,年平均日照时数也小于 2000 h,相对较少,其他的地区月平均日照时数均大于 170 h,年总日照时数达到 2000 h 以上。

海南季日照时数空间分布差异显著。春季日照相对较少的地区在南部保亭,中部琼中,北部定安、澄迈,以及东部文昌地区,平均日照时数小于 540 h,部分地区小于 500 h,日照时数较长的地区在南部三亚、五指山、陵水,西部东方、昌江、乐东,平均日照时数达到 570 h 以上,部分地区达到 630 h;其他地区日照时数均在 540~570 h。夏季日照时数为一年中最高,北部高于南部,其中南部五指山、保亭以及西部乐东地区为最少,但也高于 510 h,其他地区均在 570 h 以上,大部分地区高于 600 h,以西部的东方、南部陵水、三亚,东部万宁、琼海、文昌,北部海口、临高为最多,平均达 660 h 以上。秋季日照分布以陵水、三亚、东方、昌江一线为最多,平均在 600 h 以上,以此向北递减,其中保亭地区为最低,平均小于 500 h,其他地区均在 510 h 以上。冬季日照时数为一年中最少,呈现由南向北递减的趋势,其中南部三亚、保亭为最多,平均达到 500 h 以上,北部的儋州、澄迈、海口、定安、临高,中部的琼中、屯昌,东部的琼海、万宁、文昌,日照时数均相对较少,平均在 400 h 以下,其他地区日照时数在 400~450 h。

3.2.2 ≥15℃、20 ℃界限温度生长期间日照时数

1981—2010 年(时段Ⅱ)≥15 ℃,≥20 ℃界限温度生长期间(见图 3.17b2、c2)的日照时数均值分别为 1921 h、1609 h,比 1961—1980 年(时段Ⅰ)(图 3.19b1、c1)分别减少了 86 h,47 h,且高值区(>2000 h,>1700 h)不断缩小、低值区(≤1900 h,≤1600 h)不断向东北推进。如图 3.17b3、c3 所示,本岛各站≥15 ℃、≥20 ℃界限温度生长期间的日照时数气候倾向率均值分别为 −37 h/10a 和 −19 h/10a。前者气候倾向率为正值的站点与年日照时数一致,后者较前者增加了昌江县和东方市,且二者日照时数减少显著的站点分别有 10 个和 6 个,前者主要位于北部、东部和南部,后者主要位于北部。与时段Ⅰ相比(见图 3.17b1、c1),时段Ⅱ≥15 ℃界限温度生长期间(见图 3.17b2)≤1900 h,≥20 ℃界限温度生长期间(图 3.17c2)≤1600 h 的区域面积分别增加 9647 km² 和 6972 km²,增加的区域主要在北部和东部,>2000 h、>1700 h 的区域面积分别减少 4274 km²、2223 km²。

3.3 水分资源分布

作物在最适土壤水分条件下产量最高,降水量的多少直接影响土壤水分的含量,进而影响作物的产量和品质。海南是世界上同纬度地区中降水量最多,水资源丰富的地区之一。海南降水的气候特征可概括为:水汽来源充足,降水类型复杂;降水总量多,但年际变化大;时空分配不均,旱季、雨季分明,雨量东多西少;降水集中,暴雨强度大。海南年降水量 940.8~2388.2 mm(见图 3.18)。其分布呈环状,东部多于西部,山区多于平原,山区又以东南坡最多。东部多雨区降水量在 1975~2070 mm,多雨中心琼中年平均降水量达 2388.2 mm;西部沿海地区不足 1000 mm(东方 940.8 mm),约为东部多雨区的一半。永兴岛年降水量为 1473.5 mm(见图 3.19)。

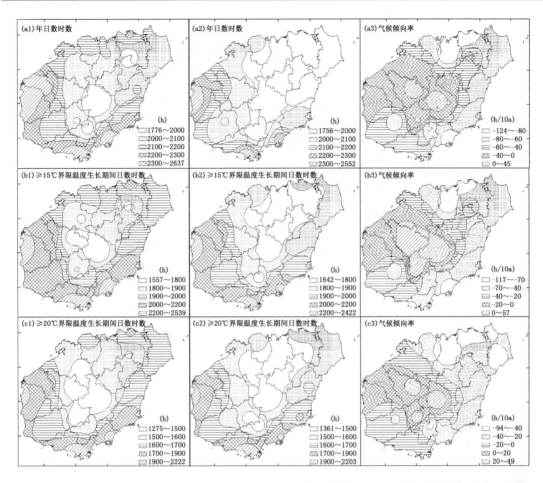

图 3.17　海南岛不同时段全年和≥15 ℃、≥20 ℃界限温度生长期间日照时数及其气候倾向率的分布
（1.1961—1980 年；2.1981—2010 年；3.1961—2010 年）

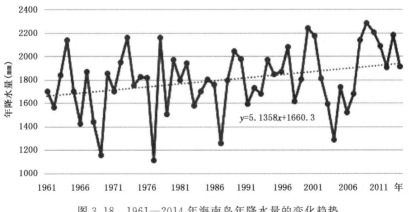

图 3.18　1961—2014 年海南岛年降水量的变化趋势

　　海南各地年降水日数为 85.1～183.9 d。年降水日数较多地区出现在琼中、白沙、三亚和屯昌，在 170 d 以上，琼中最多，为 183.9 d；年降水日数较少的是西部地区和西北部沿海地区，少于 140 d，最少的东方仅 85.1 d，其余地区在 115～160 d。永兴岛年降水日数为 120.2 d（见图 3.20）。

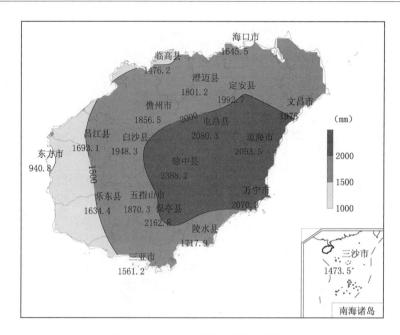

图 3.19　海南省年降水量的空间分布

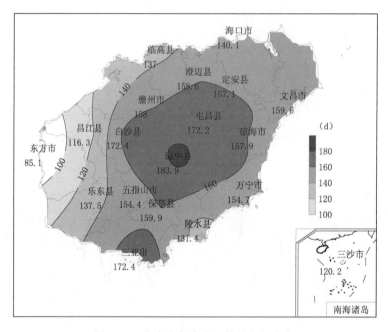

图 3.20　海南省年降水日数的空间分布

3.3.1　年降水量

由图 3.21a1、a2 可以看出,1961—2010 年内海南岛年降水量大致呈经向分布,由东往西逐渐降低。1961—1980 年(时段Ⅰ)(见图 3.21a1)和 1981—2010 年(时段Ⅱ)(见图 3.21a2)全岛各站年降水量分别为 980～2422 mm 和 949～2389 mm,时段Ⅱ均值较时段Ⅰ增加 67 mm,且高值区(>1800 mm)不断往西、北和南扩大,低值区(≤1500 mm)略微有所缩小。由图 3.21a3

可见,整个分析期内本岛各站年降水量气候倾向率为-8～100 mm/10a,平均40 mm/10a,明显高于全国均值0.3 mm/10a,仅中部的琼中县气候倾向率为负值,其余地区在0～100 mm/10a,其中,文昌市和三亚市年降水量增加显著。与时段Ⅰ相比(见图3.21a1),时段Ⅱ>2000 mm,1800～2000 mm的区域面积分别增加了3279 km²,1482 km²,1500～1800 mm的区域面积减少了3951 km²(见图3.21a2)。

3.3.2　≥15 ℃、20 ℃界限温度生长期间降水量

≥15 ℃、≥20 ℃界限温度生长期间的降水量的分布状况及变化趋势与年降水量类似,1981—2010年(时段Ⅱ)(见图3.21b2、c2)均值较1961—1980年(时段Ⅰ)(见图3.21b1、c1)分别增加了66 mm和74 mm,气候倾向率均值分别为41 mm/10a和47 mm/10a,仅文昌市和三亚市年降水量增加显著。与时段Ⅰ相比(见图3.21b1、c1),时段Ⅱ≥15 ℃、≥20 ℃界限温度生长期间>1800 mm的区域面积分别增加了5507 km²、5375 km²,1500～1800 mm的区域面积分别减少4643 km²、3910 km²(见图3.21b2,c2)。

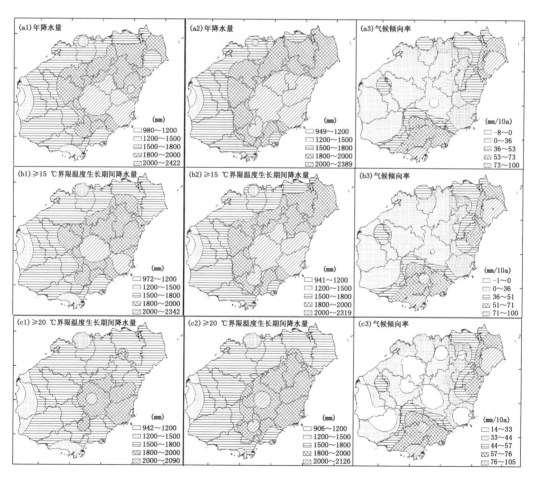

图 3.21　海南岛不同时段全年和≥15 ℃、≥20 ℃界限温度生长期间降水量及其气候倾向率的分布
(1.1961—1980年;2.1981—2010年;3.1961—2010年)

3.3.3 相对湿度

相对湿度就是空气中的实际水汽压与当时温度下的饱和水汽压的比值。相对湿度可反映空气距离饱和的程度。当其接近100％时,表示当时空气接近于饱和状态。当水汽压不变时,气温升高,饱和水汽压增大,相对湿度会减小。

海南地处热带地区,终年湿度大,年相对湿度在77％～86％,其分布呈现由西南沿海向东北沿海逐渐递增的趋势,最大值在东北部的文昌,最小值在西部内陆的昌江。永兴岛年平均相对湿度为81％(见图3.22)。

各地各季平均相对湿度相差也较小。冬季平均相对湿度为73％～86％,春季为76％～87％,夏季为76％～86％,秋季为77％～88％。在空间分布上,各季平均相对湿度的低值区基本在西南部地区,高值区一般在东北部地区。最低值一般在西部内陆地区或南部沿海地区,最高值所在地随季节不同而不同,冬、春季在东北部的局部地区;而夏、秋季在中部的局部地区。

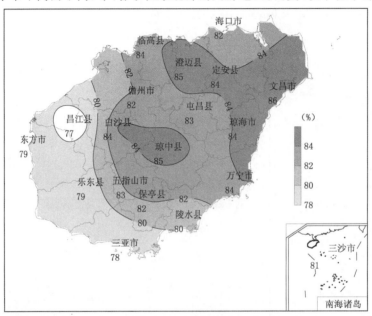

图3.22 海南各地年平均相对湿度分布图(％)

各代表站相对湿度的年变化表现为:南部三亚为单峰型,其中7月和8月为高值月;北部海口、东部琼海、中部琼中和西部东方为双峰型,第一峰出现在1月或2月,第二峰一般出现在9月(中部琼中出现在10—12月)(见表3.1)。

表3.1 各代表站各月平均相对湿度(％)

月份	1月	2月	3月	4月	5月	6月	7月	8月	9月	10月	11月	12月
海 口	85	87	85	82	81	81	80	82	83	79	79	80
琼 海	86	87	86	85	83	82	82	84	85	84	83	83
琼 中	87	85	82	82	82	82	82	85	86	87	87	87
东 方	81	83	82	79	76	76	77	80	82	80	78	77
三 亚	74	76	77	78	81	82	83	83	82	76	73	70
永 兴	78	81	80	80	81	82	82	83	83	82	80	78

3.3.4　湿润指数的变化特征

3.3.4.1　年湿润指数

由图 3.23a1、a2 可看出,海南岛年湿润指数的空间分布及变化趋势与年降水量较为相似。1961—1980 年(时段 Ⅰ)(见图 3.23a1)和 1981—2010 年(时段 Ⅱ)(见图 3.23a2)年湿润指数均值分别为 1.47、1.56,时段 Ⅱ 均值较时段 Ⅰ 增加了 0.09。图 3.23a3 显示,整个分析期内本岛各站年湿润指数的气候倾向率为 $-0.04 \sim 0.12 \cdot 10a^{-1}$,均值为 $0.04 \cdot 10a^{-1}$,说明海南岛呈变湿润趋势。年湿润指数气候倾向率为负值的区域仅为中部的琼中县,其余地区在 $0 \sim 0.12 \cdot 10a^{-1}$,其中,仅澄迈县、文昌市和三亚市增加显著。与时段 Ⅰ 相比(见图 3.23a1),时段 Ⅱ >1.80 和 1.60~1.80 的区域面积分别增加了约 1887 km^2 和 4483 km^2,≤1.20 和 1.20~1.40 的区域面积分别减少了 972 km^2 和 3008 km^2(见图 3.23a2),说明本岛年湿润指数的高值区在扩大,低值区在缩小。

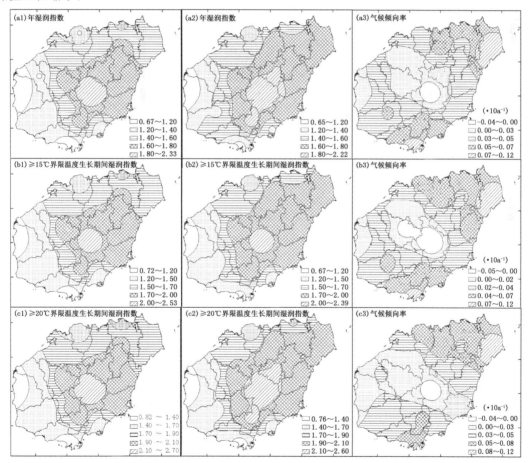

图 3.23　海南岛不同时段全年和≥15 ℃,≥20 ℃界限温度生长期间湿润指数及其气候倾向率的分布
(1.1961—1980 年;2.1981—2010 年;3.1961—2010 年)

3.3.4.2　≥15 ℃、20 ℃界限温度生长期间湿润指数

整个分析期内≥15 ℃、≥20 ℃界限温度生长期间湿润指数的分布状况及变化趋势与年

湿润指数变化相似(见图 3.23b、c)。略不同之处是≥15 ℃界限温度生长期间(见图 3.23、b3)湿润指数气候倾向率为负值的区域包括琼中县和白沙县,东方市≥15 ℃、≥20 ℃界限温度生长期间(见图 3.23b3、c3)湿润指数的气候倾向率均为 0.00。

第 4 章　海南热带果树气象灾害风险评价

4.1　气象灾害风险评价研究进展

4.1.1　国际研究进展

国外在灾害风险分析研究方面起步较早,总体上侧重于经济领域,在洪水、台风、海啸等重大自然灾害方面也有不少研究。自然灾害风险评估研究大致包括以下三个发展阶段:

(1)注重致灾因子研究阶段

20 世纪 20—80 年代。此阶段,人们普遍把环境作为致灾因子或者灾体,侧重于根据致灾因子强度刻画灾害等级。风险研究仅仅关注致灾因子发生的概率,即单个个体风险。忽略了存在于日常过程中的承灾体脆弱性和承灾体与致灾因子相互作用所形成的风险。

(2)注重社会属性研究的阶段

20 世纪 80 年代起,人们不再一味关注致灾因子或者孕灾环境研究,灾害的社会属性逐渐引起普遍关注,即关注致灾因子作用的对象。自然灾害风险评估也由传统的致灾因子成灾机理分析及统计分析,发展为与社会经济条件分析紧密结合,即不仅关注致灾因子分析,也注重承灾体的脆弱性分析,且这个阶段,对于承灾体脆弱性研究是重点。

(3)综合研究阶段

随着研究的深入,20 世纪 90 年代起,灾害风险研究逐渐由脆弱性研究转变为基于灾害系统的风险研究。灾害系统理论认为灾害是孕灾环境、致灾因子与脆弱性相互作用的结果。在此基础上,形成了较为公认的灾害风险机制,即一定区域的灾害风险是由致灾因子、暴露性、脆弱性三个因素相互作用而形成的,自然灾害风险评估则在这三个因素基础上进行。自然灾害风险评估是自然灾害风险研究的核心内容,是自然灾害预防的重要工具,是控制和降低自然灾害风险的重要基础性研究。发展至今,自然灾害风险评估指对风险区遭受不同强度自然灾害的可能性及其可能造成的后果进行定量分析和评价,包括致灾因子分析(灾害危险性分析)、脆弱性分析、暴露性分析,以及在这三方面基础上的灾情评估和可接受风险水平的确定。

目前,国外学者对于气象灾害风险评估的方法主要有两种:一种是概率风险法,一种是研究灾害风险的某个方面,如对危险性或脆弱性的研究,而基于灾害风险理论的农业气象灾害风险评估研究还比较少。Yamoaha 等(2000)利用 SPI(标准化降水指数)对美国内布拉斯加州玉米的干旱风险进行了评价;Nullet 等(2005)应用农业发展计划,对干旱危害评价进行了相关研究;Ngigi 等(2005)采用连续无降水日数、土壤水分因子、作物产量以及经济因子,对肯尼亚 Laikipia(莱基皮亚)地区的干旱风险进行了综合的评价;Shamsuddin 等(2008)采用了危险性和脆弱性两个评价因子对孟加拉国的干旱风险进行了评价。

4.1.2　国内研究进展

我国对气象灾害风险评估的相关研究大致开始于 20 世纪 50 年代,其中以地震、洪涝、干旱等灾种为主。90 年代以来,自然灾害风险评估工作开始受到国内学者关注,并取得了一定进展,基于指标体系的单灾种灾害风险评估方法,已经相对较成熟。初期以风险分析为主,主要是根据历年的农业气象资料开展研究,建立农业受灾面积和成灾面积的概率模型等。这一阶段以灾害影响分析技术方法为核心,探讨了农业气象灾害风险分析的理论、方法和模型(李世奎,1999;杜鹏 等,1997),国内很多学者利用历史资料,并借助解析概率密度曲线法、减产率变异系数及相关减产率统计指标对农业气象灾害损失进行估算。面对农业气象灾害资料少、时间序列短的特点,黄崇福等利用模糊数学方法,参与农业气象灾害风险评价,提高了农业气象灾害风险评估的适用范围(黄崇福,1998)。21 世纪以来,农业气象灾害风险评估开始注重灾害影响评估的风险化、数量化技术方法,旨在构建由风险分析、风险评估、灾后评价、防灾减灾组成的综合技术体系。如李世奎、霍治国等人从灾害风险分析的角度构建了一个组合的灾害风险评估体系,其中包括干旱、渍涝、低温冷害、寒害等多种灾害,涉及冬小麦、玉米、水稻、荔枝、香蕉等多种作物(李世奎 等,2004)。

目前,有不少研究以灾害发生可能性,或者以灾害发生的频率为基础,采用概率风险评价模式对灾害进行评估(薛昌颖 等,2003a;马晓群 等,2003;杜尧东 等,2003;刘锦銮 等,2003)。如陈晓艺等(2008)采用累积湿润指数作为干旱指标,从干旱强度和干旱频率两个方面对安徽省冬小麦主要发育期及全生育期的干旱危险性进行了评估。胡雪琼等(2011)利用概率风险法从县级尺度上对云南省冬小麦干旱进行了评估,包括干旱的强度风险、干旱造成的减产风险,以及抗灾性能的计算,在此基础上,构建了冬小麦干旱灾损综合风险指数,对云南冬小麦干旱灾损风险进行了区划。另外,还有一类研究,是根据灾害致灾机理,关注影响灾害风险的各因子之间的组合关系,并依此建立灾害风险指数。如王远皓(2008)基于风险分析的原理,建立了适用于东北地区玉米冷害风险评估的指标体系,对热量指数变异系数、不同强度冷害年出现的概率、减产率风险指数和抗灾性能 4 个风险评估指标分别进行分析,构建了综合风险区划指数,得到东北地区每个网格点上玉米冷害的风险值。杜尧东等(2008b)在风险辨识的基础上,从孕灾环境、致灾因子、承灾体、灾情和抗灾能力方面,对广东冬季寒害进行了系统的分析。张星等(2007)基于福建省农业成灾面积资料,对当地干旱、洪涝等 4 种灾害从成灾率及其变异值角度进行了分析计算,并赋予相应的分值,用灰色关联分析方法分析了这 4 类气象灾害(干旱、洪涝、风雹和低温冻害)与总灾害的关联度,建立起农业气象灾害综合评价模型。单琨等(2012)用实际干旱发生频率、农业气象干旱发生频率、玉米生产相对暴露率和单产水平 4 个因素构建了辽宁地区玉米干旱风险指数,对辽宁地区玉米干旱进行了风险分析和风险区划。吴东丽等(2011)综合考虑了影响灾害风险大小的自然属性和社会属性,从多角度选取了干旱灾害强度、基于冬小麦干旱指数的干旱频率、基于灾损的干旱频率、灾年减产率变异系数、区域农业经济发展水平、抗灾性能指数等 6 个风险评估指标,用 CCA 排序方法揭示不同风险评估指标之间的相关关系以及评估指标与相对气象产量的关系,并以确定的风险评估指标和相对气象产量之间的关系为基础,构建了不考虑抗灾和考虑抗灾 2 种风险指数,以模糊聚类分析为手段,以考虑抗灾能力的风险指数和灾年减产率为分类标准进行聚类,实现了华北地区冬小麦干旱风险综合区划。

在农业气象灾害发生机理方面,目前以致灾因子的危险性和承灾体脆弱性研究为主。张继权等基于自然灾害风险理论,将其评估技术和方法应用到气象灾害风险评估中,得出了农业气象灾害风险的计算公式:农业气象灾害风险度＝危险性×暴露性×脆弱性×防灾减灾能力。运用这种思路对干旱、洪涝、森林草原火灾等农业气象灾害开展了风险评估研究,并取得了丰硕的成果(张继权 等,2007;Zhang Jiquan,2008;Liu Xingpeng,2008)。高晓容(2012)将自然灾害风险评估理论和技术应用于农业领域,从农业气象灾害风险的形成机理出发,对农业气象灾害孕灾环境的危险性、承灾体的暴露性、脆弱性及防灾减灾能力四个方面对东北地区玉米的主要气象灾害进行了综合评估,这种考虑多灾种、动态发育阶段的作物气象灾害风险评价是目前农业气象灾害风险研究的最新方向。

4.2　热带果树主要气象灾害及指标

4.2.1　香蕉主要气象灾害及指标

香蕉属不耐寒作物,其整个生育过程都要求有较高的温度,遭受的气象灾害主要有冷害、热害、涝害、旱害、台风、寡照。其中,冷害主要有干(风)冷、湿冷及霜冻 3 种,湿冷和霜冻较普遍。香蕉生长发育要求的最低温度为 10 ℃,最适宜的温度在 30 ℃左右,最高温度为 35 ℃。香蕉植株不同器官对温度的反应稍有差异。甘利(1980)报道,在厄瓜多尔,香蕉叶片生长发育的最适温度为 28～30 ℃,在澳洲的最适温度白天为 33 ℃,夜间为 26 ℃;果实生长适宜温度与叶片大体相同;根系生长的最适温度为 18～25 ℃。过高的温度对各器官的生长不利。37 ℃以上叶片和果实会出现灼伤。温度过低会出现冷害。不同器官对冷害的反应不同,其敏感程度由高到低依次是花蕾、嫩叶、嫩果、果实、叶片、假茎、根、球茎。幼嫩的和老化的器官均易发生冷害。各器官生长的临界温度:叶片 10～12 ℃,果实 13 ℃,根 13～15 ℃。低于上述临界温度即停止生长甚至出现冷害。3～5 ℃时叶片会出现冷害症状;0～1 ℃时植株会死亡。

(1) 冷害

冷害是指在农作物生长季节,0 ℃以上低温对作物的损害,往往又称低温冷害。冷害使作物生理活动受到障碍,严重时某些组织遭到破坏。但由于冷害是在气温 0 ℃以上,有时甚至是在接近 20 ℃的条件下发生的,作物受害后,外观无明显变化,故有"哑巴灾"之称。

1)干(风)冷

北方冷空气南下,寒潮到来,干燥、低温、北风吹打香蕉植株叶片及果实,造成叶片和果实失水变黑。

2)湿冷

同样受北方冷空气南下,空气湿度大或下小雨,而且低温持续时间较长,造成了未抽蕾植株的生长点或花芽、花蕾受害,植株烂心。

3)霜冻

无风无云的寒冷夜晚,下半夜气温大幅度下降,叶片表面形成一层冷水层(结霜)。气温低于 0 ℃,空气中的小水滴结霜垂直降至叶面上,称为降霜。香蕉出现霜冻时,植株叶片会全部冻死。

香蕉受冷害的程度,与地理环境和品种的耐寒性有关。

从地理环境来说,西北方向的蕉园受冻害较严重,但受霜害较轻;地势较低或背风的地方,受冻害较轻,但受霜害较严重;靠近河汊、地势开朗通风的地方,蕉园受霜冻的程度比蕉园中心或不近河涌的蕉园轻。

从品种来说,大蕉的耐寒性比其他品种都强,粉蕉次之,香蕉较差。而在香蕉之中,则以大种高把的抗寒力较强,普通短把较差。

相同品种不同生育阶段的植株和不同的器官,其耐寒性也有差别。未开大叶的吸芽最耐寒,已抽花蕾的植株最易受寒,接近抽蕾的植株也易受寒。各器官之中,以根系及球茎(地下茎)较耐寒,果实比叶易受霜害;心叶在低温冷雨时易受冻害,刚脱落苞片的幼果易受霜冻害,已达75%成熟度的果实也易受冻害。在同样的低温条件下,长势好的植株受害比长势差的轻,生长于保水力良好、肥力高的土壤的香蕉受害程度比长在瘦瘠土壤的轻。

(2)热害

过高的温度会使植物的叶绿素失去活性,光合作用暗反应受阻,光合效率降低,而呼吸作用却大大增强,同时,还使细胞内蛋白质凝聚变性,细胞膜半透性丧失,植物的组织受到损伤。

夏秋之间天气炎热,蕉园容易出现热害,蕉轴容易灼伤和发生日焦病,影响香蕉的产量及品质。预防热害的办法主要是因地制宜地采取蔽荫措施。例如,用枯蕉叶遮盖果轴和果穗,注意遮盖向西和当阳部位,以减轻热害。台湾省蕉区有在断蕾后用旧报纸包蕉遮阴的措施,可以防止日焦病和煤纹病的发生。

(3)涝害

涝害是指降水过多、土壤含水量过大,出现"渍""淹""涝",致使作物生长受到危害的现象。

土壤干旱香蕉易枯根,土壤过湿易缺氧烂根。雨季土壤排水不良甚至涝害,可造成根系缺氧而功能降低甚至死亡。根系生长越旺盛、土温越高,渍水涝害造成的烂根就越严重。植株各生长期耐涝性由强到弱的依次为抽蕾期、孕蕾期、挂果期、幼株期、吸芽期。抽蕾期土壤水分多少,对果实的产量和质量影响很大。土壤水分过多会影响其透气性,不利于根的生长和对养分的吸收。土壤中的孔隙由水和空气填充,当土壤中水分饱和时,土壤孔隙中就没有了空气,如果在这段时间内再下雨,土壤含水量就会多于田间持水量,造成土壤中氧气不足,根系缺氧而降低活力,甚至死亡。同时,水分过多、氧气不足也会使厌氧微生物活动旺盛,产生硫化氢等还原物质,对根系产生毒害,加速根系的衰老和死亡。

适宜香蕉生长的空气相对湿度接近100%。干燥虽然不利于病虫害传播生长,但也不利于香蕉的生长发育。较高的湿度可减轻高温、过低温引起的伤害。黄秉智(2000)认为,薄膜覆盖高湿的试管假植苗,可耐受40~42℃的高温及2~4℃的低温。在寒害中,干冷会引起叶片、果皮变黑,而湿冷则引起植株烂心。

(4)旱害

旱害是我国蕉区的主要自然灾害。干旱的危害主要是破坏细胞的原生质结构,从而阻碍植株体内一些酶的活动,影响香蕉的生长、发育和果实成熟等。受旱时间较长的植株,在灌溉之后需几天的时间才能恢复正常生长。夏秋间的干旱常伴随有高温危害,水分蒸发量增大,叶片及果轴容易灼伤。短时缺水会使叶片两边下垂,气孔关闭,光合作用暂停;严重干旱会使叶片枯黄凋萎,新叶不抽生。缺水会严重影响生育期,延迟抽蕾,使果穗的果指数减少,影响产量。同时,缺水会造成收获后的青果耐贮性差。

不同品种对水分缺乏的敏感程度不同,其耐旱性由强到弱依次为香牙蕉、龙牙蕉、勒蕉和大蕉。在香牙蕉中,高秆品种根系发达,比矮秆品种耐旱。

(5)台风

香蕉根浅、叶大、干高质松,所以抗风能力不强,容易被台风吹折吹倒.风速达到 20 m/s时,叶片撕裂,叶柄折断,光合作用减少。较大的风可摇动蕉株,伤及根群,使香蕉生长缓慢。孕蕾期间如果蕉干摇动过大,会影响包藏在蕉干中心的花蕾的发育而导致减产。抽蕾结果后遇风,由于茎冠重量增加,蕉干更容易被吹断。强台风的危害性更大,可能折断蕉身,甚至把整株香蕉吹倒或连根拔起。因此,在发展香蕉生产的同时,要积极营造防风林带。

(6)寡照、日灼

寡照一般分为多雨寡照、低温寡照、阴雨寡照等。

在对野生蕉的调查中看到,当光照减至全光照的 50% 时,野生蕉的生长和群落并无影响,但在茂密、高大的树林中,减少至全光照的 90% 时,野生蕉则难以生存。从组织培养苗的育苗过程也可看到,当密度过大时,生长快的蕉苗会遮住矮小的蕉苗,使矮小苗生长停滞甚至出现死苗。这提供了香蕉适度密植的科学依据。在国内外,研究香蕉生长与光照关系的报道不多,有人说香蕉需要强光照,但阳光过烈,则会造成果实灼伤。

4.2.2　荔枝主要气象灾害及指标

荔枝对气候条件的反应比较敏感,而且,在不同的生长发育期,对环境条件的要求也不同。影响荔枝的自然分布和生长发育的气候条件包括温度、降水量、光照、风。在阳光充足、雨水充沛、通风透气的环境条件下荔枝生长发育良好,而低温阴雨、干旱、强风(尤其是台风)天气对荔枝生长发育十分不利。荔枝遭受的气象灾害主要有寒害、涝害和干旱、台风。

(1)寒害

荔枝是一种不耐寒的果树,对温度的要求比较严格。在年平均气温 20～25 ℃的地区才能正常生长发育。当最低温度低于 0 ℃时,荔枝树发生不同程度的寒害,轻者枝条、叶片受害,重者树干受害或树木整株死亡。若遇气温骤降和昼夜温差太大,荔枝易受冻害。冬季气温过冷过热的地区都不适于荔枝的经济栽培。荔枝在生长期间要求高温多湿,同时又要求冬季有一个温度相当低的阶段,才能进行花芽分化。热带地区的荔枝在冬季遭遇不到低温,开花结果不良。过冷地区荔枝易受冻害,也不适栽培。荔枝生长要求的有效温度在 16～10 ℃,以 24～32 ℃生长最适宜。温度低于 15 ℃,萌芽展叶停止。早熟品种(如三月红)在 4 ℃,迟熟品种在 0 ℃,生长活动完全停止。温度上升至 8～10 ℃,经 10～15 天,生长活动才能恢复。最低温度在 -2 ℃以上,生长比较安全,故 -2 ℃是荔枝发生冻害的临界温度。植株生势旺,抵抗低温能力强。叶老熟,温度虽降至 -2 ℃时,荔枝在短时间内也不会冻死。冬季暖和,雨水充足,促发新梢时,突然遭到寒流侵袭,温度在 0 ℃以上,荔枝也会发生冻害。

1)营养生长阶段

据观察,荔枝枝梢开始生长所要求的最低温度是 10 ℃,以 24～30 ℃最为适宜。温度过低,新梢生长发育周期会延长;温度过高,则新梢生长发育不良。正在生长的嫩梢嫩叶,如果遇到寒流侵袭,突然出现过低的温度或霜冻,极易遭受冻害。刚展叶的嫩梢,只要温度降到 4℃,小叶即被冻伤尔后干枯脱落。如果嫩梢生长时的气温在 20 ℃以上,由于寒流入侵,温度突然降到 5℃,嫩梢嫩叶就遭受冻害尔后干枯死亡。枝叶转绿老熟之后,温度降到 -1.5 ℃,2～3

天内荔枝大树不会被冻伤。但温度若降至－2.6 ℃,则秋梢结果母枝会被严重冻伤。温度下降至－4 ℃,则荔枝树的分枝和全部叶片都会被冻死。低温持续的时间约长冻害的程度越严重。所以,－2 ℃是荔枝遭受冻害的临界温度。开花期间,如气温在5～8 ℃,则荔枝很少开花,花药也不开裂,10 ℃以上才开始开花,16～24 ℃开花最盛。气温过低,花粉不开裂,传粉媒介不活动,结果减少。

2)花芽形成及分化阶段

不同品种的荔枝花芽形成及分化所要求的温度有所不同。据观察,三月红荔枝的花芽形成和分化可以在15～20 ℃的环境下很好地进行,而淮枝和糯米糍荔枝必须在14 ℃以下才能顺利的形成和分化花芽。温度在0～10 ℃,低温时间长,有利于荔枝花的形成、花序的分化和小花的发育,基本上能形成纯花穗,小叶在展开初期就枯干脱落了;温度在11～14 ℃,花和叶同时缓慢发育,但还可以形成有经济价值的花穗;14 ℃以上的温度对花穗的发育产生不良影响,温度越高,时间越长,越不利于花穗的分化与发育而越有利于小叶的发育。18～19 ℃虽仍然可见到形成带叶的小花穗,但已很少能结成果实,已无经济价值。温度高于19 ℃则小叶生长旺盛,原来叶腋出现的小白点也会逐渐消失,不再发育成花穗。

综上所述,19 ℃是荔枝中迟熟品种成花的临界温度,14 ℃是荔枝有经济价值的花芽形成和分化的临界温度,0～10 ℃是荔枝花芽形成和分化的理想温度。

3)小花开放阶段

据观察,荔枝小花在10 ℃以上才开始开花,在18～24 ℃时开花最盛,29 ℃以上开花反而减少。温度低于16 ℃或高于30 ℃时花粉发芽率会明显地下降。22～27 ℃是荔枝分泌花蜜最多的温度,也是蜜蜂活动最适宜的温度。

荔枝每年的开花期主要受着气温回升的影响,气温回升快开花早,气温回升慢则开花迟。例如:广东省1984年的早春,遭受连续的寒流入侵,气温连续偏低,荔枝开花期普遍延迟了约20天,到4月下旬才开花,部分植株5月上旬开花。但在1987年,寒流的入侵较弱,温度回升快,早春天气暖和,荔枝开花期普通提早了约20天,3月中旬就已经普遍开花,部分植株在3月上旬开花。

春天寒流间隔入侵所造成的高温、低温相间的天气,对荔枝小花的开放、授粉、受精和坐果极为不利,常常由于倒春寒而导致荔枝严重花而不实。

4)果实生长发育阶段

据观察,糯米糍荔枝和淮枝的小果,在15 ℃以上的温度环境下才能正常生长发育,15 ℃以下的低温条件不可能使其坐果。已经正常受精的雌花,也会因为遭受15 ℃以下的倒春寒而严重花而不实。

(2)涝害和干旱

水分条件是影响荔枝生长结果的主要因素。荔枝根系在土壤含水量为23%左右时生长最快,当含水量降到9%～16%时生长缓慢。但是湿度过大时又会出现植株生长不良现象,如地下水位太高或雨后积水会造成耐湿性差的品种幼根坏死。荔枝枝梢生长喜欢较充足的水分和较高的空气湿度条件。花芽分化期则要求水分相对较少,冬季干旱,既抑制冬梢的抽生,又可提高树液浓度,有利于花芽分化,提高成花率。

连绵阴雨不但抑制荔枝树花药散发花粉,也妨碍昆虫传粉。在果实发育期要求雨水均衡,若雨水过多,影响光合作用及土壤通气,促使病虫害发生,易造成大量落果、裂果;缺水则会使果实发育不良,果实偏小,品质差。因此,在建设高产荔枝园时应注意设置排灌系统,做到遇旱能灌、遇涝能排,以保证荔枝的正常生长发育。

(3) 台风

微风有利于荔枝传粉和果园气体交换,增加光合效率和树体养分积累,从而增强树体抗性,可减少病害发生。光照强烈时,微风还有助于降低温度,避免日灼发生。但花期强风不利于花粉传播和昆虫活动。我国荔枝产区主要分布在东南沿海地区,为热带风暴常发区,台风可使树倒枝断,开花结果时遇强风易引起落花落果,特别是在开花前后,强风对它的影响更大。花期忌西北风和过夜南风。西北风干燥,易使柱头黏结,影响授粉;过夜南风潮湿闷热,容易引起落花,对荔枝生产造成严重破坏。

4.2.3　菠萝主要气象灾害及指标

菠萝遭受的气象灾害主要有低温寒害、干旱、寡照、台风。

(1)低温寒害

菠萝性喜温暖,在年平均气温 24~27 ℃生长最好,气温 15 ℃以下时生长缓慢,10 ℃以下时基本停止生长,5 ℃是受寒害临界温度。2~5 ℃气温持续时间过长会出现寒害。气温 1 ℃时叶片受害,−3~−1 ℃时植株明显受害甚至死亡。温度会影响果实的发育期和果实品质。夏、秋果生长发育期间高温高湿,成熟期较短,果实品质好;冬果生长发育期间气温较低,成熟期相对拉长,果实较酸、肉质较粗。

在亚热带地区栽种菠萝,冬季(12 月至翌年 2 月)出现的周期性的低温霜冻及低于 14 ℃的平均气温,都会使菠萝在不同程度上受寒害,导致生产不能稳定发展。

根据出现的不同情况分为霜冻害、寒害两种类型。

1)霜冻害

气温下降至 0 ℃或 0 ℃以下,植物表面热量迅速散发,组织储冰,植株或部分器官受害的叫霜冻害。霜冻害有两种表现形式:空气中水汽达饱和时,水汽便会在植物表面结成霜,叫霜害;空气中水汽没有达到饱和,不产生霜,称冻害。

受霜冻害的菠萝植株,特别是叶片,好像被开水烫过一样,叶片下垂,很快变白干枯,后逐渐变为深灰褐色。受害程度与温度下降及解冻的速度有一定关系。如果温度突然下降,就会使细胞内外结冰,致原生质直接受破坏;如果温度逐渐下降,则细胞中自由水脱出,使胞间间隙结冰,因结冰时水的体积会增大 10%,严重时,使原生质受挤压而受伤害。解冻时气温迅速回升,胞间间隙解冻后水分来不及被细胞吸收就蒸发掉,致细胞失水干枯,细胞原生质产生不可逆凝固,还可能因细胞壁吸水恢复,原生质被细胞壁膨大的拉力撕破而造成死亡。

2)寒害

当气温下降到菠萝生长发育的最低温度 5 ℃以下,但又高于 0 ℃时,植物细胞组织内虽然没有结冰但生理活动受到阻碍,严重的可使植株某些器官和组织受到危害。

寒害又分干冷型和湿冷型。湿冷型一般在冷风冷雨的条件下发生。当北方冷空气入侵华南,与南海亚热带暖湿气流相遇,在华南地区上空长时间僵持时,会出现长时间的低温阴雨天气,形成湿冷型寒害。湿冷型寒害对菠萝的影响最严重,会造成叶片褪绿,烂心,花蕾冷坏而不能抽出。干冷型由西伯利亚干燥冷空气侵入华南上空所致,会造成植株叶尖或叶片干枯。

(2)干旱

菠萝是较耐旱的作物,对水分的要求不很严格。一般年雨量在 1000～2000 mm 范围适宜菠萝生长。月平均降雨量不少于 100 mm 时,菠萝均能正常生长,若雨量能分布均匀则生长更好。在年雨量 510 mm 的半干旱地区及年雨量在 5540 mm 的热带雨林里,也能维持生长。雨水过分集中,对根系生长不利,根系浸水 1 天就会引起大量腐烂死亡。但过分干旱、月降水量不足 50 mm,土壤表现缺水时,植株生长缓慢,叶片变黄,导致生理性凋萎病发生,影响产量。此时必须进行灌溉或覆盖保湿,维持其生长。

(3)寡照

光照是菠萝生长和结果的重要生态因子。光照足,叶片光合作用强,养分积累多,果大,品质好,产量高。光照不足,植株生长缓慢,叶片细长,果小,酸高,果实品质差。若光照太强且干旱,叶片会变为红色,蕾和将要成熟的果易受日灼。这种现象在海南及广东的雷州半岛菠萝产区尤为多见,要采取护果防晒措施,适当灌溉,使植株生长正常。

光照对菠萝的抗寒性影响很大,在冬季,充足的光照有利于光合作用及碳水化合物的积累,促进幼年器官早熟,从而增强菠萝的抗寒能力。

(4)台风

菠萝植株较矮,风对它的影响不大,微风更有利植株生长。特别是密植的菠萝园,常吹南风使植株生长加快。但菠萝为浅根性作物,在正造果成熟时,若遇台风,会引起植林倒伏,果树、叶片折断,影响正常生长结果。一般大风对菠萝也没有影响,只有遇到强台风才会吹倒植株,吹断果柄。但是海南的菠萝的正造果和现在进行反季节栽培的反季菠萝,已在台风到来之前收获,故影响不大。12月至翌年 1 月寒潮南下,又夹冷雨,在山窝地和通风不良的果园,也常见个别烂心的植株。

4.2.4　龙眼主要气象灾害及指标

龙眼树对环境的适应性较强,但也需要具备适宜的自然和栽培条件才能良好生长和开花结果。龙眼对低温的反应相当敏感,这是限制龙眼地理分布范围的主要因素。其遭受的气象灾害主要有寒害、干旱、水淹、台风、寡照。

(1)寒害

龙眼是一种亚热带果树,抗寒力弱。气温在 $-4 \sim 0.5$ ℃,即使持续时间不长,果树也会表现不同程度的冻害,轻者枝叶枯干,重者整株地上部死亡。所以在冬季绝对低温低于 $-4 \sim -3$ ℃的地方,就不大适宜作经济栽培。从龙眼产区的实际情况来看,福建龙眼主产区年平均气温在 20～31 ℃,如著名产地莆田位于 25°N,年平均气温为 20.2 ℃,冬季平均气温总在 10～14 ℃,只有个别年份北方强大寒流侵袭时,最低气温才会下降到 $-1 \sim 0$ ℃左右,出现几天下霜天气,但从未下雪,寒流造成的低温天气,一般不超过三天即迅速回暖,表现为典型的亚热带气候。但在福州(年平均气温 19.6 ℃)以北地区,因霜冻频繁,龙眼产量不稳,常几年才丰收一次,而四川宜宾地区年平均温度虽仅 18.4 ℃,但因小气候条件优越,绝对最低温度不低于 $-1.3 \sim -0.5$ ℃,无严重霜冻,龙眼经常丰收。

(2)干旱

龙眼根系发达,又具有菌根,是一种抗旱力较强的树种。华南亚热带地区常年年平均雨量在 1000～1500 mm,且多集中在 3—9 月的生长季节里,一般能满足龙眼生长和开花结果的需要。但由于降雨分布不均匀,而龙眼多系山地栽培,因此在雨季期间,容易发生水土冲刷。如遇长期干旱,又会发生缺水现象。尤其是在 7—8 月,如果干旱缺水,会使果实变小,落果增加,如遇旱后骤雨,又会引起裂果。所以,龙眼园要注意做好水土保持工作,有条件的地方,在夏、秋季受旱时灌溉一、二次也是有必要的。

（3）水淹

龙眼树能耐短期的水淹,如四川省龙眼多栽植在江河两岸,有时遭洪水淹没竟达一星期之久,生长却未受影响。而且因洪水过后河泥淤积,主干上也能萌生新根群,树势生长更旺盛。但如果龙眼园长期积水,会造成根系腐烂,引起树势衰弱和整株死亡。龙眼花期遇阴雨绵绵易引起烂花和妨碍受粉受精,而致落花落果减产;果熟期如果多雨,则果味变淡,且易落果。平地果园在多雨季节,要做好开沟排水工作,树下也不宜间作套种需水多的作物,以免影响生长。

（4）台风

沿海地区夏秋季常有台风登陆,其风力可达 9—11 级,常引起大量落果,并折断树枝,破坏树冠,或把果树刮倒,甚至整株连根拔起。龙眼开花期间,如遇从我国西北部吹来的"焚风",夹有大量的黄沙微尘,气候特别干燥,会引起雌花柱头凋萎,坐果率大大降低。因此,必须注意园地选择,建立防风林带,并采用嫁接、高压繁殖、整形修剪等措施,使树冠矮化,以减少风害的影响,争取高产稳产。

（5）寡照

光照是龙眼进行光合作用必不可少的条件。光照充足,枝条生长充实旺盛,病虫害少。花芽分化期光照条件好,则花芽质量高。花期遇阴雨天,会影响其坐果率。在果实发育期,若阳光充足,果实品质和产量均会提高。

4.2.5　芒果主要气象灾害及指标

芒果遭受的气象灾害主要有低温、高温、低温阴雨、光照、台风。

（1）低温

芒果为热带果树,在高温条件下生长结果良好,低温条件下,生长发育会受到影响。芒果对低温的敏感性依品种、树龄和树体状况而不同。如在福建安溪,大果类型的吕宋芒稍遇低温阴雨,花穗就霉烂枯萎,抗逆性较差;而安溪红花芒除了阴雨连绵、花期低温阴雨年份外,均有一定产量。菲律宾及印度南部品种有早开花倾向,在我国南方地区试种也表现抗逆性较差。

树体不同部位的抗寒差异颇大,未老熟的嫩梢比老熟枝梢更易受冻害,花序对寒冷的抵抗力弱于营养器官。据吴泽欢等(1984)在广西南宁的观察,在有霜的夜晚,气温降至 2 ℃时,幼龄树上生长刚稳定的叶、成年树顶端的嫩叶轻度受害而呈水渍状小斑点;气温降至 −0.7 ℃时,幼树主干上部树皮流胶,成年树顶梢及花穗受害干枯;气温降至 −1.9 ℃时,幼树主干枯死,成年树一年生枝条捎死;气温降至 −3.7 ℃时,幼树地上部完全枯死,成年树 2～3 年生枝条枯死。

低温伤害程度除与低温强度有关外,还与持续时间、地势及栽培管理等有关。抽蕾开花期间,天气多次寒暖交替,会导致芒果树多次抽蕾开花,树体养分消耗过多,从而降低植株对低温的抵抗力。早开的花序在冷空气容易积聚的低洼地及辐射强烈的北坡,甚至在同一棵树上的面北部,受害更重。头年结多、采果晚、树势弱的果树受害也重。

芒果开花至幼果期的低温阴雨天气是我国南方地区芒果低产和产量不稳定的重要原因。当气温降至 5 ℃以下或出现凝霜时,芒果花序会受冻害。花期气温在 15 ℃以下时,授粉受精就会受影响。而连续低温时又常常是阴雨天气,湿度大,光照不足,不利于传粉昆虫的活动,花粉不能正常传播和发芽,结成的幼果的胚也不能发育,形成无籽小果或造成大量落果。低温阴雨天气容易出现在 12 月至翌年 2 月。3—4 月气温多已回升,但若出现阴雨天气,则在此期间开花的芒果会严重受害。因为高温潮湿天气会造成"焗花",同时有利于炭疽病的发生和蔓延,有利于芒果短头叶蝉等害虫的滋生,从而大大降低坐果率和产量,还会降低果品质量。芒果冻害指标见表 4.1。

表 4.1　芒果冻害指标

温度 $T(℃)$	芒果生长状况
$20 \leqslant T \leqslant 30$	正常生长
$10 < T \leqslant 20$	生长缓慢
$3 < T \leqslant 10$	停止生长
$0 < T \leqslant 3$	幼苗受害
$-2 < T \leqslant 0$	严重受害
$-5 < T \leqslant -2$	花序、叶片、母枝等木栓化枝条冻死
$T \leqslant -5$	幼龄结果树的主干冻死

(2)高温

在高温的夏季(平均气温 28.3 ℃)枝梢生长快,从抽芽至叶片稳定老熟仅需 10~15 天,且枝条和叶片生长量都较大;但在冬季(平均气温 15~17 ℃)从抽梢至叶片稳定老熟历时 35 天,且新梢生长量比夏季少 3~10 倍。但气温过高对芒果也有害。当气温高于 37 ℃并吹干热风时,果实和幼苗易受灼伤。

(3)低温阴雨

芒果的经济栽培区都有一个共同的特点,即:芒果营养生长季节要求水分充足,而花芽分化开花坐果期则适宜水少、空气干燥。冬春期低温干旱,阳光充足,昼夜温差大,有利于芒果枝叶及时停止生长而积累干物质,促进花芽分化,提高花的质量。花期天气干燥,阳光充足,有利于传粉昆虫活动,有利于授粉受精和坐果。花期和果实迅速发育期空气干燥,不利于炭疽病、蒂腐病的发生,也不利于尾夜蛾、短头叶蝉的滋生和繁衍,使得花和果实少受病虫侵害,坐果率提高,形成的果实色泽光洁、食用品质和耐贮运性能均增强。

在我国南方地区夏末秋初采果后,常遇连续干旱天气,果实发育期缺水时则果小、单果重下降,甚至导致大量落果。国内外经验都证明,果实发育期干旱的地区,灌水能大幅度提高产量;但在抽梢期如果有连续降雨、大雾,空气湿度大,会导致炭疽病盛发而落叶枯梢;花期遇连续阴雨或大雾会枯花落果而导致减产或失收;果实发育期多雨会诱发细菌性角斑病、炭疽病和煤烟病,影响果实外观或减产;多雨也会延迟熟期,降低果实品质,并易发生贮藏性病害。

(4)光照

芒果为阳性树种,充足的光照下芒果树结果多,含糖量高,外观美,耐贮力强。特别是红芒,只有在充足的阳光下才显现红色,如果光照不足,红色不显露、味淡、品质也下降。芒果花期缺乏阳光如伴随低温、高温、连续降雨,均会影响开花、传粉和受精,甚至造成烂花、落花和幼果大量脱落。果实发育期间,阳光不足则果实生长慢,果表着色不良。光照不足常常是伴随低温和阴雨天气而出现的,因而对芒果树花期甚为不利。

芒果幼苗及刚定植的幼树要求适当遮阴才能生长良好,日光过强会造成日灼、流胶或会抑制生长,因此,要用稻草包扎裸露的树干防止日灼。日照过强也会造成果实日灼,加剧炭疽病的传染和采前落果,有条件的要实施果实套袋。

(5)台风

芒果树比较抗风,但叶大、树冠浓密、枝繁叶茂的品种也不耐强风侵袭。6 级以上的大风会导致大量落果和折枝;9 级以上的大风会导致大量落叶和扭伤枝条,严重影响当年和次年的产量。常年风大和台风多的地区种芒果必须营造防风林。芒果树体高大,根深叶茂,枝条较脆,抗风能力中等,大风或台风常会折枝或整株树被刮倒。芒果果实较大,果柄较脆,在果实较大的阶段,7 级以上大风会造成严重落果或果皮损伤,引发病害,影响果实外观,降低商品果率。但是过于郁闭,空气不疏通的果园,特别是密植果园,树冠交叉,相互遮阴,空气湿度大,果实常受叶片摩擦损伤,病虫害严重。因此,芒果树适宜微风常吹,空气流通,空气湿度较低的开阔地带生长。

4.2.6　椰子主要气象灾害及指标

椰子遭受的气象灾害主要有高温、低温、水分、寡照、台风。

(1)高温、低温

温度是否适宜直接影响椰子的分布范围和产量。年平均气温 24～25 ℃,温差较少,全年无霜地区椰子可正常开花结果。最适宜的年平均气温为 26～27 ℃,最低月份平均气温不低于20 ℃,日温差不超过 5～7 ℃,椰子生长繁茂,发育正常,产量较高。在热带边缘地区,偶尔低温,短期极端低温达到 0 ℃,椰子也能忍受,但果实发育会受到一定的影响。椰树安全越冬温度为 8 ℃;嫩叶安全越冬温度为 13 ℃;椰果安全越冬温度为 15 ℃。13～15 ℃以下连续低温会造成椰子寒害。椰子树能耐 27 ℃以上的较高温度,只在高温与低温遇在一起时,这种高温才会造成危害。

月均温 18 ℃为影响椰子生长发育的临界温度,低于 18 ℃,日温差超过 7 ℃,且持续时间较长,不仅椰子的生长发育处于休眠状态,而且其叶、花、果会出现坏死现象,裂果、落果严重,甚至会造成部分植株死亡。

(2)水分

在影响椰子产量的各因素中,雨量最重要。年降雨量 1300～2300 mm,分布均匀,无旱雨季之分,椰子才能正常生长发育。但这也不是绝对的。以文昌市为例,全县年降雨量在 1500 mm以上,虽然有些年份降雨量大于 2400 mm,最大月降雨量可超过 600 mm,而土壤排水良好的地区椰子的生长较好;或者有时年降雨量小于 800 mm,月降雨量低于 50 mm 的持续期长达4～5 个月,而有地下水供应或有水源灌溉的地区,椰子生长发育受影响亦不大。不过,雨量分布不均匀,干湿季明显,对栽培椰子也是不利的因素。如在坡地上种植椰子又不注意修筑梯田,就会造成严重水土流失,变为不毛之地,影响椰子生长。植地排水不良,长期积水,就会造成根腐,枯叶严重,影响产量。长期阴雨不利授粉,成果率低,长期干旱,椰树生长慢,叶枯严重,落果多或者果实发育不良。

(3)寡照

椰子树需要充足的阳光,在多云地区不能茂盛生长。在浓荫下植株矮小。敌不过未受抑制的自然林木而死亡。幼树可以在老树荫蔽下生长一个时期,例如在更新期,但因幼树需要阳光及根系伸展的余地,故最好到第八年伐除老树。椰子树的向阳生长,即向日性,在海滨尤其明显。日照不足的地区,种植过密或受荫蔽的植株,就不能正常生长发育,生势弱,产量很低。过于荫蔽则不能抽苞结果。

(4)台风

椰子树抗风力较强,在滨海地区3~4级的常风,有助于加强蒸腾作用;7~8级的风力,对其生长发育和产量也影响不大;9~10级风,会使部分叶片扭断,椰果被吹落,浅植椰子树斜倒率为0.1%~0.4%,影响产量1年,减产率为2.9%;风力达11~12级时,叶片折断率为10%~20%,椰树斜倒率4%左右,影响产量2年,平均年减产率为9.5%。1972年11月8日在文昌市登陆的20号强台风,风力达12级以上,椰子树叶片折断率为30%~40%,树冠残缺,椰树斜倒率达12.4%,落果率达12%,影响产量4年,平均年减产率为35%。不过,这样特大的强台风为历史罕见,只要重视林网化建设,采取深定植等相适应的技术措施,就能减轻影响和损失。

4.3　灾害风险评价模型

灾害风险是指未来若干年内致灾因子发生及其对人类生命财产造成破坏损失的可能。一般而言,一定区域自然灾害风险是由自然灾害危险性 H(hazard)、承灾体暴露性 E(exposure)和脆弱性 V(vulnerability)三个因素相互综合作用而形成的(黄崇福,2005)。但是,风险不仅具有自然属性,还具有社会属性,因此,防灾减灾能力 C(emergency response & recovery capability)也是制约和影响灾害风险的重要因素。一个社会的防灾减灾能力越强,造成灾害的其他因素的作用就越受到制约,灾害的风险因素也会相应地减弱。在一个区域危险性、暴露性、脆弱性一定的条件下,加强承灾体防灾减灾能力建设,将是有效应对日益复杂的灾害和减轻灾害风险最有效的途径和手段。由此可见,灾害风险评价应从危险性、脆弱性、暴露性和防灾减灾能力四个方面入手,构建合理的风险评价模型。

气象灾害的危险性,是指气象灾害的异常程度,主要是由气象危险因子活动规模(强度)和活动频次(概率)决定的(张继权 等,2007)。一般气象危险因子强度越大,频次越高,气象灾害所造成的损坏损失越严重,气象灾害的风险也越大。针对单一灾种,危险性评价可以仅用危险因子的变异强度和灾害的发生频次表示;但是当同时考虑多种灾害时,仅靠变异强度和频次就不能完全反映危险因子引发的风险所造成的影响程度。因为不同灾害本身对承灾体的影响程度就存在差异,如果忽略危险因子本身的差异,仅用变异强度和频次来描述危险性,势必会平滑掉危险因子本身的特点,在刻画综合灾害危险性时产生偏差。因此,本节引入权重的概念,将某一灾害自身特点用权重来反映,从而在进行海南热带果树干旱、冷害危险性评价时,危险性的高低用公式(4.1)表示:

$$H_i = \sum X_{ij} \times W_{ij} \qquad (4.1)$$

式中,H_i 表示第 i 生育阶段的危险性,X_{ij} 表示第 i 生育阶段第 j 种灾害指标值,W_{ij} 为第 i 生育阶段第 j 种灾害危险性指数的权重。

承灾体的脆弱性,是指在给定危险地区存在的所有由于潜在危险因素而造成的伤害或损失程度,其综合反映了自然灾害的损失程度。一般承灾体的脆弱性越高,灾害造成的损失越高,其风险也越大。承灾体的脆弱性大小,既与其本身的特点和结构有关,也与防灾力度有关。

脆弱性大小可用式(4.2)计算:

$$V = \sum V_i \times W_i \tag{4.2}$$

式中,V_i 表示第 i 发育阶段某脆弱性评价因子的值,W_i 为第 i 发育阶段某脆弱性评价因子对应的权重。

暴露性是指可能受到危险因素威胁的所有承灾体。一个地区暴露于各种危险因素的承灾体越多,及受灾财产价值密度越高,该承灾体的潜在损失就越大,从而面临的灾害风险也越大。暴露性的计算方法如式(4.3):

$$E = \sum E_i \times W_i \tag{4.3}$$

式中,E_i 表示第 i 发育阶段某暴露性评价因子的值,W_i 为第 i 发育阶段某暴露性评价因子对应的权重。

防灾减灾能力表示受灾区在长期和短期内能够从灾害中恢复的程度,包括其拥有的人力、科技、组织、机构和资源等要素表现出的敏感性和调动社会资源的综合能力等。防灾减灾能力越高,灾害发生时,可能遭受的损失就越小,风险也越小。防灾减灾能力的计算如式(4.4):

$$C = \sum C_i \times W_i \tag{4.4}$$

式中,C_i 表示第 i 发育阶段某防灾减灾能力评价因子的值,W_i 为第 i 发育阶段某防灾减灾能力评价因子对应的权重。

由于在构成灾害风险的四项要素中,灾害的危险性、脆弱性、暴露性和灾害风险生成的作用方向是相同的,而防灾减灾能力与灾害风险生成的作用方向是相反的,即某区域的防灾减灾能力越强,灾害危险性、脆弱性和暴露性对灾害生成的作用力就会受到一定的抑制,从而减少灾害的风险度(王绍玉 等,2009)。在实际应用时,应考虑到防灾减灾能力的反向作用。基于以上认识,采用自然灾害风险指数法,将灾害风险评价模型定义为(Davidson et al.,2001):

$$R = H^{w_h} \times V^{w_v} \times E^{w_e} \times \left(\frac{1}{c}\right)^{w_c} \tag{4.5}$$

式中,R 表示风险指数值;H、V、E、C 分别表示危险性、脆弱性、暴露性和防灾减灾能力因子指数值;w_h、w_v、w_e、w_c 分别为危险性、脆弱性、暴露性和防灾减灾能力对应的权重,表示各因子对形成灾害风险的相对重要性。

4.3.1 指标值的量化

为了消除各个指标量纲不统一给计算带来的不利影响,在进行危险性评价之前,需对各指标进行标准化处理:

$$X_{ij}^1 = \frac{(x_{ij} - x_{\min j}) \times 10}{x_{\max j} - x_{\min j}} \tag{4.6}$$

$$X_{ij}^2 = \frac{(x_{\max j} - x_{ij}) \times 10}{x_{\max j} - x_{\min j}} \tag{4.7}$$

式中,X_{ij} 为第 i 个对象的第 j 项指标值;X_{ij}^1,X_{ij}^2 为无量纲化处理后第 i 个对象的第 j 项指标值;$x_{\max j}$ 和 $x_{\min j}$ 分别为第 j 项指标的最大值和最小值。式(4.6)适合正向影响指标,即指标值越大,风险值越大;式(4.7)适合逆向影响指标,即指标值越大,风险值越小。$X_{ij}^1 \in [0,1]$ $X_{ij}^2 \in [0,1]$。

4.3.2　M-K 检验

曼-肯德尔(M-K)法是一种非参数统计检验方法,其优点是不需要样本遵从一定的分布,也不受少数异常值的干扰,在时间序列随机独立的假定下,定义统计量。

$$UF_k = \frac{[s_k - E(s_k)]}{\sqrt{Var(s_k)}} \quad (k = 1, 2, \cdots, n) \tag{4.8}$$

式中,UF_k 为标准正态分布,它是按时间序列 $x_1, x_2, \cdots, x_n$ 计算出的统计量序列,给定显著性水平 α,若 $|UF_k| > \alpha$,则表明序列存在着明显的趋势变化。按时间序列 x 逆序 $x_n, \cdots, x_2, x_1$ 再重复上述过程,同时使 $UF_k = -UB_k$($k = n, n-1, \cdots, 1$),$UB_1 = 0$。分析绘出的 UF_k,UB_k 曲线,当它们超过临界线时,表明上升或下降趋势显著。如果 UF_k,UB_k 两条曲线出现交点,且交点在临界线之间,那么交点对应的值便是突变开始的时间。

4.3.3　熵权法

熵(entropy)这个术语是在 1850 年由德国的物理学家克劳修斯创立出来的,用于体现一种能量在空间中分布的均匀程度,如果能量分布的越是匀称,那么熵也就越大。信息熵可以用来度量信息的无序化程度,熵值越大,说明信息的无序化程度越高,该信息所占有的效用也就越低(季俊,2012)。信息熵权重的计算步骤如下:假设有 n 个方案,m 个影响因素。X_{ij} 为第 i 种方案的第 j 个因素对结果的影响。

$$R = \begin{bmatrix} r_{11} & r_{12} & \cdots & r_{1m} \\ r_{21} & r_{22} & \cdots & r_{2m} \\ \vdots & \vdots & & \vdots \\ r_{n1} & r_{n2} & \cdots & r_{nm} \end{bmatrix}_{n \times m} \tag{4.9}$$

(1)对 X_{ij} 进行标准化处理,得到 P_{ij}。

(2)熵值计算。

(3)计算偏差度。

(4)计算权重。

4.3.4　加权综合评分法

加权综合评价法综合考虑各个因子对总体对象的影响程度,用一个指标把各个因子综合集中起来,用以描述整个评价对象的优劣。其公式:

$$F = P_1 W_1 + P_2 W_2 + P_3 W_3 \cdots + P_n W_n = \sum P_i W_i \quad (i = 1, 2, \cdots, n) \tag{4.10}$$

式中,F 代表多项指标综合评价值;P_i 代表第 i 项指示的评分;W_i 代表第 i 项指标的权数;n 为指标的项数。

4.3.5　模糊综合评价法

模糊综合评价法就是运用模糊变换原理和最大隶属度原则,考虑与被评价事物相关的多目标、多层次的各个因素,对其所做的综合评判。它是根据评价对象具体情况和评价具体目标,进行评判指标的取值、排序、再评价择优的过程。模糊综合评价的技术流程主要包括 7 部分:原始指标集、评语等级集、隶属函数、隶属关系矩阵、权重向量、加权合成以及结果向量处理。

4.3.6　灰色关联分析法

灰色关联分析(Grey Relation Analysis)是我国学者邓聚龙教授于 20 世纪 80 年代前期提出的一种多因素统计分析方法。它以各因素的样本数据为依据,通过一定的数学算法得到反映和描述因素间关联性大小的量。关联度越大,则两因素间的相对变化态势(如变化大小、方向、速度等)越接近,反之相差越远。它的分析对象是"部分信息已知、部分信息未知"的"小样本""贫信息"的不确定系统,如灾情信息系统,农业和社会经济系统等。

(1)确定分析数列

确定反映系统行为特征的参考数列和影响系统行为的比较数列。反映系统行为特征的数据序列,称为参考数列。影响系统行为的因素组成的数据序列,称比较数列。

(2)变量的无量纲化

由于系统中各因素列中的数据可能因量纲不同,不便于比较或在比较时难以得到正确的结论。因此在进行灰色关联度分析时,一般都要进行数据的无量纲化处理,如式(4.11)。

$$x_i(k) = \frac{X_i(k)}{X_i(l)} \quad (k=1,2,\cdots,n; i=0,1,2,\cdots,m) \tag{4.11}$$

(3)计算关联系数

$x_0(k)$ 与 $x_i(k)$ 的关联系数如式(4.12)、式(4.13)、式(4.14)所示。

$$\xi_i(k) = \frac{\min\limits_i \min\limits_k |y(k)-x_i(k)| + \rho \max\limits_i \max\limits_k |y(k)-x_i(k)|}{|y(k)-x_i(k)| + \rho \max\limits_i \max\limits_k |y(k)-x_i(k)|} \tag{4.12}$$

记

$$\Delta_i(k) = |y(k)-x_i(k)| \tag{4.13}$$

则

$$\xi_i(k) = \frac{\min\limits_i \min\limits_k \Delta_i(k) + \rho \max\limits_i \max\limits_k \Delta_i(k)}{\Delta_i(k) + \rho \max\limits_i \max\limits_k \Delta_i(k)} \tag{4.14}$$

$\rho \in (0,\infty)$ 称为分辨系数。ρ 越小,分辨力越大,一般 ρ 的取值区间为 $(0,1)$,具体取值可视情况而定。当 $\rho \leqslant 0.5463$ 时,分辨力最好,通常取 $\rho = 0.5$。

(4)计算关联度

因为关联系数是比较数列与参考数列在各个时刻(即曲线中的各点)的关联程度值,所以它的数不止一个,而信息过于分散不便于进行整体性比较。因此有必要将各个时刻(即曲线中的各点)的关联系数集中为一个值,即求其平均值,作为比较数列与参考数列间关联程度的数量表示。关联度 r_i 公式(4.15)如下:

$$r_i = \frac{1}{n}\sum_{k=1}^{n} \xi_i(k) \quad (k=1,2,\cdots,n) \tag{4.15}$$

(5)关联度排序

关联度按大小排序,如果 $r_1 < r_2$,则参考数列 y 与比较数列 x_2 更相似。在算出 $X_i(k)$ 序列与 $Y(k)$ 序列的关联系数后,计算各类关联系数的平均值,平均值 r_i 就称为 $Y(k)$ 与 $X_i(k)$ 的关联度。

4.4　海南主要热带果树气象灾害风险评价(以寒害为例)

气象灾害风险是社会若干年内可能达到的气象灾害风险程度,即气象灾害的概率或超越某一概率的气象灾害最大等级可能发生的风险。

设 X 为气象灾害指标,T 年内关于 X 的超越概率分布定义如下:

$$X = \{x_1, x_2, \cdots, x_n\} \tag{4.16}$$

设超越 x_2 的概率 $P(X \geqslant X_i)$ 为 p_i,$i = 1, 2, \cdots, n$,则概率分布为:

$$P = \{p_1, p_2, \cdots, p_n\} \tag{4.17}$$

称为气象灾害风险概率分布。基于此,气象灾害风险区划无论是科学性还是实用性只能是致灾临界气象条件概率的地理分布或超越某一概率的致灾临界气象条件最大等级的地理分布及其可能发生的风险。

由于致灾因子造成灾害损失不仅致灾因子的强度有关,而且与承灾体的易损性有关,因此承灾体的物理暴露和脆弱性也影响着气象灾害损失的程度(即风险)。与此同时,人类防灾减灾能力的提升也在一定程度上减少了灾害损失。因此在致灾因子分析工作的基础上,需要进一步考虑气象灾害对承灾体的综合影响。因此,在 T 年一遇的气象灾害 $H(T)$ 的作用下,第 i 类承灾体的风险为:

$$R_{d,i} = \{E_{d,i} \cdot V_{d,i} \cdot [a_i + (1 - a_i)(1 - C_{d,i})]\} \mid H(T) \tag{4.18}$$

上式的物理意义是在 T 年一遇的气象灾害 $H(T)$ 的作用下,第 i 类承灾体的可能损失(即风险)。$E_{d,i}$ 为第 i 种承灾体暴露在 $H(T)$ 中的数量和价值量,$V_{d,i}$ 是第 i 种承灾体的脆弱性,$C_{d,i}$ 为人类社会对第 i 种承灾体的防灾减灾能力,a_i 为第 i 种承灾体不可防御的灾害。

依据自然灾害风险分析理论,灾害风险一般由致灾因子危险性、孕灾环境敏感性和承灾体易损性共同形成的,同时,防灾减灾能力也是制约和影响自然灾害分析的因素之一。本节以寒害为例,基于该理论,构建如下香蕉寒害风险指数计算模型:

$$FDRI = V_H{}^{wh} V_S{}^{ws} V_V{}^{wv} (1 - VR)^{wr} \tag{4.19}$$

式中,$FDRI$ 为香蕉寒害风险指数;V_H、V_S、V_V、V_R 分别为致灾因子危险性、孕灾环境敏感性、香蕉易损性、防寒抗灾能力各评价因子指数,wh、ws、wv、wr 分别为各评价因子的权重,权重的大小依据各因子对寒害的影响程度大小,由专家打分法确定。

采用线性滑动平均、回归分析、信息扩散等方法,构建香蕉的理论收获面积模型和气象灾害指数,实现了寒害与其他气象灾害减产率的分离,并建立产量风险评价模型,结合地区间荔枝种植规模风险的差异,对海南荔枝寒害综合风险进行区划。

4.4.1　香蕉气象灾害风险评价

香蕉寒害的致灾因子危险性、孕灾环境敏感性、香蕉易损性、防寒抗灾能力 4 个评价因子又包含若干个指标,为了消除各指标的量纲和数量级的差异,对每一个指标进行归一化处理。各指标归一化公式(防寒抗灾指数不加 0.5):

$$D_{ij} = 0.5 + 0.5 \times \frac{A_{ij} - A_{\text{mini}}}{A_{\text{maxi}} - A_{\text{mini}}} \tag{4.20}$$

式中,D_{ij} 是 j 区第 i 个指标的规范化值,A_{ij} 是 j 区第 i 个指标值,A_{mini} 和 A_{maxi} 分别是第 i 个指

标值中的最小值和最大值。

致灾因子危险性指数计算采用加权综合评价法：

$$V_j = \sum_{i=1}^{n} W_i D_{ij} \qquad (4.21)$$

式中，V_j 是评价因子指数；j 是评价因子个数；D_{ij} 是对于因子 j 的指标 i 的归一化值，由式 (4.20) 计算得到；n 是评价指标个数；W_i 是指标 i 的权重。

(1)致灾因子危险性区划

致灾因子危险性表示引起香蕉寒害的致灾因子强度及概率特征，是香蕉寒害产生的先决条件。本节采用的香蕉寒害致灾因子的危险强度指数是我国气象行业标准《香蕉、荔枝寒害等级》定义的综合寒害指数，它是最大降温幅度、极端最低气温、日最低气温≤5.0 ℃的持续日数和日最低气温≤5.0 ℃的积寒的加权综合，其权重系数由主成分分析法确定。之后将全省的危险强度指数按降序排列，采用百分位数法，将其划分成 5 个等级(60%～80%、80%～90%、90%～95%、95%～98%、≥98%，对应的等级分别为 1、2、3、4、5 级)，并统计各市县不同寒害等级的发生频次。根据香蕉寒害强度等级越高，对寒害形成所起的作用越大的原则，1～5 级的权重系数分别为 1/15、2/15、3/15、4/15、5/15。最后计算各站点的致灾因子危险性指数，即不同等级寒害强度权重与不同等级寒害强度发生的频次归一化后的乘积之和，并利用 ARCGIS 中的克里金插值法将其插值到全岛范围内的 1000 m×1000 m 网格点上，自然断点分级(以下等级划分方法类同)将致灾因子危险性指数按 5 个等级划分，得到海南岛香蕉寒害致灾因子危险性区划结果(见图 4.1)。

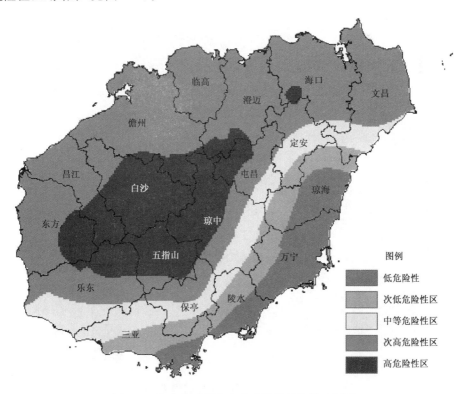

图 4.1　海南岛香蕉寒害致灾因子危险性区划图

从图中可看出,海南岛香蕉寒害致灾因子高危险性区主要位于中部地区,包括五指山市和白沙县的大部分地区,昌江县、东方市、儋州市东南角,乐东县东北角,琼中县和屯昌县西部,澄迈西南角等区域;次高危险性区主要为北部和西部地区,包括文昌市、海口市、澄迈县、临高县、儋州市、昌江县、东方市的大部分地区及定安县、屯昌县、琼中县、保亭县、乐东县和白沙县的部分地区;中等至低危险性区主要位于东部和南部地区,包括琼海市、万宁市、陵水县和三亚市及其相邻市县的部分地区。通过查阅历史灾情,发现致灾因子危险性区划评估结果与海南岛寒害实际发生情况基本一致,次高以上危险性区均为寒害的高发区,而次低以下危险性区均为低发区。出现上述分布情形与海南岛地形关系较大,海南岛四周低平,中部高耸,中部存在五指山(海拔 1876 m)和海拔 1500 m 以上的 6 座山峰。冷空气到达中部时,由于山区的屏障作用,影响天气系统的运动,阻滞南北、东西气流的交换和水汽的流通,使海南岛形成较明显的气候差异,北部西部气温低于南部和东部。

(2)孕灾环境敏感性区划

孕灾环境指孕育香蕉寒害的自然环境。研究表明影响气温分布与变化的因素主要包括:宏观地理条件、测点海拔高度、地形(坡向、坡度、地形遮蔽度等)、下垫面性质等。结合海南岛实际情况,选取海拔高度作为香蕉寒害孕灾环境敏感性指标。对 DEM 数据按式(4.1)进行归一化处理,然后自然断点分级得到海南岛香蕉寒害孕灾环境敏感性区划图(见图 4.2)。可看出,海南岛香蕉寒害孕灾环境高、次高敏感性区主要位于海南岛中部五指山山脉、鹦哥岭山脉和雅加大岭山脉高海拔区域。以其为核心,孕灾环境敏感性等级向外逐渐降低。

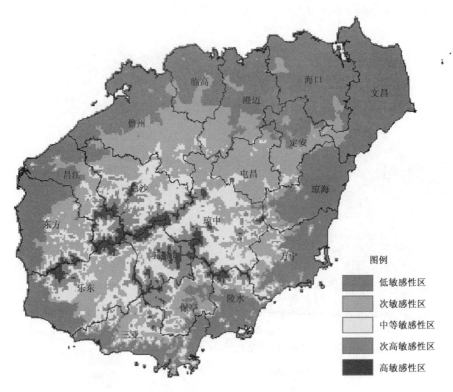

图 4.2　海南岛香蕉寒害孕灾环境敏感性区划图

(3)香蕉易损性区划

香蕉易损性表示香蕉易于遭受低温威胁和损失的性质和状态。研究表明香蕉易损性与种植密度关系密切。香蕉密度越高,抗御寒害的能力越差,易损性愈高,风险也越大。因此选取香蕉种植比例作为香蕉易损性指数:

$$V_V = \frac{S_1}{S_2} \tag{4.22}$$

式中,S_1 为某地香蕉种植面积,S_2 为耕地总面积。

利用海南岛 1988—2010 年各市县耕地面积和香蕉种植面积计算得到各地香蕉易损性指数,归一化后划分等级得到海南岛香蕉易损性区划图(见图 4.3)。可看出海南岛香蕉寒害易损性高值区主要位于西南部,其中乐东县和五指山市香蕉种植比例最高,寒害易损性最强。三亚市和东方市种植比例次高,寒害易损性次强。易损性中值区包括琼中县、昌江县、临高县和澄迈县。其余地区香蕉种植比例次低和低,为次低和低易损性区。

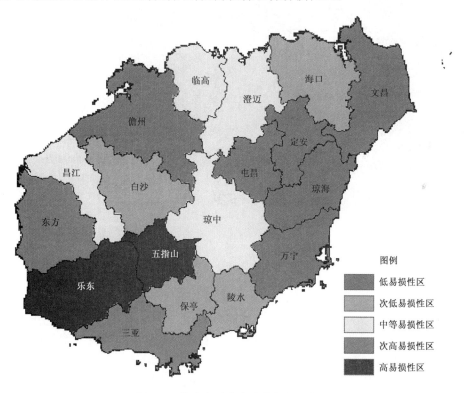

图 4.3　海南岛香蕉寒害易损性区划图

(4)防寒抗灾能力

要准确计算香蕉对寒害的防御能力比较困难,但一般情况下,经济愈发达,生产水平愈高的地区,香蕉栽培管理的水平也越高,抗灾能力也越强。以香蕉实际产量与最高产量的比值表示防寒抗灾能力:

$$V_R = \frac{Y}{Y_{max}} \tag{4.23}$$

式中,Y 为各市县 1988—2010 年平均产量(kg/hm²),Y_{max} 为 1988—2010 全省最高产量(kg/hm²)。

　　根据式(4.23)得到海南岛各市县香蕉寒害防寒抗灾能力指数,归一化后划分等级得到海南岛香蕉防寒抗灾能力区划图(见图4.4)。可看出海南岛三亚市、乐东县和澄迈县香蕉产量最高,为寒害高防寒抗灾能力区;东方市、昌江县、儋州市、海口市和琼海市产量次高,为次高防寒抗灾能力区;临高县、文昌市、定安县和陵水县产量中等,为中等防寒抗灾能力区;其余地区产量次低和低,为次低和低防寒抗灾能力区。

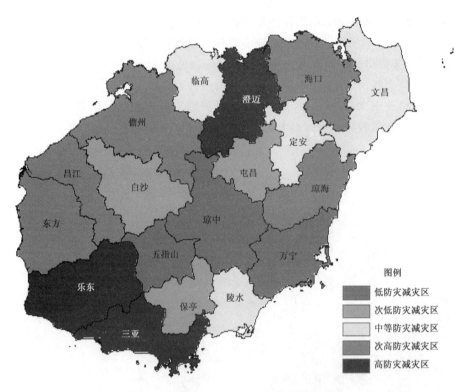

图例

- 低防灾减灾区
- 次低防灾减灾区
- 中等防灾减灾区
- 次高防灾减灾区
- 高防灾减灾区

图4.4　海南岛香蕉防寒抗灾能力区划图

(5)综合风险区划

　　经征求有关专家意见,对式(4.19)中4个因子分别取0.4、0.3、0.2、0.1的权重系数,按该式计算得到香蕉寒害风险指数,分级后得到海南岛香蕉寒害综合风险区划图(见图4.5)。可看出海南岛香蕉寒害综合高和次高风险区主要位于中部。其中高风险区主要为五指山市,该区为寒害高发区,海拔高,孕灾环境敏感性高,香蕉种植比例高,易损性强,产量低,防寒抗灾能力弱;次高风险区主要包括白沙市、琼中县大部分地区,东方市、昌江县东南角,乐东县、保亭县北部,屯昌县西部,该区总体上为寒害高发区,海拔较高,孕灾环境敏感性较高,香蕉种植比例和产量水平较高,易损性和防寒抗灾能力较强。次低和低风险区主要位于海南岛东部和南部地区,包括琼海至三亚沿海一带市县,该区几乎不发生寒害,海拔低,孕灾环境敏感性低,产量水平较高,防寒抗灾能力较强,但因有台风登陆,香蕉种植比例较低。其余地区为中等风险区,主要为海南岛北部和西部、南部部分地区,该区寒害发生频率较高,海拔较低,孕灾环境敏感性较低,香蕉种植比例中等,产量水平较高。

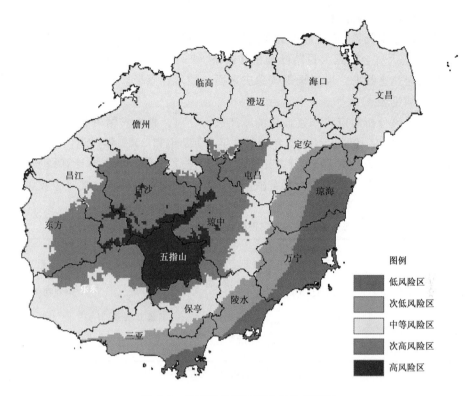

图 4.5　海南岛香蕉寒综合风险区划图

4.4.2　荔枝气象灾害风险评价

（1）荔枝减产序列的构建

相关研究表明，相邻两年作物单产的波动主要由气象条件的差异引起，是实际单产相对于趋势单产的偏离。作物单产为总产量除以当年可以收获的面积，即理论收获面积。一年生作物的种植面积即为当年可收获面积，而多年生作物的种植面积要大于当年可收获面积，因此不能用于实际单产的计算。荔枝是多年生果树，由定植到收获一般需要 4 年时间，因此每年的理论收获面积小于种植面积，且当生产期间遇到气象灾害时实际收获面积也会小于理论收获面积，所以，为了构建荔枝减产率序列，首先应对理论收获面积进行估算，并依据理论收获面积计算历年的实际单产 y（单位：kg/hm²）：

$$y = Y/A \tag{4.24}$$

式中，Y 为荔枝实际年总产量（单位：kg）；A 为理论收获面积（单位：hm²）。

理论收获面积与种植面积有关而与气象灾害无关。一般，相同种植面积下实际收获面积相对于理论收获面积的偏离与气象灾害的强度有关，因此，通过建立种植面积与实际收获面积的空间关系，提取其空间分布的边界方程，即可得到不同种植面积对应的理论收获面积。

采用线性滑动平均法计算趋势单产，以 10 年为滑动步长分离各市（县）的荔枝趋势单产，并计算相对气象产量：

$$P = (y - y_t)/y_t \times 100\% \tag{4.25}$$

式中，y_t 为趋势单产（单位：kg/hm²）；P 为相对气象产量（单位：%），$P < 0$ 表示减产。

（2）荔枝寒害减产率的分离

海南气象灾害发生频繁，尤其常年遭受热带气旋的侵袭，6 级以上大风会导致荔枝大量落果和折枝，9 级以上大风会导致大量落叶和扭伤枝条。2—5 月荔枝开花、坐果期还可能遭遇干旱、低温冷害、高温热害和非台风暴雨等气象灾害而导致落花落果。荔枝各生育期可能遇到的气象灾害及其影响见表 4.2。

在进行寒害风险分析时应将寒害造成的减产进行分离。根据灾情资料筛选发生寒害的年份，研究期海南寒害年为 1990 年、1995 年、1996 年、2005 年和 2008 年，以各市（县）非寒害年气象数据及其减产率作为数据源，进行多元回归分析，建立非寒害减产率计算模型，某年总减产率与该年非寒害减产率的差值即为寒害减产率。海南除寒害以外的主要气象灾害发生时段及其评价指标见表 4.2。

表 4.2　海南省主要气象灾害的气象指标及其对荔枝的影响期

	热带气旋	暴雨	干旱	低温冷害	高温
时段	6—11 月	3—5 月	2—10 月	3—4 月	3—5 月
生育期	营养生长期	开花期；坐果期	开花期；营养生长期	开花期	开花期；坐果期
气象指标	最大风速，总降水量，日最大降水量	总降水量，暴雨强度	CI 指数	日最低气温；日平均气温低于 18 ℃ 的日数	日最高气温；日平均气温高于 27 ℃ 的日数

注：CI 指数（综合气象干旱指数）以月为单位进行统计，其他指数均以灾害过程为单位计算。

相应的灾害指数采用主成分分析法和层次分析法进行计算。

热带气旋灾害指数 D_{tc}：

$$D_{tc} = a_1 \sum_{i=1}^{n} V_{mi}^2 + a_2 \sum_{i=1}^{n} R_{ti} + a_3 \sum_{i=1}^{n} R_{mi}^2 \qquad (4.26)$$

式中，i 为气象灾害过程；V_m（单位：m/s）、R_t（单位：mm）、R_m（单位：mm）分别代表单次热带气旋过程的最大风速、累积雨量和日最大雨量；a_1、a_2、a_3 为系数，$a_1 = 0.4595$，$a_2 = 0.6154$，$a_3 = 0.6404$。

暴雨灾害指数 D_s：

$$D_s = a_1 \sum_{i=1}^{n} R_{ti} + a_2 \sum_{i=1}^{n} R_{smi}^2 \qquad (4.27)$$

式中，R_t（单位：mm）、R_{sm}（单位：mm/d）分别为单次暴雨过程的累积雨量和单日最大雨量，$a_1 = 0.5392$，$a_2 = 0.4608$。

干旱灾害指数 D_d：

$$D_d = a_1 \sum_{i=1}^{n} CI_1 + a_2 \sum_{i=1}^{n} CI_2 + a_3 \sum_{i=1}^{n} CI_3 + a_4 \sum_{i=1}^{n} CI_4 \qquad (4.28)$$

式中，CI_1、CI_2、CI_3、CI_4 分别对应综合气象干旱等级中的轻旱、中旱、重旱和特旱，$a_1 = 0.0905$，$a_2 = 0.1253$，$a_3 = 0.2446$，$a_4 = 0.5396$。

低温冷害指数 D_c：

$$D_c = \sum_{i=1}^{n} (a_1 t_{ci} + a_2 n_{ci}) \qquad (4.29)$$

式中，t_c 为日最低气温（单位：℃），n_c 为日平均气温低于 18 ℃ 的日数（单位：d），$a_1 = 0.6426$，

$a_2 = 0.3574$。

高温热害指数 D_h：

$$D_h = \sum_{i=1}^{n}(a_1 t_{hi} + a_2 n_{hi}) \tag{4.30}$$

式中，t_h 为日最高气温（单位：℃），n_h 为日平均气温高于 27 ℃ 的日数（单位：d），$a_1 = 0.5844$，$a_2 = 0.4156$。

（3）荔枝产量风险计算

荔枝的产量风险是以产量波动性的大小来表征寒害的严重程度，具体表现在变化的幅度和频率上，是寒害减产强度与其发生概率的函数。以往对于灾害强度的研究多基于相关的气象因子，而较少以产量的变化来表现。本文通过统计全部市县的寒害减产率序列，依等距离划分为 5 级，作为荔枝寒害的减产等级（表 4.3），以各等级的平均减产率作为寒害减产强度，并计算相应产量风险 H_i：

$$H_i = \sum_{k=1}^{5}(P_{cki} \cdot p_{ki}) \tag{4.31}$$

式中，P_c 为寒害减产强度（单位：%），k 为寒害减产等级，p_k 为不同等级寒害减产强度发生的概率，采用信息扩散方法计算，i 代表某市县。

表 4.3　海南荔枝寒害的减产等级

	1 级	2 级	3 级	4 级	5 级
减产率 R（%）	<10	10~20	20~30	30~40	≥40

（4）荔枝寒害综合风险计算

荔枝寒害综合风险不仅与自身受寒害影响造成的产量波动有关，还与其在当地的种植规模有关，即与其种植面积占该市县农作物总种植面积的比例有关。种植规模体现了作物本身对当地经济的重要性，在产量风险相同的条件下，种植规模越大，其对该地农业经济的贡献也越大，对产业的影响要高于规模小的市县，其寒害风险更高。因此寒害综合风险应为产量风险与种植规模风险的乘积：

$$R_i = H_i \times A_{di} \tag{4.32}$$

$$A_{di} = \frac{A_{pi}}{A_{si}} \tag{4.33}$$

式中，R 为寒害综合风险，H 为产量风险，A_p 为荔枝种植面积（单位：hm^2），A_s 为市县农作物播种面积（单位：hm^2），i 为某市县。

荔枝寒害的产量风险、种植规模风险和综合风险的区划均采用自然断点法。

（5）海南荔枝寒害减产率序列构建

利用海南各市县 1990—2010 年荔枝种植面积和收获面积散点图，构建收获面积相对种植面积分布的特征空间，其结果见图 4.6。图中散点分布的上边界代表了收获面积的最大值，即理论收获面积。应用 MATLAB 拟合其边界方程：

$$A_{ai} = \frac{A_{pi}}{3.519 \times 10^{-4} A_{pi} + 0.7074} \quad (P < 0.01) \tag{4.34}$$

式中，A_a 为荔枝的理论收获面积（单位：hm^2），A_p 为实际种植面积（单位：hm^2），i 为某市（县）。

计算时，如果某种植面积对应的实际收获面积中的最大值低于拟合值，则理论收获面积等于拟合值；相反，则理论收获面积等于最大的实际收获面积。

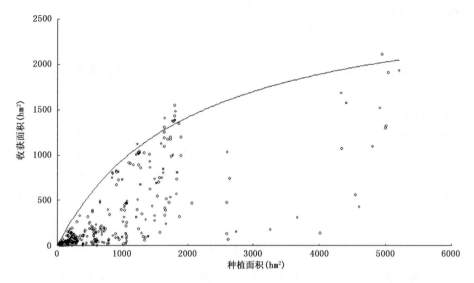

图 4.6　荔枝的理论收获面积拟合图

　　由理论收获面积和实际总产量求得实际单产，采用线性滑动平均法计算各市县的趋势单产，应用式(4.25)得到荔枝总减产率序列。荔枝寒害减产率的分离是以获得的总减产率序列为基础，依式(4.26)~(4.30)统计非寒害年各影响时段的气象数据，得到各市县的减产率与非寒害气象灾害指数的多元回归方程，进而得到各市县的非寒害减产率。由总减产率和非寒害减产率相减得到各市县的荔枝寒害减产率序列。对照表 4.3 的荔枝寒害等级计算得到各级别的平均减产率(见表 4.4)。

表 4.4　海南荔枝各寒害等级的平均减产率(%)

市县	1 级	2 级	3 级	4 级	5 级
海口	5.00	12.49	25.00	35.00	70.00
三亚	5.00	15.00	25.00	35.00	70.00
五指山	7.66	12.69	25.00	35.00	70.00
文昌	5.01	15.00	25.00	35.00	70.00
琼海	1.86	15.00	25.00	35.00	70.00
万宁	5.00	15.00	25.00	35.00	70.00
定安	6.79	15.00	25.00	31.18	70.00
屯昌	7.03	16.98	25.00	35.00	70.00
澄迈	8.89	15.00	20.67	31.25	70.00
临高	8.01	17.60	25.00	35.00	70.00
儋州	0.91	12.65	25.00	35.00	70.00
东方	—	—	—	—	—
乐东	5.00	15.00	25.00	35.00	70.00
琼中	5.00	15.00	28.65	32.71	74.25
保亭	6.42	15.00	25.00	31.73	70.00
陵水	5.00	15.00	25.00	35.00	70.00
白沙	3.29	15.00	25.00	35.00	70.00
昌江	2.13	15.93	25.00	35.00	70.00

注：—表示缺数据，下同。

(6)海南荔枝寒害产量风险区划

由于海南荔枝寒害灾情样本数量较少,难以对其概率分布函数进行合理的假设,因此采用信息扩散方法计算不同寒害减产强度的发生概率。以各市县 1990—2010 年的寒害减产率作为样本,取控制点 51 个,计算得到寒害减产的概率估计。表 4.5 是海南各市县荔枝寒害减产的概率估计,各减产率所对应的概率表示发生高于此减产率的概率,如 10% 表示发生减产10% 以上寒害的概率,相邻两个概率的差即为对应寒害等级发生的概率。可以发现,定安、澄迈、琼中和保亭发生严重减产的概率较高,减产 40% 以上的概率高于 20%;屯昌、临高和昌江主要发生减产 10%～30% 的中度寒害;而海口、白沙、五指山的寒害则主要是轻度减产,减产20% 以下寒害的概率相对较高;其他东部和南部地区多不发生寒害减产或发生概率较低。

表 4.5 基于信息扩散方法计算的海南荔枝寒害减产率概率

市县	减产率(%)				
	0	10	20	30	40
海口	1.00	0.99	0.00	0.00	0.00
三亚	0.00	0.00	0.00	0.00	0.00
五指山	1.00	0.54	0.06	0.00	0.00
文昌	0.00	0.00	0.00	0.00	0.00
琼海	0.00	0.00	0.00	0.00	0.00
万宁	0.00	0.00	0.00	0.00	0.00
定安	1.00	0.86	0.72	0.58	0.44
屯昌	1.00	0.63	0.24	0.05	0.00
澄迈	1.00	0.82	0.60	0.39	0.21
临高	1.00	0.74	0.35	0.08	0.01
儋州	1.00	0.60	0.24	0.05	0.01
东方	—	—	—	—	—
乐东	1.00	0.00	0.00	0.00	0.00
琼中	1.00	0.91	0.81	0.69	0.56
保亭	1.00	0.86	0.72	0.59	0.45
陵水	0.00	0.00	0.00	0.00	0.00
白沙	1.00	0.09	0.00	0.00	0.00
昌江	1.00	0.59	0.26	0.08	0.02

依式(4.19)计算得到海南各市县荔枝寒害的产量风险空间分布(见图 4.7)。由图可见,产量风险较高的区域主要在北部和中部,西北部相对较低,而南部、东部和西南部沿海地区则为最低。由寒潮和冷空气的活动规律看,海南岛冬季盛行东北季风,冷空气的移动路径大致呈现由东北向西南的方向,起始地点多在临高、澄迈和定安。当冷空气移动至中部山区时,遇到山体阻挡而停滞,势力减弱,并分为东、西两路,西路的冷平流中心稍强于东路,因此受冷空气影响较大的地区主要集中在中部和北部,而西部所受的影响要高于东部和南部。另外山间盆地的地形条件有利于辐射降温,山区辐射冷却期间风速和近地层湍流交换小于沿海平原,同时因四周高山冷空气容易向中心汇集,使中部市县比其他地区更易发生寒害。综合以上分析,海南寒害的产量风险空间分布与冷空气的活动规律基本一致,主要受冷空气移动路径和地形的影响。

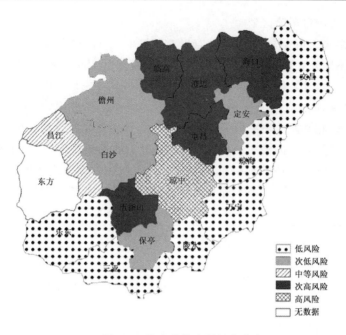

图 4.7　海南荔枝产量风险分布

(7)海南荔枝寒害综合风险区划

统计海南 2010 年荔枝种植面积,海口、儋州、澄迈、琼海、陵水、文昌等地种植较多,而西部和中部的大部分地区,南部的三亚种植较少。依式(4.19)得到海南荔枝的种植规模风险分布(见图 4.8)。由图 4.8 可见,多数市县荔枝种植规模分布与种植面积分布之间差异不大,种植荔枝比例较高的地区主要分布在中部、北部和东部,这与种植面积的分布基本一致,差异主要在五指山、儋州、保亭和文昌。西部和南部的种植比例偏低,这是因为西部的东方和乐东是以

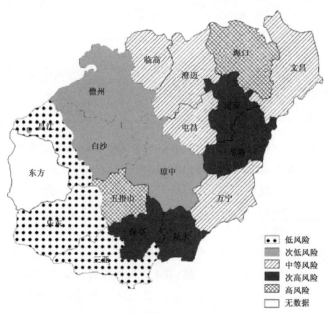

图 4.8　海南荔枝种植规模风险分布

种植香蕉为主,而三亚则以种植芒果为主。五指山和海口的种植规模最大,对产量波动也最为敏感。

从式(4.19)得到海南荔枝寒害综合风险区划图(见图 4.9)。由图 4.9 可见,海南荔枝产量受寒害影响较大的地区主要集中在中部和北部,多为中等以上风险,受地形影响,风险也呈带状分布,其中海口、琼中和五指山风险最高,澄迈风险略低,东部、西部和南部的沿海地区风险最低。从综合风险的构成上看,海口、琼中和澄迈的产量风险指数最高,产量波动性最大,而海口荔枝的种植面积比例较大,仅次于五指山,因此综合风险为全岛最高。琼中的产量风险和五指山的种植规模风险均高于其他市(县),综合风险也较高。东部市(县)荔枝的种植规模较大,但产量风险普遍偏低,导致综合风险也较低。东方、乐东的产量风险和种植规模风险均很低。

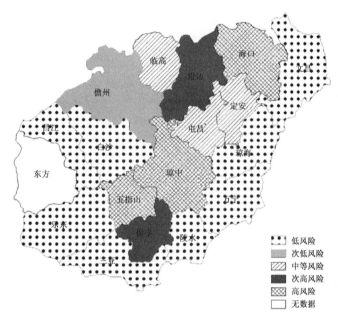

图 4.9　海南荔枝寒害综合风险区划图

4.4.3　芒果气象灾害风险评价

(1)趋势产量

对芒果的单产求算趋势产量。趋势产量是作物在正常气象条件下所形成的产量,由于农业技术水平的提升形成缓慢的增长,而气象灾害是造成作物实际产量低于趋势产量的主要原因,其降低部分称为气象产量。

$$y = Y/A \tag{4.35}$$

式中,y 为实际单产(单位:kg/hm²),Y 为实际总产量(单位:kg/hm²),A 为收获面积(单位:hm²)。

目前关于趋势产量的预报方法很多,包括气象统计预测,如线性回归、非线性回归;时间序列分析,如灰色系统模型,还有一种将遗传算法与误差反传网络结构模型相结合的方法;农业生物学方法,如根据产量构成要素估算作物单位面积产量;作物生长动力模拟,如将遥感方法与动力模拟方法相结合估算水稻产量。本节对于芒果趋势产量的计算采用直线滑动平均法。

这是一种线性回归模型与滑动平均相结合的模拟方法,它将作物产量的时间序列在某个阶段内的变化看作线性函数。随着阶段的连续滑动,直线不断变换位置,后延滑动,从而反映产量历史演变趋势变化。依次求取各阶段内的直线回归模型。而各时间点上各直线滑动回归模拟值的平均,即为其趋势产量。

$$y_i = a_i + b_i t \tag{4.36}$$

式中,$i=n-K+1$,为方程个数;K 为滑动步长,$K=10$;n 为样本序列个数;t 为时间序号。

计算每个方程在各时间节点上的值,平均得到该年代的趋势产量,依次连接各时间点,即得到趋势产量的滑动平均模拟。

使用 SPSS16.0 统计分析软件和 EXCEL 2007 计算和分析数据;使用 ARCGIS 进行数据的空间处理。

由式(4.36)计算得到 18 个市县 1990—2010 年的趋势产量。图 4.10、图 4.11 为海口、三亚的芒果趋势产量。

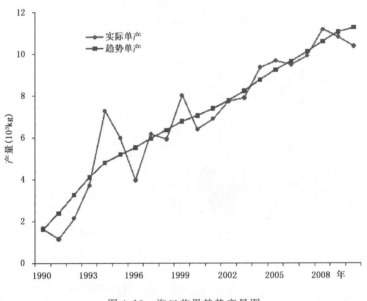

图 4.10　海口芒果趋势产量图

分析各市县的趋势产量变化,发现海口、三亚、文昌、屯昌、澄迈、儋州、乐东、陵水、白沙的趋势单产呈上升的趋势。从种植面积的变化看,三亚、乐东、陵水保持增长的趋势,海口的种植面积相对稳定,文昌、屯昌、澄迈、儋州、白沙则出现下降的趋势。这一方面说明芒果的种植随着农业技术生产水平的提高,单位面积的生产力得到显著提升,另一方面也说明芒果的生产有逐渐向自然条件好、生产潜力高的市县集中的趋势。

$$P = (y - y_t)/y_t \tag{4.37}$$

式中,P 为减产率;y_t 为趋势单产(单位:kg/hm²)。

由式(4.37)计算各市县历年的产量变化,其中 P 为负值时则为减产率。

(2)寒害减产率

上面得到的减产率 P 是由于气象灾害的影响,导致了产量偏离了正常状态时的增长趋势,即实际产量低于趋势产量。对于多数省份而言,某种作物的关键生育期多受一种气象灾害

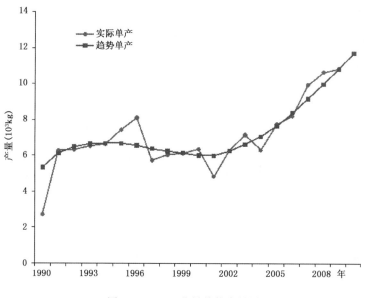

图 4.11　三亚芒果趋势产量图

影响或由一种气象灾害占主导,因此产量的降低就是由该种气象灾害所造成,但海南常年遭受热带气旋的侵袭,其破坏力巨大,即使是作物的非关键期也会带来严重的损失。芒果树虽然相对较抗风,但叶大,树冠浓密、枝繁叶茂的品种并不耐强风。6 级以上的大风会导致大量落果和折枝,9 级以上的大风会导致大量落叶和扭伤枝条,因此必须在减产率的构成中加以考虑。由于在芒果生长的关键期其他气象灾害的发生频率低,形成的损失小,可忽略不计,因此认为寒害和热带气旋同时发生的年份,减产率由二者构成,其他年份的减产由二者之一造成。

$$P = P_c + P_w \tag{4.38}$$

式中,P_c 为寒害减产率,P_w 为热带气旋灾害减产率。

　　热带气旋的致灾因子包括大风和降水,二者单独或相互作用都会形成灾害。具体到对芒果的影响,主要是大风导致减产,因此考虑建立方程,由风速推得热带气旋的减产率。与风速相关的气象因子很多,如大风强度(平均风速、最大风速、极大风速、过程平均风速)、大风持续时间等。大风强度是表征风害的合适指标,通过反复比较,最终选用了过程最大平均风速,因其可以反映整个热带气旋过程对芒果的影响。一般风速在 10 m/s 以上的大风就会对芒果产生影响,因此以这一风速值作为热带气旋致灾的临界值。而 10 m/s 以下则认为无热带气旋影响。无寒害的标准以 10 ℃ 为界限,即 10 ℃ 以上认为无寒害。以此为标准筛选有热带气旋发生、无寒害发生,同时有减产的各市县数据作为样本进行统计。采用线性回归分析风速与减产率的关系,结果见图 4.12。结果的复相关系数为 0.3553,通过 0.05 的显著性检验。统计温度和风速资料,根据上述标准,筛选两种灾害同时发生的数据,应用式(4.37)和式(4.38)计算得到对应的寒害减产率,同时统计寒害单独发生年份的数据,形成寒害减产率的完整数据序列。

$$P_w = 0.0127V_{ma} + 0.0519 \tag{4.39}$$

式中,V_{ma} 为热带气旋过程的最大平均风速。

　　(3)寒害产量风险区划

　　寒害产量风险基于产量波动即产量降低的幅度和对应发生的概率而建立,减产的幅度越

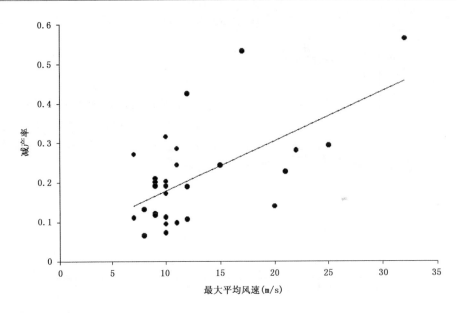

图 4.12　热带气旋减产率拟合图

大,发生减产的频率越高,则相应的产量风险越大。以减产率为分析对象,通过等级划分,并依次求取各等级发生的概率,相乘求和得到寒害的产量风险度。由于芒果没有定量的灾损等级标准,因此通过统计全省各市县发生寒害减产的样本,确定了以下的减产率等级(见表 4.6)。

表 4.6　芒果寒害减产率分级

级别	1 级轻度	2 级中度	3 级重度	4 级严重	5 级极端
减产率	<10%	10%～20%	20%～30%	30%～40%	>40%

$$H_i = \sum_{k=1}^{5} p_c \times p_k \qquad (4.40)$$

式中,i 为某市县;H 为产量风险;k 为减产率等级;p_k 为不同等级减产率发生的概率,采用信息扩散方法计算,得到 1990—2010 年不同减产等级发生的概率。

　　根据式(4.40)计算得到 18 个市县的寒害产量风险度,经由 ARCGIS 进行空间插值,以自然断点法划分风险度为 5 个等级,分别为:0～12.91、12.91～15.68、15.68～18.51、18.51～22.17 和高于 22.17。其区划的空间分布见图 4.13。如图所示,海南岛芒果寒害的产量风险由西北向东南呈逐步降低的趋势,风险度最高的地区主要集中在西部的儋州和临高,该地区地势平坦,冬季多冷空气活动,芒果花期温度低,影响花序的授粉受精,产量不稳定。白沙、昌江的部分地区也处于较高风险区,东方、乐东的风险低于前者。由于地形的作用,冬季冷空气的路径被中部山脉分为东、西两路,其中西部的冷中心稍强,致使西部地区多个市县的芒果产量受到影响,而这些地区的种植面积又相对较大,因此防御寒害的工作不能放松。南部的芒果种植以三亚和陵水为主,其产量风险相对全岛为最低,其中三亚很少受到寒害的影响。另外南部地区的芒果种植多为反季节,通过喷施药物促使生育期提前,花期避开低温时段,也保证了产量的稳定。

　　通过查阅《中国气象灾害大典·海南卷》(温克刚 等,2008)中关于寒害的记录,发现与区划结果较吻合,如 1993 年的冷空气影响了除南部外的所有地区,极端最低气温在 1.8～8.8 ℃;

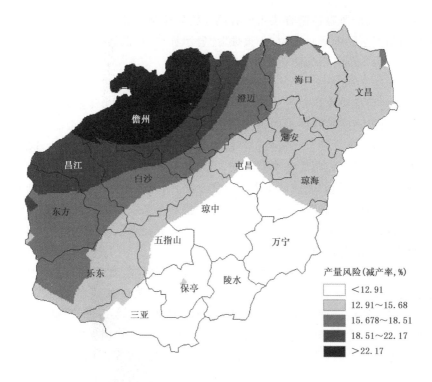

图 4.13　海南岛芒果寒害产量风险区划图

1999 年的强冷空气影响了除三亚、陵水以外的市县,临高、儋州、澄迈、文昌、乐东均出现霜冻天气,农作物受害严重。

4.5　灾害风险管理

气象灾害风险管理是通过研究气象风险发生的规律,找出风险控制技术的一门管理科学。通过对气象灾害风险实施有效的控制及对所遭受后果进行妥善的处理,达到以最经济的方式、最少的成本获得最大安全保障的目标。

经常使用的气象灾害风险管理的方法主要有两种:

(1)风险控制法

风险控制法,是指在风险成本最低的情况下,采取积极控制措施来防止甚至减少风险事故的发生,避免造成社会和经济损失的行为。风险控制的目标有两个:一是在风险事故发生之前,采取一定行动,降低风险事故发生的概率;二是在风险事故发生时和发生之后,采取一定行动,将风险事故造成的损失减少到最低。也就是说风险控制的本质是在减少损失发生的概率或损失的多少。风险控制的过程表现在三个方面:减少损失最根本的方法是着眼于损失发生的根本原因,也就是说从损失的源头入手进行控制;除了从损失根源着手之外,还应该关注减少已有的风险因素;如果在损失源和风险因素都没有控制住,造成了风险事故发生的情况下,还必须要做的一项工作,就是减少风险事故造成的损失。不过,值得注意的是,风险控制过程的所有工作都必须是在风险事故发生之前就已经完成或设计好的,即使是风险事故发生之后的减少损失的过程,也是事先周密安排好了的,同时,设计好的风险控制方法还必须经过一定的培训与演练。常用的风险控制方法主要有风险损失控制、风险分离、风险规避、风险转移等。比如,在易燃物品旁边贴上醒目的"小心火烛"的警示标志;在低层住户的窗户外安装防护栏以减少失窃的可能性;安装避雷针防止雷击等。

（2）风险财务法

风险财务法的目标是避免损失的发生。但是在很多情况下,由于经济性和现实性等原因,人们不可能对所有的风险进行准确的预测,同时,风险控制的措施也不可能解决所有的风险问题,也就是说某些风险事故发生并造成了经济损失,这种后果是不可避免的,这时就需要财务型风险方法来处理。风险控制法是事前防范,而风险财务法是在风险发生之前就做好财务安排,使得一旦损失发生就能够迅速调集资金以减少损失,为事故发生后经济活动和经济发展的正常运行提供财务基础,其着眼点在事后补偿。根据资金来源的不同,风险财务法的各类可以分为两类:风险转移和风险自留。实施风险转移方法的资金来自经济单位外部,而实施风险自留方法的资金来自经济单位内部。

气象灾害风险管理的对策是控制型风险管理。控制型风险管理对策主要通过两个方法来实现:一是通过降低气象灾害的危害度,即控制灾害发生的强度和频率,实施防灾减灾抗灾措施来降低风险;二是通过合理布局和统筹规划区域内的财产和人口,即降低区域脆弱性,包括风险回避、预防和减轻等来降低风险。这种风险管理的对策是在损失发生前,针对灾害开展各种对策,力求消除所有隐患,尽可能减少风险发生的原因,将灾害可能造成的严重后果减少到最低程度,属于"防患于未然"的方法。除了控制型风险管理,还存在另外一种风险管理对策,即财务型风险管理,财务型的风险管理是通过灾害发生之前所做的财务安排,以各种经济补偿的方式对灾害事件造成的损失予以弥补,着眼于事后补偿,包括风险的转移和自留。

风险控制对策可以降低风险水平,减少损失,而风险财务对策不能减少损失,只能改变风险分布,虽然两者灾害风险管理对策的侧重点不同,但可以将两者结合起来,相互补充。因此,二者相结合的风险管理对策不仅可以防患于未然,还可以做到事后补偿,这种综合灾害风险管理对策则是最佳灾害风险管理对策。但二者结合起来时,还要考虑优化组合的比例,要根据灾害的类型、当地社会条件、经济水平、历史背景和其他因素,确定以哪种对策为主,哪种对策为辅。综合气象灾害风险管理主要包括灾害前降低风险、灾害时的应急反应以及灾后恢复的管理对策,是一个不断改进和完善的系统循环过程,如同人们的健康保健一样,具有一个完整的生命周期。它几乎整合了所有气象灾害风险管理的对策和内容,可能达到很好的防灾减灾抗灾和应急反应效果,是一个行之有效的灾害管理模式。

对比国外先进的气象灾害风险评估与管理的方法,我国在气象灾害应急反应与救援工作决策的自动化、信息化、数字化和可视化水平等方面相对落后。为了提高气象灾害的综合管理能力,针对我国主要气象灾害的控制、研究和管理的薄弱环节,开发现代的"3S"技术手段、虚拟现实技术、灾害模拟评估技术、决策支持系统与应急反应管理技术、灾害风险评估与预警预报技术等,并结合国内外先进的研究成果以及多学科交叉的方法与理论,通过开展主要的气象灾害成灾的原理及时间、空间分布格局、随时监测预警指标、风险评估技术体系、应急反应及救灾技术等问题的研究,建立起具有中国特色的气象灾害监督预警、风险评估和应急反应管理决策支持系统。其重点内容是气象灾害风险评估指标系统、评估方法与模型的确定、基于风险评估的应急反应管理预案的制定和辅助决策支持系统的构建。本文认为气象灾害风险评估与管理的主要工作包括以下六个部分:

1）主要气象灾害成灾的原理及时间、空间分布格局

预防气象灾害的关键是认识气象灾害的成灾原理和变化规律。根据现有系统中的数据资料，进行主要气象灾害成灾原理研究；主要气象灾害时间、空间分布、发生发展规律、变化趋势的研究；基于全球性气候变化的气象灾害的早期诊断及其预测方法的研究。

2）气象灾害实时监测和快速预警研究

以遥感探测技术为核心以"3S"技术为基础，建立气象灾害实时监测和快速预警系统；在完善气象灾害预警及预报方法、深化气象灾害成灾原理及灾害评估的基础上，建立一个自动化程度高、综合性和系统性强，并可量化的气象灾害实时监测和预警技术服务体系，为生产部门和管理部门快速防灾减灾提供决策依据。

3）气象灾害影响评估与损失评估的方法与技术研究

根据现有的气象灾害的统计数据，采用灰色系统法、信息扩散技术、模型模拟、模糊数学法等数量分析方法，研究气象灾害对人类经济社会和生态环境造成的影响和损失的评估指标系统和模型方法；根据现有的气象灾害的统计数据，研究确定气象灾害损失预测的方法、灾情划分的标准和方法。基于上述研究的结果，利用现有的社会经济数据和多遥感信息建立气象灾害应急反应和灾情评估模型。

4）气象灾害风险评估方法研究

在气象灾害危险性分析、气象灾害脆弱性分析、气象灾害暴露性评估和防灾减灾能力评估的基础之上，借助虚拟技术、可视化技术、"3S"技术、计算机模拟与仿真技术、灰色系统法、灾害风险评估模型方法、模糊数学法、信息扩散技术等数量分析方法研究气象灾害评估指标系统、评估模型、基本程式，研究气象灾害风险情景可视化技术和仿真模拟技术，开发出可以进行气象灾害风险评估的软件，确定气象灾害风险灾情等级划分的标准，并绘制气象灾害风险灾情区划图系。

5）气象灾害应急反应体系及风险管理对策

利用灾害应急反应和风险管理的相关理论与方法，开展气象灾害应急反应管理能力评估指标及方法的研究、气象灾害救援力量布局的优化分析方法的研究、基于风险评估的气象灾害应急反应预案编制与防灾减灾规划制定的研究、气象灾害防灾减灾资源布局的优化分析方法的研究、气象灾害投资效益评估与最优化对策的研究、气象灾害风险决策分析方法的研究等。在研究的基础上，设计出适合我国国情的气象灾害风险与应急反应管理体制，并探讨我国实施气象灾害风险与应急反应管理的推进机制。

6）气象灾害应急反应管理决策支持系统研究

借助虚拟技术、可视化技术、网络技术、计算机技术、多媒体技术、多维空间信息及决策支持系统技术，确立气象灾害的数据库，建立基于遥感图像处理和解译的遥感数据分析处理系统。同时通过技术、数据库技术、网络技术、多媒体技术、虚拟技术的相互有机结合，达到研究结果可视化的效果，实现气象灾害风险评估与管理等信息共享的应用服务，为地方有关决策部门提供及时、丰富、准确、直观和权威的信息，并开发出可以适用于多种灾害风险评估与管理的模型，全方面、多层次地进行气象灾害风险评估与管理工作。

第 5 章　　海南热带果树关键生育期的环境调控

5.1　关键生育期对温度要求

　　温度是环境因子中最为敏感的因子,温度对果树的生长、发育以及生理活动有密切关系,也有明显的影响。果树不同生育期对温度条件都有一定的要求,都有其"三基点温度",即最低温度、最适温度以及最高温度。最适温度表现生长、发育正常,过高或不足则果树生长受到抑制或完全停止,并出现异常现象。果树的生长发育和异化过程中对温度的要求不同,光合作用最适温度为 25～30 ℃,比呼吸作用最适温度低。如果超过了最适温度,呼吸作用强度增大,消耗多则同化物质减少。昼夜温差大,夜间温度低,呼吸强度低,减少消耗,可增加营养积累。温度对果实品质有很大影响,一般适当的高温,果实含糖量高,风味浓,温度低则果实含糖量低,风味淡,品质差。昼夜温差大,果实的含糖量高,风味重,品质好。

　　低温是制约热带水果生长的一个重要因素,热带、亚热带作物遇到 10～12 ℃以下、冰点以上低温时,其生理过程明显被干扰,代谢机能受阻,逐渐出现受害的症状,最后也会死亡。对低温敏感的喜温作物来说,这种伤害又称为"低温伤害"。低温会使得花期推迟,研究指出较长期间的强烈寒潮低温,对于热带植物生长产生抑制影响,包括减少花枝的生长在内,尤其是生长季节的倒春寒天气,对荔枝的正常开花有更大的妨碍,花期推迟是显然的现象。在 1991—1992 年冬季,由于遭受到 5～10 ℃或以下较强寒潮低温的影响,1992 年的荔枝、菠萝和芒果等热带果树的开花期和成熟期,均比冬季和春季气候较为暖和的 1991 年推迟大约半个月。其次,低温还会影响果实生长发育。低于 15 ℃的寒潮低温天气,对其开花、坐果甚为不利,甚至可以造成严重的落花、落果现象。15 ℃以下低温天气还会使芒果和澳洲坚果果树产生一些无胚果实和形成一些空秕的果核。气温低至 5～10 ℃,香蕉叶枯严重,蕉果不能正常成熟,果皮上出现伤斑,并继续发展腐烂和变黑。同时,低温冷害还会诱发果实生理失调症,5～10 ℃的低温可以使香蕉果实后熟或不能正常成熟,其症状首先是果皮表面下的维管组织变黑、抑制后熟蕉果中叶绿素的降解和淀粉转化为糖等催化酶的活性,使淀粉向糖的转化减少,不能形成良好的风味和好看的颜色。在 11 月中旬—4 月采收的冬菠萝,果实内部常有黑心病症状发生,其发病率一般在 30％～40％,有时高达 70％。这种生理失调症状的产生,通常是菠萝果实在田间生长时,遭受到 21 ℃以下低温影响的结果。

　　冷温是导致热带果树产生冷害的主要因素,是限制其向更高纬度地区分布和引种的最大障碍。在冬季中寒潮低温越强,持续时间越长,则热带果树的冷害越严重。伴随寒潮低温而至的风、干、湿和阴等气候因素,能够增加低温对热带果树的危害。且不同科属的各种热带果树对同一冷温的反应表现出很大的差异,就是同一个种属中的不同种,其抗冷性也有明显不同。

例如木菠萝的抗冷性强于同属的毛叶木菠萝;大蕉强于香蕉;胖大海强于裂叶胖大海。在同一种热带果树中,例如番木瓜、芒果、油梨等等,都拥有许多抗冷性不同的栽培品种和品系。对于每一种热带果树而言,其对冷温的抵抗能力,一般都随着年龄的增长,而逐渐增强。研究指出,低温会降低面包果、菠萝蜜和莽吉柿三种经济价值较高的果树幼苗最大光合速率、增加三种保护酶(SOD,CAT 和 POD)的活性,同时使得 MDA 大量累积(郭玉华,2007)。

在全球变暖的大背景下,夏季极端高温天气的出现频率增加,而且持续时间也较长,因此,高温胁迫已经成为制约热带果树发展的主要逆境之一。在极端高温天气下往往会伴随严重的干旱胁迫,高温与干旱的叠加效应严重影响植物的生长发育过程,给农业生产带来严重威胁。花期遇高温干旱异常天气,由于空气相对湿度降低,气候干燥,果树花粉发芽和花粉管生长受到抑制。使果树的授粉受精难以进行,造成坐果率降低。幼果期温度过高会使幼果生长加快,并且使果实横径比纵径生长快,果形变扁,果形指数降低。如果幼果期干旱缺水,果实的生长就会受到严重抑制,以后即使水分充足果实也不会长得很大。果树花芽分化期,适度的高温干旱有利于果树枝条尽早停止生长,利于花芽分化。但如果此期平均气温高于 28 ℃,并且干旱严重,果树的根系吸收能力减弱,叶片的光合效率降低,果树的呼吸作用加强,营养积累减少。同时高温干旱使生长点的生长激素合成减少,抑制了细胞分裂,不利花芽分化。果实成熟前遇到高温,特别是昼夜温差小,果树的呼吸作用强,会消耗大量的光合产物,果实吸收的碳水化合物不足,不利于果实着色。高温造成树体的呼吸旺盛,果实中碳水化合物的吸收和积累减少,果实可溶性固形物减少。果实的硬度降低,不耐贮藏。高温干旱容易造成果实、叶片和树皮过度蒸发,失水严重,蒸腾作用减弱,树体温度难以调节,表面温度急剧增高,造成日灼现象,使树势严重衰弱,果品产量和质量降低。在高温干旱的情况下,叶片的光合作用降低,呼吸作用反而加强,叶片的衰老速度加快,特别是内膛叶和枝条基部的叶片,在营养和水分不足的情况下逐渐变黄脱落。由于高温干旱使果树的根系吸收能力减弱,土壤的含水量降低使可溶性离子的含量也降低,从而导致果树缺硼、铁等多种生理病害的加重。高温干旱使枝干树皮含水量显著降低,易产生日灼,导致树皮组织局部死亡,同时会使果实畸形,果肉呈现透明状,容易变干。在澳大利亚昆士兰,气温达 40 ℃以上,会出现"蒸熟"果实现象。这种果实果肉淡白,果心周围呈透明状,与果实采后冷害现象很相似,果实非常松软,严重影响加工和食用。加之高温干旱条件下树体营养积累少,消耗多,树势衰弱,极易造成腐烂病、干腐病的发生。高温干旱还造成表层根系大量死亡,如果水浇条件差或浇水不及时往往造成树体大量失水。在严重缺水的条件下受害最重的是根系,导致根系死亡,直至整个树体的死亡。

5.1.1　香蕉对温度的要求

香蕉适应于热带和亚热带的气候条件。国内外商品香蕉主要产区,大多为年平均气温>21 ℃(少数为 20 ℃左右),最冷月平均气温>12 ℃,极端低温≥−3 ℃。香蕉生长的适宜温度为 15.5～35.0 ℃,最适温度 24～32 ℃(华南农业大学,1999)。从抽蕾期到收果期,日平均气温>27 ℃为高产抽蕾期,>23 ℃为安全抽蕾期,而<23 ℃时产量、品质受到明显影响;在适宜温度条件下生长的香蕉,果指粗、长,果形好,品质优(黄朝荣,1993)。香蕉的品质还与温差有关,在温差大的气象条件下成熟的果实,淀粉和糖分含量较高,香气浓郁,品质上乘(陶忠良,2001)。

香蕉忌低温。低温危害成为制约我国南亚热带地区栽培的香蕉品质的一个重要因素。10～

12 ℃的低温,就可对香蕉植株的生长产生不良影响,果实不仅发育缓慢,而且果指瘦小或不均匀而呈畸状,蕉门窄,果肉与果皮比例失调,皮厚且硬,味淡或涩味浓。<5 ℃时,香蕉出现冷害症状,蕉株因冻害而枯萎(黄晓钰,1982)。在 -2.0~-1.5 ℃温度下 15 min ,香蕉植株和果实就会严重受害(Gilead,1957)。前人研究结果表明,在 12 ℃以下,香蕉的乳液会在果皮中凝固,从而在果实的外表皮留下一些暗褐色斑纹,极大地损害了果实的外观品质(Alvim,1984)。香蕉也忌高温。最高气温>35 ℃时,果柄、果指极易受到烈日的烧伤。果柄受灼伤后,病斑表面发黑,并呈条块状向果穗延伸,致使果轴中心腐烂,输导组织受到破坏,营养和水分运输受阻,蕉指不能饱满成熟;蕉指向阳面受灼伤后,病斑表面发黑,并向果指中心方向腐烂(曾瑞涛 等,1988)。

海南南省年平均气温均在 22 ℃以上,近 30 年年平均气温呈现出明显的上升趋势,各月平均气温也都呈增加趋势,其中倾向率 1 月最大,达 0.05 ℃/a,5、7、9 月最小,为 0.01 ℃/a。优越的热量条件决定了香蕉在海南全岛一年四季均可种植,但随着气温的显著上升,导致香蕉生长加快、生育期缩短,对香蕉果实品质、产量有不利影响。

目前,海南冬季低温对香蕉植株极少造成生理危害,夏季高温对部分地区香蕉生长造成影响。海南 12 ℃以下低温影响天数较少,对海南香蕉生产影响可以忽略不计。15 ℃以下低温影响果指大小,对在 1—3 月上市的香蕉来说 15 ℃以下低温日数的减少对香蕉外观品质的提升较为突出。低温出现时间主要集中在 1 月和 2 月。日平均气温低于 15 ℃日数最多地区为中部、西北部,平均每年有 20 d 以上,东部、北部较多,南部和西南部明显偏少。随着各地气温呈明显上升趋势,低温影响日数明显减少,对海南西南、东南等地开展春植蕉有利。但西北部地区高温影响日数呈明显增加趋势,影响香蕉营养生长,延长当地香蕉生长期。

冬季的低温严格地制约着华南地区香蕉生产的发展。因此,在冬季有低温霜冻的地区种植香蕉时应注意选择抗寒或耐寒的品种、选择适宜的生态条件、重视提高植株的健康水平、加强低温来临前的防寒栽培措施,对受害的蕉株及蕉园要及时进行善后处理。在我国香蕉各产区中,以海南省南部的香蕉产区生产出的果实质量最好。主要表现在果实长、果身肥大饱满、催熟后果皮色泽鲜黄、油光发亮、品质风味好。

5.1.2　荔枝对温度的要求

荔枝的产量和品质受温度、水分、光照、风和土壤等综合环境影响。其中,温度是影响内陆地区荔枝栽培的首要因素,它直接影响荔枝的生长、分布界限和产量,特别是年平均气温和冬季低温是限制荔枝向北缘地区发展的主要因素之一。

国内外荔枝经济栽培地域不广,主要的限制因素是温热量的影响。荔枝对温热量适应范围最大幅度是年平均气温 18~25 ℃,1 月平均气温 10~17 ℃,绝对低温不低于 -3 ℃,日均温稳定通过≥10 ℃的年积温 6500~9000 ℃·d。最适宜荔枝栽培的生态指标为年平均气温 21~23 ℃,1 月平均气温 13 ℃左右,冬季低温不低于 0 ℃,日均温稳定通过≥10 ℃的年积温 7500 ℃·d左右,雨量 1200~1800 mm,主要分布在夏秋季。整个荔枝生长和开花结果期都受到气候要素变化的影响,而且荔枝花芽分化期气象因子的影响常对荔枝的经济栽培起着决定性作用。海南岛是我国荔枝栽培区的南缘,年平均气温 23~25 ℃,最冷月均温 17~20 ℃,≥10 ℃积温 8200~9200 ℃·d。与上述最适宜于荔枝栽培的生态指标比,海南岛的气温显然是偏高的。12 月—翌年 2 月期间空气相对湿度过低,1 月气温过高,是海南部分地区荔枝经济栽培的限制因子,冬季,尤其是 1 月份,气温偏高及降水量过大是造成海南荔枝失收的重要原因(王锋,1991)。

荔枝在不同生育期对温度的要求是不同的,不同部位和器官对温度反应也有所不同。

(1)根系生长的温度条件

荔枝主要吸收根分布在 10～120 cm 土层中,水平分布范围一般比树冠大 2～3 倍,土壤温度对荔枝根系生长有很大影响。土壤温度在 10～12 ℃时,根系开始生长,我国荔枝栽培区,在根分布层 5～100 cm,一年中土温都在 10 ℃以上,因此根系没有自然休眠期,在其他条件也得到满足时,可以全年不断地生长。土壤温度 23～26 ℃时,最适宜根系生长,我国荔枝产区,5 月初开始 20 cm 深处土温达 23 ℃,6 月上旬达到 26 ℃,所以 5 月上旬至 6 月中旬这段时间根系生长最快。6 月下旬—8 月底,20 cm 深处土温在 29 ℃以上,甚至达到 32～33 ℃,由于温度过高,根系生长稍慢。10 月上中旬以后,由于气温渐降,土壤表面温度降低,深层热量上传散失,土温逐渐下降,但 20 cm 土温仍在 26.5 ℃左右,根系生长又再次增快。

(2)枝叶生长的温度条件

荔枝叶为偶数羽状复叶,嫩叶红铜色或黄绿色,老熟时深绿色,叶片寿命一般为 1～2 年。叶片是光合作用的主要器官。叶片对二氧化碳的同化作用,不仅受光的限制,而且也受温度的影响。叶片在适宜温度下,有利于加快同化作用,枝叶生长快。一般当气温在 3～12 ℃时叶片生长缓慢,气温升到 17 ℃时新叶展开,湿度 24～32 ℃时生长最快。我国荔枝栽培区,一年四季都有枝梢抽生,幼龄每年抽梢 3～5 次,结果树抽梢 1～3 次。新枝新梢的萌发是老熟枝梢的顶端继续伸长的结果,故母枝强弱直接影响新枝的生长量。荔枝的结果母枝是由去年的秋梢,也有去年的春梢、夏梢或开过花而落果的老枝梢的顶端一段枝条在条件适宜下转化形成的,每年秋梢形成好坏对次年结果影响很大。我国荔枝产区中熟品种,一般在 6—9 月萌发秋梢,由于水热条件好,生长健壮充实,在寒冷到来之前秋梢已发育良好,不怕霜冻,同时也由于气温已下降,不易再萌发一次新梢,所以这种秋梢是最好的结果母枝。在 10 月以后萌发的梢,生长未充实,一遇气温下降发生霜冻,就容易被冻伤,同时由于枝条未老熟,不能形成花芽,所以不能成为结果母枝,即使能成花,花穗也又短又弱,产量不高。

叶片在不同时期对气温反应不同。叶片幼嫩时,抗高温和低温的能力最弱,冬季气温下降到 0 ℃时,幼嫩叶片开始受冻害;气温－2 ℃时,受冻害较重,气温－3 ℃时严重受冻害。老熟健壮叶片,抗低温能力最强,气温在－2 ℃时,短期内还不会出现较重冻害,但到－4 ℃时全部叶片则会冻死。叶的生长好坏,反映植株营养状态和抗逆程度,是提高品质和产量的基础,应根据气候规律,秋梢旺长期保叶,过冬护叶,为丰产打下基础。叶片温度,在不同天气有较大变幅,在太阳辐射下,叶温高于气温;雨后新晴叶温低于气温,叶温变化主要受辐射、风速、蒸腾作用等影响。在防御高、低温中,应掌握叶温变化规律,采取相应措施。

(3)开花结果的温度条件

荔枝多数为雌雄异花,雌、雄花比例约为 1∶1～1∶9。在晴天温度适宜时雌、雄花昼夜都开放,但以上午开花最多,在夜间雌花开放比雄花开放多,当气温降至 8 ℃时雌、雄花都全部停止开放。荔枝花粉在 5 ℃以下时不萌发,10～15 ℃时仅有少数发芽,20～25 ℃为萌发最适温度,但气温过高,如达到 30～35 ℃时,花粉发芽率又显著降低。据刘星辉等(1983)研究,气温自 0～35 ℃,每隔 5 ℃一个试验,在 8 个试验中,以气温 20 ℃花粉萌发率最高,达 72.3%,次之为 25 ℃时达 59.49%,气温在 10 ℃以下花粉不萌发,35 ℃时萌发率下降到 20.0%。

我国荔枝花期最怕遇上低温和低温阴雨。荔枝开花期遇低温天气,不能授粉的雌花逐渐脱落;授粉的雌花,开花后 5~6 天也开始陆续脱落。充分授粉的雌花,在授粉后 21 天统计,处于基本晴天环境中的花穗,其落果率为 79.5%;在前期获得 9 个晴天,以后一直处于阴雨环境中的花穗,落果率达 90.3%。因为荔枝开花会消耗大量树体的营养物质,如遇上低温阴雨天气荔枝叶片的光合作用效率低,特别是可塑性碳水化合物的供应无法及时补充,难以供给全部幼果的生长发育,所以导致大量落果。

Menzel 研究(1984)认为,荔枝从坐果以后直至成熟前不断发生落果,其原因可能是:受精失败,胚的不育,内部营养状况及激素不平衡,水分胁迫,高温、干旱及强大风暴等。Menzel 等(1988)进一步研究指出:在昆士兰南部春季及初夏因高温、干旱及大风而使荔枝严重落花。我国荔枝栽培区,开花期也有高温干燥的天气现象,遇到这种天气时,雌花流蜜量大,柱头分泌黏液过浓,不利于传粉媒介昆虫活动,致使授粉受精不良,坐果率低。

荔枝果实发育中遭受日灼裂果是一个严重问题,常因高温干旱而加剧。果实在发育早期遇到高温干燥天气,则果皮发硬,缺乏弹性,灌溉后因果肉急剧发育产生压力而裂果。我国荔枝产区,在 6 月中旬以后,由于受到热带高压控制,高温干旱,最高气温达 38~41 ℃,日蒸发量在 8 mm 以上,这时荔枝中迟熟品种正处于壮果成熟期,常易发生日灼和裂果,影响品质和产量。

(4)花芽分化期的温度条件

荔枝多数品种的花芽分化是由结果母枝的顶芽或靠近顶端的腋芽转化而成。荔枝花芽分化是从营养生长转向生殖生长体内生理转化的结果,这种转化需要适宜的外界条件,主要是充足的阳光,较低的空气湿度和土壤湿度,适当的低温。其中温度起主导作用。低温有利于促进花芽分化。

华南农学院梅英俊 1956—1963 年研究指出如下几点:①荔枝发芽的出现与每年最低温度的冷锋有着密切关系。花芽出现是在冷锋过后,冷锋越早过境,花芽越早产生,冷锋温度越低,冷锋过后越早出现花芽。②冬季绝对气温越低,成花数量越多,反之则越少。③早熟种花芽分化的低温要求较高,而迟熟种则要求较低。迟熟种成花的绝对最低气温在 1.5 ℃以下,而早熟种则在 2.7 ℃以下就能成花。④冬季适当低温能促进枝梢由营养状态转变为生殖状态。冬季有些叶芽,在叶子将展开时,如遇到低温,被抑制生长,能转化成花穗(刘荣光,1994)。

经过我国多年来的研究,得出比较一致的意见,即在低温条件下,先诱导枝梢的顶芽进入休眠,以后花芽才能分化。冬季气温在 3~10 ℃时,如能持续一段时间,虽嫩叶有轻微冻伤,但很利于花芽分化,并能促进花穗分枝多,雌花比例多,是丰年之兆。反之,冬季温暖,雨水多,出现"小阳春"天气,则是歉收年之兆。一般月平均气温在 11~14 ℃利于花穗缓慢发育,月平均气温在 14 ℃以上,气温越高,时间越长,则小叶生长越迅速,消耗有机养分,使花穗发育不良。气温 18~19 ℃时仍可形成带叶的花穗,当气温升高到 20.5~24.5 ℃时,小叶生长更快,而叶腋小白点(花的原始体)消失,成花困难。

(5)越冬期的最低温度

荔枝的生长要求冬季有一段既有利于花芽分化,又不致遭受冻害的适当低温。荔枝是长寿果树,寿命可达几百年,甚至上千年,是否能越冬,是限制荔枝地理分布的主要因素。

冬季的综合气象条件和降温性质,对荔枝的耐寒性有直接的影响。在土壤水分充足的条件下,秋冬日照比较充足,光合作用强,增强于物质累积,促进组织成熟老化,可提高荔枝耐寒性,气温降到−3～−2 ℃时,短时间内尚不致冻死;反之,若阴雨连绵,光合作用弱,则会消耗荔枝树体贮存养分,加之冬梢大量抽发,这时遇寒流侵袭,即使在上述较高温度范围也会遭受严重冻害。越冬期降温比较平缓,冻害比较经。如果越冬期气温经常保持在 15 ℃以上,一旦寒潮袭击大幅度降温,气温降至 0 ℃以下,则冻害会大为加重。荔枝早熟种(如三月红)气温在 4 ℃,迟熟种在 0 ℃时,生长活动会完全停止,以后当气温上升到 8～10 ℃并经 10～15 天时,生长活动才能恢复。荔枝成龄树在完全停止活动时,一般可忍受−3 ℃的短暂低温,幼树和正在生长的成龄树,在−3 ℃时,则严重受冻害,−4 ℃时几乎全部被冻死。据福建农学院在福州调查荔枝冻害后指出,−4 ℃是荔枝的致死温度(陈尚谟 等,1988)。

(6)气温与荔枝的分布

荔枝对气温有严格的要求,在内陆地区,年平均气温 18 ℃以上,大于 10 ℃年积温 5500 ℃·d 以上,极端最低温 0 ℃左右。短期−2 ℃,花期多晴朗天气的地区可发展荔枝生产,如泸州、宜宾的低海拔地区,重庆沿长江地区,安宁河及雅砻江下游地区的米易、德昌、攀枝花、盐边,贵州赤水河沿岸的仁怀、习水、赤水等地区都可以发展荔枝生产。在部分地方,由于特殊的小区气候,虽然年均温在 18 ℃以下,仍能种植荔枝,如四川的眉山、仁寿,重庆的长寿等地。荔枝不同品种对温度也有不同要求,在内陆北缘地区应选择耐寒性强的品种,如四川的大红袍、楠木叶荔枝,其适应性强,冬季短期−1 ℃～0 ℃低温不会产生冻害,花粉在 18 ℃条件下能正常发芽,授粉受精良好。还有引进品种中的部分中晚熟品种对低温的适应性也较强,如绛纱兰、桂味(泸州)等品种。

5.1.3　菠萝对温度的要求

菠萝适宜生长的温度为 24～32 ℃,以年平均气温 24～27 ℃的地区最为适宜。菠萝根系对温度的反应比较敏感,15～16 ℃开始生长,29～31 ℃生长最旺盛,超过 35 ℃时,根生长很缓慢或停止生长,温度达到 40 ℃时,叶片和果实发生日灼病,如果在高温下遇到持续干旱,将导致植株干枯死亡。如果温度低于 5 ℃时,根的生长也会缓慢或停止生长,如果有一周持续低温就会出现寒害,1～2 ℃停留 1～2 天尚可生存,太长则严重受害。相对于其他热带草本果树(如香蕉、番木瓜),菠萝对低温及短暂霜冻有较强的忍耐力。不同的菠萝品种开花对温度的反应不同,日平均气温在 13 ℃左右时不开花,在 16 ℃时才开始开花。干旱酷热也会抑制花朵开放,或导致开花不完全。茎在 25～30 ℃时生长最活跃。叶在 6—8 月,气温 28～31 ℃,空气湿度为 80%条件下生长最快。果实成熟期的长短及品质的优劣与温度的关系也很密切。抽蕾至成熟期平均气温升高 1 ℃,成熟期天数约减少 5～8 天。若气温高,日照强,水分充足,则成熟期短品质好。所以,一般夏秋果比冬春果成熟期短,且风味好。9 月以后,气温逐渐下降,雨水减少,菠萝植株生长开始转慢。需要注意具决定性的是各月(12 月至翌年 2 月)的平均气温。美国夏威夷岛年平均气温虽然只有 22.6 ℃,但冬季月平均气温大于 20 ℃,所以适于栽培菠萝。因此在选择种植地时应着重考虑冬季的气温,如果在 12 月—翌年 2 月平均气温大于 15 ℃时就可以栽培。在建园时为了能有效地保持温度,应选向阳的南坡,北有山林之地建园。

(1)越冬期的温度条件

一般认为,冬季最低气温在 5 ℃以下时,菠萝开始受害,最低气温 1.0 ℃以下时严重受害。如 1976 年冬季,广西南宁从 12 月 26 日—翌年 1 月 20 日,连续低温阴雨天气,日平均气温均在 10 ℃以下,日平均气温最低一天为 2.4 ℃,极端最低气温 1.4 ℃,局部地方出现霜冻,南宁市郊菠萝受害面积达 92%、损失超过 650 万 kg；南宁园艺场 130 多 hm² 菲律宾品种，全部受冻害减产 60%。1955 年 1 月 10—11 日，广州温度下降到 −2.0 ℃，福建省龙溪地区温度下降到 −2.1 ℃，菠萝叶片受冻后几乎全部干枯，遭受严重损失。我国菠萝栽培区生产实践证明，不少地区产量不稳定的因素之一是冬季冻害。

由于菠萝受冬季低温霜冻影响，栽培界限受到限制。一般冬季最冷月平均气温小于 15 ℃ 的地区，菠萝冻害严重，不能达到稳产；冬季最冷月平均气温 15～18 ℃ 地区，可栽培菠萝，但要严格选择地形、地势、坡向。冬季 3 个月平均气温大于 18 ℃ 的地区，可作为越冬安全大面积发展菠萝的生产基地。但是我国现有的多数菠萝栽培区缺乏安全越冬的条件，因此，在现有菠萝栽培区，要取得稳产高产，必须严格进行小气候环境选择，加做抗寒品种培育和栽培管理。

(2) 根系生长的温度条件

菠萝的根属须根系，是由茎节上的根点直接发生，每株约有 800～1200 个根点，其根系可分为气生根和地下根，地下根 90% 以上都分布在离地面 20 cm 深度内。菠萝根系生长，随着温度高低、湿度大小和土壤状况不同，发根快慢也不同。据广西南宁园艺场观察，菲律宾品种定植后，在不同温度条件下，发根情况不同（见表 5.1）。平均气温在 25 ℃ 以上时，定植后 5～7 天，可发生新根，10 天即达到 100% 发根，平均气温在 19～20 ℃ 时，定植后 10 天，有 90% 发根；平均气温在 13.2 ℃ 时，定植后 20 天，才有 20%～30% 发根。由此可见，一年中 4—8 月高温季：定植后，发根快，是最适宜的栽植期。

表 5.1　温度对菠萝新根发生的影响

平均气温(℃)	定植发根天数	发根率(%)	发根数(条)	根长(cm)
13.2	20	20～30		
14.6～15.8	15	50		
19.8	10	90	5.6	0.29
20.8	10	100	6.5	0.825
25.0	10	100	16.6	1.88

一般菠萝根系最适宜生长的土温是 29～31 ℃，在 43 ℃ 以上和 5 ℃ 以下，根停止生长，低于 5 ℃ 维持一周时间，根即开始死亡。夏秋之间土壤表层温度有时高达 45 ℃，菠萝近地表层 (0～5 cm) 的根群常易枯死，尤其大行间根群，更易受害。我国菠萝栽培区，根系生长一般随季节而变化，每年 2 月上旬天气转暖，土壤湿润，根即开始萌发；4 月下旬至 5 月中旬陆续发根；5 月下旬至 7 月底，根的生长达到高峰；9 月秋旱，气温转低，根的生长开始缓慢；10 月以后根即逐渐停止生长；12 月至翌年 1 月，近地表的根群常因干旱低温而枯死，翌年春回暖再发新根。菠萝种植期必须考虑气候条件是否适宜根系生长。广州地区菠萝种植期有 8—9 月、4—5 月、6—7 月，以 8—9 月较多，因为此时芽苗生长充实，温度高，雨量渐少，适宜生长，且腐烂较少，翌春生长提早。广西亦多在 8—9 月秋植。3—5 月间种植是利用第二次分苗或育成的种苗，植后气温逐渐升高，雨水增多，发根也较快。

(3) 茎、叶生长的温度条件

茎和叶的生长要求有适当的温度，一般在日平均气温 26 ℃ 左右时，茎和叶生长快。当最高气温 40 ℃ 以上，最低气温 6 ℃ 以下，同化作用或异化作用过程基本停止。气温超过 40 ℃ 时，生命过程基本停止，叶片变为黄绿色；最低气温近于 6 ℃ 左右时，植株叶片逐步变为红色，特别是生长较弱的植株更为明显。在叶片基本停止生长的温度下,由于同化作用迅速减弱或停止,茎的生长也变得十分缓慢或停止。叶片生长量,受气候条件影响很大,一般在 1—2 月低温干旱,生长停止;3—4 月天气回暖,春雨来临,开始生长;7—9 月高温多湿,生长最快,每月平均生叶 4~5 片,甚至多达 7~8 片。我国菠萝部分产区多数地区 5—9 月月平均气温大都在 26 ℃以上,适宜茎、叶生长,7—8 月多在 28 ℃以上,茎、叶生长最快。在栽培上,10 月以前,促使菠萝生长壮旺,叶数多,叶片大,是保证丰收的关键。同时,在冬季和早春低温期,要做好防寒工作,尽量减少叶片冻害。

果树的生长与温度密切相关,并且温度对果树生长存在着后效作用。当温度逐渐下降或上升到其生长的下限或上限温度后不太长的时间内,原来的温度仍起作用继续生长,这就是温度的后效作用。对温度反应迟钝的果树,温度后效作用的时间就长,相反对温度反应越灵敏的果树温度的后效作用时间就越短。菠萝对温度的反应比荔枝、龙眼、香蕉等许多果树更敏感,很短时间的低温(低于生长的下限温度)或高温(高于生长的上限温度)对植株生长都会带来不良的影响。我国菠萝产区早春或晚秋日平均气温偏低常常接近植株生长的最低温度,夜间气温接近或低于下限,植株很少生长或不能生长,而主要在白天当气温高于下限时生长。这时就应采取措施提高夜间气温,以利于日夜生长。在夏季日平均气温偏高,较接近植株的最高温度,中午的太阳辐射强度很大时,气温往往接近或超上限,抑制植株生长,这时早晨和夜间的气温对茎、叶生长起着重要作用,为使中午能继续生长,应采取降温的措施。

(4)开花、结果期的温度条件

菠萝种植后 1~3 年即可开花结果,花抽蕾后开花。我国菠萝栽培区,菠萝自然抽蕾有 3 个时期:2 月初至 3 月初抽蕾为正造花;4 月末至 5 月末抽蕾为二造花;7 月初至 7 月末抽蕾为三造花或翻秋花。菠萝开花前需要经历一段相当长的花芽分化阶段。花芽分化是由营养生长转到生殖生长。这种转变需要具备一定条件,除营养条件外,还必须具有适宜的温度、水分等条件。在热带地区受温度影响较大,如南美波多黎各岛的红西班牙种,夏季夜间温度保持 22.2 ℃时,花芽不能分化,当人工降温到 16.2 ℃,接近年季的最低温度时,花芽即可分化,进而开花结果。据广西北湖园艺场观察,在自然栽培情况下,正造花的花芽分化从 12 月底开始,到 1 月底小花分化完,2 月底至 3 月初抽蕾,4 月中、下旬开花,全过程约 120 天。催花果从催花日起约第 7 天小花分化,14 天小花分化结束,30 天抽蕾,全过程约 60~70 天。低温季节(如 11 月)使整个分化过程显著推迟,所需天数比正造果还要长些,抽蕾开花后 120~180 天果实成熟。据广西菠萝协作组试验(陈尚谟 等,1988),菠萝杂交品种“4312”正造果现红期在 4 月,现红后 10 天左右花蕾自心叶中抽出,再经过 10 天即开始开花,又经过 20 天所有小花开放结束,自末花至采收大约经过 110 天左右;在末花的同时,第一个吸芽开始抽生。自现红至抽蕾≥10 ℃的积温为 126 ℃·d,现红至初花为 326 ℃·d,现红至末花为 662 ℃·d,现红至采收 150 天积温为 2702 ℃·d,现红至抽生第一个吸芽 40 天积温为 635 ℃·d。

菠萝果实发育期以日平均气温 22 ℃以上为宜,日平均气温 26 ℃左右最好,果形端正,肥大色美,质地好。如果日平均气温在 16 ℃以下则果形不正,果柄长而细,果肉酸味多,香味少,纤维多,品质差。不同品种果实发育期长短不同,需要积温也不同。果实生育期长短、品质好坏与温度有密切关系。夏季果实生育过程,高温多湿,营养充足,果实成熟所需要的时间就短些;冬季由于果实生长后期气温较低,成熟所需时间就长些。如日平均气温 26.6~29.3 ℃,相对湿度 80%左右时,从抽蕾到果实成熟需要 99~118 天;日平均气温 17.2~19.9 ℃,相对湿度 86％～87％时,则需要 156～185 天。但气温过高,在 35 ℃ 以上,太阳直射光强烈时,果实易受灼害,品质变劣。气温过低,出现霜冻,或连续低温阴雨,则心叶死烂,果实的果心变黑,果肉腐烂,严重影响商品价值。

菠萝果实生育期长短、品质好坏、体积大小,与生育期间所处季节有很大关系。

(5)菠萝叶组织培养的温度条件

在生产实践中,菠萝一般是用各种芽类进行无性繁殖的。利用叶组织繁殖良种是培养良种苗、加速种苗繁殖的一项新技术。菠萝叶组织培养要求一定的温度条件。据广西农业科学院研究(1983),3 年观察结果,在室温情况下,1 年中有利于愈伤组织的产生和分化的时间是 5 月下旬—8 月,室内温度变化在 25.0～31.3 ℃;6—7 月室温在 26.2～29.1 ℃,是最适宜的时期。其他时间叶组织虽能长出愈伤组织,但长势不旺,难分化成苗。菠萝叶组织在 25～31 ℃ 条件下离体培养,19 天后逐渐长出愈伤组织,20 天后生长旺盛(刘荣光,1980)。

5.1.4 龙眼对温度的要求

龙眼在长期系统发育中,形成了对温度条件的严格要求,然而其不同的生育期和不同的器官对温度条件要求是不同的。

(1)越冬期的温度条件

龙眼喜温忌冻,在年平均气温 20～24 ℃ 的地方生长正常。据四川资料,在年平均气温 17.5 ℃ 的地区,则生长不正常。限制龙眼生长的重要因素是冬季低温。气温在 0 ℃ 以下时常发生不同程度的冻害,其受害程度与树龄有关,气温降至 0 ℃ 时,幼苗开始受冻害;气温 0.5～4.0 ℃ 时,成龄树表现出不同程度的冻害(见表 5.2),轻者枝叶枯萎,重者整株地上部分死亡。若低温伴随长期干旱,冻害甚。福建省福州和龙溪,1955 年 1 月平均气温分别为 8.8 ℃ 和 11.3 ℃,比常年偏低 3～4 ℃,最低气温分别为 −4.0 ℃ 和 −2.0 ℃,并且连续数日重霜,龙眼严重冻害,福州地区受冻数 80% 以上,局部地方达 100%,严重的连主干部位也被冻坏。福建省的福州、莆田等地,1963 年 1 月气温低,干旱严重,加重了冻害,大树树干冻伤,严重者整株冻死。

表 5.2 龙眼冻害调查资料

年份	日期	最低气温	冻害情况
1951	1 月 14—15 日	−1.5	大树老叶微冻焦
1952	2 月 19 日	−0.6	新梢嫩叶冻焦
1954	2 月 6 日	−3.0	大树老叶冻枯如火烧
1955	1 月 11—16 日	−4.0	10 年生树主干冻死至地面
1956	1 月 9—10 日	0.5	幼苗老叶冻伤
1957	1 月 12 日	−2.0	大树顶部叶片冻焦

龙眼抗寒能力与树龄、树势强弱、栽培管理条件、不同品种以及降温情况等有关。就降温情况而言,如果入冬时气温缓慢下降,高低温振幅小,则树体水分含量小,累积营养物质多,寒冬前有充分的准备,以后即使遇较低的温度,受冻也相应可以减轻;如果入冬前后高温多雨,枝叶旺茂,细胞质浓度低,以后强寒潮来时急降温(降温幅度在 12 ℃ 以上),即使寒潮过程日平均气温和最低气温都不太低,冻害也比较严重。

龙眼受冻害,主要气象因素是最低气温。一般气温 0 ℃时幼苗受冻害,气温 −1.0～3.0 ℃的大树受冻害,4.0 ℃时严重受冻害。低温持续时间越长,冻害越严重。因此,冬季低温是龙眼生存和发展的主要障碍,这个因素也限制了龙眼的地理分布。

(2)根系生长的温度条件

龙眼根系生长依赖土壤的温度。土壤温度与气温有密切关系。土壤表层通过吸收太阳辐射增热增高温度,并以乱流、辐射和分子传导等方式与近地大气层和深度土壤进行热量交换。只有当土壤中有足够热量时,龙眼树才能较好地吸收水分以及溶解在水中的营养物质。当土温在 5.5 ℃时,根系活动及弱;土温上升到 10 ℃以上时,根随着土温上升活动加速;土温 23～28 ℃时,为生长的最适温度,根系生长最快;升至 29～30 ℃时,根系活动又变缓慢;土温达 33～34 ℃时,根系则停止生长,即 34 ℃为根系生长温度的最高点。但是,由于树龄不同,管理条件不同,在土温基本相同的情况下,根系生长也有很大差别。一般幼龄树根系生长的起点温度低于成年树,早春幼树开始发根早于成年树,且根的生长量也多于成年树。

龙眼幼苗大部分吸收根在 3～20 cm 土层,成年树多在 10～100 cm 土层。0～30 cm 土层的温度除直接影响根系生长外,还影响土壤微生物的活动,对于土壤有机物质腐烂和分解的强度以及营养物质溶解于水的强度,起着很大作用。20 cm 深层土温,随季节而变化很明显。在我国广东、福建、台湾、广西等省(自治区)龙眼产区,随着物候不同以及土壤温度等气象因子变化,一年中根系生长有 3 次明显的高峰期,第 1 次是从惊蛰至谷雨,这期间 20 cm 深层的土温为 17～22 ℃,根系生长活跃,但生长量不大;第 2 次是从立夏到夏至,这期间水热条件好,20 cm 深层土温为 24～28 ℃,根系生长最快,7—8 月 20 cm 土温超过 30 ℃,根系生长减慢;第 3 个高峰期从白露至霜降,土温渐降,20 cm 土温降至 25～28 ℃,根又进行较快地生长。据四川调查资料,四川龙眼根系生长一年中也有 3 次明显高值期,但四川早春升温慢,第 1 次高峰期推迟。

土壤温度高低影响着龙眼根系对水分和养分的吸收。在低温条件下,增加了水与原生质的黏滞性,减少了细胞质膜的透性,减少了对水分的吸收;低温还会减少对多数矿质营养的吸收。土温影响水分吸收,进而影响气孔阻力,限制了光合作用。在低温条件下,根系生长与代谢减弱,细胞激素的合成与运输受到阻碍,影响在根中合成的细胞激素往地上部分输送,不利于地上部分的生长发育。所以上壤温度不但影响根系生长,而且影响地上部分生长与品质产量。在生产实践中,根据土温变化,或通过栽培措施改善土壤温度,促进根系发展,是提高龙眼品质产量的一项技术措施。

(3)苗期的温度条件

龙眼育苗,实生、嫁接、高压等方法都可采用。对于实生苗培育,由于龙眼种子采收后容易丧失生活力,因此应随采随播。方法是,把种子用沙混合摩擦,漂洗去附着的果肉和黏液后,以 2～3 倍湿沙,含水量约 5%,混合堆积催芽,堆温以 20～25 ℃为宜,切忌超过 30 ℃,经过 2～3 天,胚芽长出约 0.5～1.0 cm 时即可播种。长到四片真叶时即可移栽假植,经 1～2 年苗高 1 m 左右时就可出圃定位或供嫁接砧木用。

龙眼幼苗喜阴性,高温时,叶子细胞的同化作用加强,同化量(特别是糖及其衍生物)也随之加强,细胞液逐渐变浓,其不透明性增加,进而同化作用按比例减少,逐渐变干,使细胞甚至整个组织死亡。当温度急骤变化,如突然升高时,会引起细胞成分的暂时变化,尽管幼苗形态或结构上的痕迹表现不明显,但都会导致幼苗难以恢复生理上的创伤。龙眼幼苗培育正是炎热的夏末秋初,地表面温度常升到 65 ℃左右,同时热雷雨的机会也比较多,易出现温度骤变,因此要注意高温及温度骤变天气危害的防御。

为培育良种,常采用嫁接方法。龙眼嫁接是选用优良品种树上健壮的枝或芽,接合到已培育成的砧木小苗的茎干上,使两者愈合成为一新植株。嫁接期要求有良好的气象条件,在日平均气温稳定上升到 12 ℃,树液流动比较旺盛的季节进行。一般 3—7 月都可以嫁接,但以 3 月中旬—5 月中旬较好,这时太阳辐射不强,蒸发量不大,空气湿度大,嫁接易于愈合。

龙眼种植季节有移植和秋植。春植一般以 2 月上旬至 4 月上旬种植成活率高,这时日平均气温在 8 ℃以上,根系开始活动,阴雨天气多,相对湿度大,蒸腾作用较弱,植后生长快。4—5 月仍能种植,但因太阳辐射强,成活率较低。秋梢是在 9—10 月,秋梢老熟后种植,此时气温渐降,季风转换,多偏北气流,天气干燥少雨,蒸腾作用强,成活率不如春植高。在种植时,还要注意抓住好天气,最好的种植天气是有数天阴天或绵绵小雨。为掌握好天气,要注意当地天气预报,当天气转冷,有阴雨天气时,就要突击种植。为减少蒸发蒸腾,应在种植时把嫩叶及老叶全部剪去,只留下中层的 1～2 片叶子,并用稻草包扎主干。也可采用泥浆栽植法,在挖好的穴内,倒入半桶水,把土搅拌成泥浆,然后将带土球的苗木放入泥浆中,复土踏实,在干旱少雨时,此法较好。栽后充分浇水,并立支架以防大风摇动。

(4)花芽分化期的温度条件

龙眼花芽分化,大致从 2 月上旬至 4 月上旬,约需两个月时间。花芽将分化时,叶片的可溶性糖明显下降,顶芽部分的淀粉迅速水解,可溶性糖急剧上升。花芽分化前,外界环境条件会影响淀粉的水解状况以及叶片同化能力、输出能力,因此,亦会影响当年花芽分化的水平。龙眼在花芽分化前,即冬季 12 月至翌年 1 月这段时间,要求有一段时间较低的温度,这种温度不至于受冻害,但又不利于营养生长,一般是指日平均气温 8～14 ℃持续一段时间,持续时间越长越好,持续时间长比出现次数多时间短更有利,这样可以诱导营养生长休眠,控制冬梢抽生,积累更多营养物质,利于促进花芽形成。如果这段时间温度不低,南风天气多,月平均气温多在 18～20 ℃,则树体进行旺盛的营养生长,冬梢抽生,消耗养分多,使花芽形成得不到应有的可溶性糖,不利于花芽形成。如果这段时间高温和低温相间,低温次数不少,但连续低温时间不长,对花芽形成仍然是不太有利。因此,从天气形成的分类看,龙眼花芽分化前一段时间,应有一两次长过程的平流型低温天气为宜。这种天气是由于在苏联的乌拉尔山阻塞高压形成,冷空气分股南下,在我国低纬度地区形成长期的阴冷天气。这样的天气,对我国南亚热带和北热带的越冬作物多数是有害的,但对龙眼花芽分化却有很大促进作用。单从这点来说,我国南亚热带地区栽培龙眼,具有气候上的优势。

龙眼花芽萌发时间,与枝梢类型、树势强弱及早春气温等有关。早春如有足够低温干燥条件,则有利于花穗形成;相反,早春气温较高,在 14.0～17.5 ℃,或高于 17.5 ℃,则不利于花穗形成,抽叶梢多,抽花穗少。3 月高温条件下,粗壮节密的二三次梢,结果母枝少有"冲梢";而一般徒长的四五次梢和细弱的夏梢弱枝,才易产生"冲梢"。"冲梢"的原因由于温度高,营养生长旺盛,结果母枝养分积累不足,顶芽花芽分化不完全,导致花芽退化为叶的原始体。

(5)开花结果的温度条件

龙眼的花型主要有雄花、雌花两种,此外还有两性花、变态花,但为数不多。龙眼单花穗不同性别花的开放时间虽不一,但整株或整个果园,雌、雄花开放是交错的。一般单株开花期 30～45 天,单穗则为 20 天以上。龙眼开花期要求温暖晴朗天气,日平均气温 20～26 ℃为宜。如果气温在 18 ℃以下，或阴雨连绵，则授粉受精过程不正常。长期阴雨，花粉吸水破裂丧失生活力，雨水还会冲散花粉和柱头上的分泌物，不利花粉发芽。因此阴雨时间越长、雨量愈大，对授粉受精愈不利。低温阴雨还限制了受粉媒介昆虫的活动，减少授粉的机会。如果高温干燥，日平均气温 28 ℃以上，最高气温 33 ℃以上，或者刮干燥西北风，相对湿度在 60% 以下，也不利于授粉受精。其不良影响主要表现在：①高温干燥，柱头上分泌物浓度大，降低花粉活动力，易使子房不孕；②高温干燥，蒸腾强度大，水分不平衡，影响受精；③结果母枝上的叶片是直接制造养分供给花穗抽生的重要营养器官，高温干燥增加呼吸消耗，引起花穗养分不足而影响受精，谢花后出现大量落果。

龙眼雌花比例虽少，但总花数多，因此坐果率比较高，一般少者 16%，高者达 40%。龙眼受精后，果实逐步发育长大，这时要求有充足的水肥供应以及较强的太阳辐射，以保证果实发育得到充足的养分，日平均气温以 23~27 ℃为宜。龙眼一般有两次明显的落果，第一次是谢花后 1 个月左右，约占总落果数 40%~70%，这次主要是由于花期气候和其他条件不良，受精不正常而引起的。第二次是果肉开始迅速生长期，此时如果肥水不足，或者长期阴雨，干旱大风，也会引起大量落果。7 月以后为果实增大最快时期，此时外界环境条件，不但影响产量，而且影响品质。随着果实迅速增长的需要，月平均气温以 25~28 ℃为宜，若距高温干旱、大风，或者营养失调、病虫危害等，还会陆续落果。

我国龙眼产区，龙眼开花期多在谷雨到小满，此时日平均气温多上升到 18 ℃以上连绵阴雨的天气大为减少，这是坐果率高的有利气候条件。但是从夏至到立秋，常出现高温干旱天气，造成不利影响。

龙眼开花结果要求一定的昼夜变温，特别是果实成熟期，昼夜温差大，白昼光合作用强，晚上呼吸作用弱，营养物质积累多，果实品质好，产量高。

（6）夏秋梢生长的温度条件

新生梢一般从已充实的技梢顶芽抽生，亦有从短截枝上的腋芽或不定芽抽出。夏梢及夏延秋梢是龙眼的主要结果母枝。夏梢一般在 6—7 月抽生，夏延秋梢一般在 8 月中旬以后抽生。这两种梢的抽生迟早和长势强弱，对次年结果有很大影响。

枝梢生长与树体温度有关，特别是叶温。据实测，在太阳辐射下叶温常高于气温，一般可高 3~5 ℃，有时甚至高出 10 ℃以上；阴天或荫蔽时叶温与气温接近；由荫蔽到强辐射，叶温可在几秒钟升高 10~20 ℃；雨后新晴，叶面水分蒸发，叶温低于气温；夜间叶温低于气温。夏梢生长期正值高温季节，雷阵雨天气多，叶温高而且变化大。这时的温度条件，除少数最高温度影响外，大多数是有利枝梢生长的，所以夏梢一般强壮。

枝梢生长，也同其他植物生长一样需要一定的昼夜变温。在月平均气温高、较接近生长的最高温度时，中午的气温往往接近或超过上限，抑制生长，这时早晨与夜间较低的气温对生长起着更重要的作用，且温度日较差越大，中午高温的不利影响越大。气温的日变化还常和其他气象要素的日变化相结合对枝梢生长发生综合影响，如白天气温较高时，往往有较强光照，利于光合作用；但有时由于白天蒸散耗水较多，发生水分供应不足。在光温综合影响下，温度日较差适当大一些，对枝梢生长是有利的，可以增加白天制造的光合产物而减少夜间的呼吸消耗。

（7）疏花疏果的温度条件

龙眼普遍存在着大小年结果的现象，大小年产量相差好几倍。大小年原因主要是开花结果与营养生长的矛盾,当年大量结果后,消耗了大量养分,不能抽发足够的结果母枝,造成次年结果大大减少。根据实践经验,进行适当的疏花疏果,调节结果与生长的矛盾,是克服大小年的一项有效措施。但疏花疏果要注意天气特点,掌握好时机。疏花穗一般在日平均气温稳定在 15 ℃以上的时期进行,大年宜迟,小年宜早,抽穗初期天气寒冷可稍早,暖和则略迟。疏果一般在芒种到夏至期间,果实已有黄豆大,基本上停止落果时进行。疏花疏果宜在阴天或晴天午后进行,这时叶温与气温相差不大,树体温度没有急升急降情况,蒸腾量小,伤口易于恢复。忌在连阴雨或早上雾天进行疏花疏果,这种天气,一则病菌易于侵入,二则叶温比气温低,不利于向花果输送光合产物。

　　龙眼喜暖、湿润,不耐低温、霜冻。年平均气温 20~22 ℃、冬季无霜冻、绝对最低气温不低于-3 ℃的地区为最适经济栽培区。但内陆地区,年平均气温在 17 ℃以上,极端最低气温为-1.3 ℃以上,无霜期长的地区,均较适宜栽培龙眼。据泸州 1960—1980 年 21 年气象资料记载显示:泸州地区热量丰富、年平均气温 17.8 ℃,最高气温为 18.8 ℃,最低气温为 17.1 ℃,有效积温 5758.4 ℃·d,最冷月(1 月)平均气温 7.4 ℃,最热月(8 月)平均气温 27.4 ℃,80％年份极端最高气温只达 38 ℃,1949 年以后仅出现过一次(1972 年 8 月 27 日)极端最高温 39.6 ℃,60％的年份极端最低温度在 0 ℃以上,无霜期长,适宜龙眼的栽培发展。但近年来温室效应的全球化,内陆地区的温度普遍有所提高,龙眼栽培范围在内陆地区的适宜区域正不断扩大。据观察记载:龙眼在 0 ℃时,幼苗受冻;-1.5 ℃时,大树老叶受冻;-4 ℃时大树严重受害。据刘星辉等(1985)用电导法测定龙眼的耐寒性,认为-3 ℃是龙眼耐低温的临界温度。但龙眼的耐寒性与品种、低温持续时间、空气湿度等有关,如优株"84-1"的耐寒性尤显突出。另外,龙眼对温度的要求,还视不同的物候期而有差异:花芽生理分化时,要求有一段时间的相对低温;抽穗期间,气温又不宜过高(8~14 ℃),若大于 18 ℃花穗则"冲梢"严重,若"冲梢"后不久气温转低,花穗又可继续发育成花穗,开花期则需要较高气温,花粉萌发需 20~25 ℃的温度为宜,温度太低对开花着果均不利。果实发育和成熟时又需较高温度,有利于提高品质。不同地区、气温、物候期,其生长量也有差异。纬度较低的南部沿海区域,其抽梢、开花、果实成熟期均比内陆高纬度地区早。

5.1.5　芒果对温度的要求

　　芒果树起源于热带,有喜温畏寒之特性。一般认为,年平均气温在 21 ℃以上,最冷月平均气温不低于 15 ℃,终年无霜的地方较适宜栽培芒果,但极端最低温低于-2 ℃的地方,不适宜种植,地势低洼,冷空气易聚集的地方,也不适宜种植。芒果树营养器官对气温适应性广,在平均气温 20~30 ℃时生长良好,18 ℃以下时生长缓慢,10 ℃以下时停止生长,当气温低于 3 ℃时幼苗受害,至 0 ℃时会严重受害,气温低至-2 ℃以下时,叶片以至侧枝会冻死,至-5 ℃时幼龄结果树的主干也会冻死。未老熟的嫩梢比老熟嫩梢更易受冻害。芒果生殖器官对温度的适应范围较小,花序对寒冷的抵抗力弱于营养器官。温度影响芒果花芽分化的数量、质量和进程,有试验结果表明:高温(白天 31 ℃,晚上 25 ℃)对营养生长有利,对芒果枝叶影响较小,在短时 40 ℃的高温条件下,对芒果枝叶无大的影响。中温(白天 25 ℃,晚上 19 ℃)干扰甚至抵消了促进开花物质的产生。低温(白天 19 ℃,晚上 13 ℃)对芒果花芽形成有促进作用,但是花芽分化速度随着温度的降低而减慢。

　　温度对芒果花期的影响主要表现在花期长短和授粉受精上。正常条件下,芒果从第一朵花开放至全穗花开完,只需 15～20 天;随着气温的降低,花期也逐渐延长至 30～35 天。紫花、桂香等品种,当第一次花遇低温,导致开花失败后,可重抽第二次花穗,甚至第三次花穗。芒果的授粉、受精只有满足一定的温度条件下才能进行,当日平均气温≥20 ℃时,能正常授粉、受精;日平均气温降至 15 ℃,授粉、受精受到影响,若持续达 7 天以上,则不能授粉、受精;当温度降至 12 ℃时,花粉不能发芽,因而也不能实现授粉、受精。

芒果花芽分化需一段时间的低温干燥天气刺激,但对低温要求不甚严格。一般来说,海南省每年寒露季节前后都有几天的秋季低温天气过程,已满足花芽分化对低温的要求,故有些年份,一些早花品种在 11—12 月便可开花,唯这些品种因花期气温低而不能坐果,即使暂时坐果,也会受后期隆冬低温影响而落果。目前推广的迟花品种,花芽分化一般在隆冬季节或隆冬之后,春暖才开花结果。温度在 10 ℃ 以上,芒果新梢及花序开始生长,当气温＜5 ℃或有凝霜时,嫩梢、花穗及幼苗会受寒(冻)害(钟思强,1992)。温福光(1988)观察玉林市的芒果发现,当极端最低气温＜1.2 ℃时,花芽、花穗被冻死(温福光,1988)。林更生(1985)研究指出:低温对芒果开花结果的不良影响有三个方面,一是增加雄花率;二是影响花药开裂,其观察发现,花药在 20 ℃以下不开裂,20 ℃以上部分开裂,25 ℃以上普遍开裂;三是影响花粉粒的萌发。观察发现,在室内培育条件下,气温＜20 ℃花粉粒不萌发,15～20 ℃萌发不良,＞20 ℃萌发一般,25 ℃以上萌发良好(林更生,1985)。

气温也影响芒果花的性别表现。当花芽进入形态分化时,气温高有利于分化成两性花,气温低有利于分化成雄花,特别是早熟品种,两性花的比率受气温高低的影响出现较大幅度的波动。气温高开花期短,从第一朵花开放到全穗开完花只需 15～20 天;相反,温度低,则需要30～35 天,甚至更长时间才能开完花。气温不但影响到芒果的开花,亦影响坐果及果实发育,花期气温在 15 ℃以下时,授粉受精会受影响,即使受精,胚的发育也不良,影响果实的膨大,变成糙皮小果或落果,经济价值下降。

芒果对低温的敏感性依品种、树龄和树体状况而不同。如在福建安溪,大果类型的吕宋芒稍遇低温阴雨,花穗就霉烂枯萎,抗逆性较差;而本地种安溪红花芒除了阴雨连绵、花期低温阴雨年份外,均有一定产量。菲律宾及印度南部品种有早开花倾向,在我国南方地区试种也表现抗逆性较差。

低温伤害程度除与低温强度有关外,还与持续时间、地势及栽培管理等有关。抽穗开花期间,天气多次冻暖交替,会导致芒果树多次抽蕾开花,树体养分消耗过多,从而降低植株对低温的抵抗力。早开的花序在冷空气容易积聚的低洼地及辐射强烈的北坡,甚至在同一颗树上的面北部,受害更重。头年结果多、采果晚、树势弱的树受害也重。

另外,芒果是虫媒花,主要传粉媒介是蝇类和蚂蚁,少数蜂类也帮助授粉。花期气温的高低,还直接影响到蝇类繁殖的速度及数量,从而影响到授粉受精。欧世金先生认为:苍蝇繁殖的最适日均温为 18～19 ℃,当日均温＜16 ℃时不繁殖,＞25 ℃时繁殖速度也很慢。1994 年右江河谷地区芒果坐果率低的另一原因是传粉媒介之一蝇类较少。

5.1.6　椰子对温度的要求

椰子是典型的热带作物,温度是影响椰子分布范围和产量高低的限制因子。椰子生长发育的最适宜温度,要求年平均气温 26～28 ℃,最低月平均气温不低于 20 ℃,日温差不超过5～7 ℃。在这样的温度条件下,椰林生长繁茂,树型较大,产果期长,产量高;果实大,椰肉厚。

年平均气温 25 ℃左右的海南岛陵水、三亚等县，产果期长达 10 个月，果实较大，质量较好，年平均气温 24 ℃以上的海南岛文昌、琼海、万宁等县的椰子生长也较旺盛，果实质量中等以上，产果期 8～9 个月；年均温 23 ℃以上的地区，树型和果实则较小，椰肉较薄，产果期仅 6～7 个月。文昌市年均温 23.4～24.4 ℃，12 月—翌年 2 月月均温常在 20 ℃以下，有时日温差超过 5～7 ℃，偶尔出现极端最低温 0.5 ℃左右，虽然低温期短暂，对椰子树没有致命伤害，但在此期间所受精的幼果基本上全部脱落，4～6 个月龄的幼果，也会产生裂果脱落或发育不良，因月平均气温、日温差和低温持续期不同，受害树为 6.2%～77.4%，果寒率为 0.2%～11.4%。月平均气温 18 ℃为影响椰子生长发育的临界温度，低于 18 ℃，日温差超过 7 ℃，且持续时间较长，不仅椰子的生长发育处于休眠状态，而且其叶、花、果会出现坏死现象，裂果、落果严重，甚至会造成有些植株死亡。

5.2　关键生育期对光照条件的要求

光，作为生物生命活动的能源，是太阳辐射能通过电磁波的形式投射到地球表面的辐射线。它不仅能够给予生态环境适宜的温度，最重要的是，光能够通过光合作用，对绿色植物起作用。它主要在光合效应、形态建成以及光的周期效应上起作用。绿色植物利用光制造自身的有机物，使其能够生存和正常的生长发育。

照射到果树叶片上的可见光，80%能够被叶片吸收，10%被叶片反射，还有包括 10%的光能够透过叶片。由于叶片不吸收绿光，因此叶片会呈现绿色，叶片会将绿光反射和透射。能够被叶片吸收的太阳辐射能，包括 85%的可见光部分和 25%红外光部分。而对于吸收的太阳辐射能，大部分用于蒸腾，约占 95%，4%被损失掉，仅有 1%被用于叶片的光合作用。光在树冠内分布特点：由外围到树冠内部，光照逐渐减弱；从树冠下部到树冠上部，光照逐渐增强。果树的叶幕形状、大小以及叶幕的层次影响着果园的受光。研究表明，对于扁形树冠和小树冠来说，其受光量大，树冠内无效光区小。果树的受光量与叶面积指数密切相关。群叶结构型叶幕能够显著提高叶面积指数，叶面积指数较大，能够有效地利用光能。

绝大多数的果树为阳性植物，对光照强度要求较高。果树对光强的反应，与果树的原产地有密切关系。热带果树相对较耐荫，如杨梅、枇杷、柑橘等；热带果树中的椰子和香蕉习惯于强光下生长结果，而菠萝是喜光植物但强光可能对其造成伤害。不同的生长生育状况，使得果树喜光程度和耐阴程度均不同。一般来说，果树树龄越大，喜光性越强；果树在营养生长期间表现为喜光，而休眠期表现为较耐阴；对于果树器官来说，营养器官比生殖器官需光量少，相应的生殖器官的生长期比营养器官的生长期需要的光多。

光照强度对果树的生长结果有着重要的影响。光照强度对于果实的产量、品质、着色好坏影响很大，基于光照强度与光合生产密切相关程度，光照强弱制约着果树光合产物有关的生长发育过程。此外光照对果树叶片、枝以及树体结构有重要的影响，光照充足条件下，叶片的表现为叶厚、颜色深、光合能力强，果实易出现短枝，果树易形成开张的树冠结构；而光照不足时，果树的徒长枝较多，表现为徒长现象。当光照出现严重不足时，叶片就会无法生存，树冠就会出现无叶区域。光照弱时的净光合产物只是晴天的 25%左右。不同的果树树种、品种以及不同叶片的生理特点，还有果树所处的不同综合生态环境或导致果树的光合补偿点以及饱和点不同。果树的单叶与群体的光合补偿点和饱和点不同，位于室内的果树与位于室外的果树也有差别,并且与果树的物候期有关。对于果树群体补偿点来说,与叶片不同在于它还包括下层更弱的光照下叶片超过光合作用的呼吸消耗,数值应比单叶高。因此,果树群体指标是作为衡量光照强度对果树生长发育的影响大小;而在研究果树树冠不同叶片光能利用率时,则可用叶片指标。此外,叶面积指数、CO_2 含量、土壤有效水分等因子也能够影响果树的光饱和点和光补偿点。光照强度能够影响果树的同化作用和果树的生长发育,进而来影响果实产量和品质。当外界通风透光较好时,果实的着色较好,糖含量以及 VC 含量较高,同时具备适宜的含水量,果实比较耐贮藏。研究发现,着色好的果实是在光照强度大于 70% 的条件下;光照强度处于40%~70% 时,果实只能部分着色;而当光照小于 40% 时,果实不着色。

太阳辐射的光谱成分和太阳辐射各波段所含能量称为光质。太阳光向外传递能量是通过辐射的形式传播的,其辐射波长范围为零到无穷大,但太阳光辐射的主要波长的范围是从 150~4000 nm,包含的能量约占太阳辐射总能量的 99%。其中最大能量波长位于 475 nm 处,并向长波和短波双方向递减。光在植物的新陈代谢、生长、发育、分布和种内、种间关系等方面直接或间接地产生影响,不但以其热效应给予一个适宜的环境温度,更重要的是,绿色植物能通过光合作用制造有机物,使它们能够在地球上生存,光的主要表现形式为光合作用、光形态建成以及光周期响应。能够对果树光合作用有益的光的波长是在 380~710 nm。包括长波波段的红光和蓝光,以及短波波段的紫外光与青光,红光能够起到促进碳水化合物合成和新梢节间伸长的作用;蓝光有助于果树蛋白质和有机酸形成;紫外光与青光对果树的节间伸长有抑制作用,同时能够促进果树芽的分化,此外还有助于花色素的合成,使果树的有色果实的外观颜色更加艳丽。对果树组织培养材料研究发现,可见光的主要作用是在形态建成的方面,同时在果树细胞的若干分化过程中起着重要作用。同时研究发现,叶绿素 a 和 b 对于红光部分的吸收带较宽,偏向于长波的方向;在蓝光部分窄,偏短波方向。红外线对果树生态的效应是热效应。土壤和空气增热的效果是其与红光部分作用的结果,同时果实体温的升高以及果树所需的热量都是红外线起的作用;此外,红外线还对果树的萌芽和生长有一定刺激作用。

光长,通常是指光照的时间长短,是以小时为单位,也可以用于光资源数量、质量的表达。强的和长时间的光照,能够对生长起到一定的抑制作用,以此间接地能够促进花芽的形成。另有研究发现,由于光能能够转化成热能,因此充足的光照条件,能够使得一些积温得不到满足的果树品种的果实表现为较高的品质和较高的成熟度。能够对果树开花的光周期现象起到决定作用的是暗期的长短。光质以 640~660 nm 的红光区中段暗期最有效,远红光则可消除红光的效应。光周期是许多果树为了适应即将到来的不利生态条件(逆境)而进行落叶、休眠的信息,特别是温带,日长缩短预示着冬天的降临。当日长缩短到一定程度,后,果树体内便相应进行一系列生理生化变化,为休眠越冬做好准备,并在短日照的诱导下完成落叶,进入休眠。短日照条件下,果树的主要表现为,新梢的伸长生长受到抑制,顶端生长停止时期提前,枝条的节数和节间长度减少,同时短日照还可诱发花芽提前进入休眠。短日照条件下,形成层活动也停止较早,原因是因为形成层的活动需要顶端生长点活动产生的 IAA 运输来刺激。光时对果树新梢生长的影响程度会因果树种类、品种而不同。长时间的光照,能够对生长起到一定的抑制作用,以此间接地能够促进花芽的形成。研究发现,与短日照相比,长日照更有利于果实的发育,包括果实的大小、形状、色泽,以及果实的内含物较短日照含量较高。短日照能够诱发果树落叶和进入休眠;长日照则可解除果树休眠,促进营养生长,但长日照对果树的不同休眠状态的反应不同,一般表现为夏季休眠比冬季休眠更容易被长日照解除。

5.2.1　香蕉关键生育期对光照的要求

香蕉属喜光植物,整个生育期需要充足的光照,但光照强度不宜过强。在光照强度为0.2万～1.0万 lx时,光合作用速度增加,生长迅速;达到3.0万 lx时,光合速度增加缓慢;在约8.0万 lx时达到饱和。在光照充足和高温多湿条件下,蕉果发育整齐,成熟快。在商业性蕉园中,透到地面的光合有效辐射一般为14%～18%。当透光量<10%时,植株生长就会受到阻滞,产生无商品价值的果实。在低温阴雨、光照不足条件下,香蕉所结的果实一般瘦小,欠光泽。生长过密或被林木遮蔽以及阴雨期长而造成光照不足,植株营养生长延长,结果差,果指少而低产;阳光过于猛烈也不利,特别是夏秋高温季节,受强光直射的蕉果易发生日灼,在土壤干旱的情况下更易发生。据估计,香蕉在其生长期内,有3/5以上的天数得到日光的照射,即可正常生长。香蕉从生长旺盛期开始,特别是在花芽形成期、开花期和果实成熟期,要求有较多的光照,其中以日照时数多并伴有阵雨最为适宜。蕉园适当密植,使相邻植株彼此有一定的遮蔽,对生长和结果利多弊少。

在对野生蕉的调查中看到,当光照减至全光照的50%时,对野生蕉的生长和群落并无影响,但在茂密、高大的树林中,光照减少至90%时,香蕉则难以生存。从组织培养苗的育苗过程也可看到,当密度过大时,生长快的蕉苗遮住矮小的蕉苗,则矮小苗生长停滞甚至出现死苗。这提供了香蕉适度密植的科学依据。在国内外,研究香蕉生长与光照关系的报道不多。

虽然香蕉对光照没有特殊的要求,但光照不足会影响到香蕉的生长发育,降低产量和品质。光照不仅能满足香蕉的光合作用,在冬季还能提高土壤温度和香蕉植株温度,因此,在冬季气温较低的蕉区,种植密度不要太大,以增加透光量,调节小气候环境。

近30年海南岛年平均日照时数呈现出显著的减少趋势。从各市县来看,除了白沙、琼中和东方有显著增加趋势,五指山无显著变化趋势外,其余地区普遍有显著的减少趋势,北部地区尤其显著。从季节来看,夏季、秋季日照时数变化不显著,冬季、春季则呈显明减少趋势,对海南春植香蕉果实膨大和品质有不利影响。海南年日照时数呈现出显著的减少趋势,特别是冬、春季尤其显著,对海南春植蕉果实膨大和品质有不利影响。

5.2.2　荔枝关键生育期对光照的要求

太阳能是荔枝通过光合作用制造有机物质的唯一能量来源,通常是通过光照强度、光照时间等影响荔枝的生长发育。

(1)光周期反应

在自然条件下生长的植物对光照持续时间或者昼夜长短的反应是不同的。植物对不同的白昼长短的反应,称为光周期现象。对荔枝的光周期性,至今国内外的研究不多。Nakata等研究(1966)指出:荔枝是一种中间性植物,8～16 h的日照都能正常开花。他们用桂味品种,4年生高压盆栽苗进行下述处理:①受8 h自然日照,16 h在平均温度14 ℃黑暗里;②受8 h自然日照,以后在平均温度14 ℃黑房中受8 h人工加光,其余8 h受黑暗处理;③在室外受自然温度和光照(10.8～12.1 h);④玻璃温室中人工加光,使受16 h光照,不控制温度,白天比温室外高约1.6～3.3 ℃。试验结果证明,在14 ℃冷房处理的植株,不管是受8 h光照或16 h光照,处理株全部开花,这些植株所有顶芽萌芽生长后约14天即能用肉眼看见小花,顶芽成花串8 h光照的为85%,16 h光照的为94%。以此得出结论是:低温促进花芽分化,而日照长短没有影响(陈尚谟,1988)。

(2)光照强度

荔枝为喜光果树。俗话说"当日荔枝,背日龙眼"。适宜的光照强度有利于促进荔枝的同化作用与花芽分化,增进果实色泽,提高果实品质。光强不足,则荔枝叶片薄,养分积累少,难以开花结果。

荔枝花期要求有适当的光强,一般日太阳总辐射以 $1.2 \times 10^7 \sim 1.4 \times 10^7$ J/m² 为宜。在适宜的光强下,有利于加速花药成熟和花粉散发,有利于传粉媒介的活动和授粉受精。但光强过大,日太阳总辐射量超过 1.6×10^7 J/m² 时,植株蒸腾量大,花丝容易凋萎,柱头黏液易干枯,有碍于授粉受精。幼果发育以及果实成熟,要求光强逐步增加,如果太阳辐射虽太少,光合作用差,容易引起大量落果,或果实色泽淡、香气差、糖分少,品质劣。但光强过大,日太阳总辐射量超过 2.3×10^7 J/m²,加上高温干旱,则易引起裂果。

(3)日照时数

自然日照长度与日照时效,其单位相同,都是小时,但概念上是不同的。自然日照长度是指日出至日落之间的可能日照时数,是影响光周期的因素;而日照时效是实际观测的日照时间,数量多少不能说明光周期现象。日照时数多少,对荔枝一年四季都有很大影响,大量实践证明,对花芽分化影响更大。据国外试验资料,荔枝花芽分化与日照长度无关,但与实测日照时数有很大关系。花芽分化期要求温度较低,湿度小,日照时数多。日照充足时,树体内细胞的液泡累积较高浓度的溶质,细胞液浓度提高,抑制生长素合成,而间接抑制梢的生长,增加淀粉累积,有利于诱导花芽形成;如果日照时数少,阴雨多,树体继续生长,光合产物累积差,细胞液浓度低,氨基酸含量少,抗寒能力差,也不利于花芽形成。

充足的光照是保证荔枝正常生长发育必不可少的条件。在内陆地区要注意选择年日照时数在 1200 h 以上地区发展荔枝生产。日照促进同化作用,并有促进花芽分化和增加果实色泽、风味的作用。如果在荔枝花期温度过高、光照过强,会造成空气干燥、水分蒸发量大。易使花丝凋萎、柱头干燥,导致授粉受精困难。荔枝幼果生长发育期,天气宜晴,否则日照不足会影响光合作用的进行,造成营养不良而引起落果。果实接近成熟的转色期,充足的光照,有利于荔枝的着色,提高荔枝的商品性,但较长时间的强烈光照,果实易遭受日灼伤害,影响荔枝产量、质量。

5.2.3　菠萝关键生育期对光照的要求

日照对菠萝的生长或结果都是重要的生态因子。菠萝原是生长在热带树林下半荫蔽的状态,长期人工驯化栽培以后,对光照的要求增加。充足的光照下菠萝生长良好、果实含糖量高、品质佳;光照不足则生长缓慢、果实含酸量高、品质差。光照减少 20%,产量下降 10%。菠萝喜欢漫射光而忌直射光,夏季高温强光,会使叶片变成红黄色、幼嫩花蕾和果实也易被日灼伤害,可使产量降低 3%~5%,故应采取荫蔽防晒措施。

菠萝光合作用强度在很大程度上取决于光照强度,在适当的光照下有利于提高光合作用速度,促进开花结果,增加果实糖分含量,提高品质风味。光照强度过大,易灼伤果实。在光照强度较低的情况下,光合作用强度降低,可塑性物质的积累减弱,新陈代谢作用降低,引起植株黄化现象。在栽培中适当密植或在半荫蔽环境条件下种植,以形成"自荫"环境,菠萝叶色比疏植不荫蔽的青绿。但是,过于荫蔽,或密植过大,植株徒长,果实变小。

　　菠萝忌直射强度大的光照,气温在 35 ℃以上,加以阳光直射,果实常受灼害,品质变劣。在适当的漫射光照射下,叶片光合作用强,光能利用率高,漫射光中的红、黄光,占漫射光中的 50%～60%,这部分光基本上被吸收。漫射光对菠萝叶绿素的破坏作用很小,使叶色保持青绿,保持较高的光合速度,产品质量好。为了增加漫射光,菠萝种植应注意选择地形地势,不宜在海拔太高的地方栽培。

　　在一定高度范围内,随海拔高度的升高,漫射光减少、紫外光强度增加,将抑制菠萝生育。据试验认为,在坡度为 22°的阳坡下,漫射光超过水平面的 15%;在同样的坡度,南坡漫射光比北坡多 4%。因此,同高度的南坡果实成熟期比北坡提早 7～10 天,品质色泽也较好。

　　我国菠萝产区,一般年太阳总辐射 $4.6×10^9$ J/m^2,年日照时数 1700 h 以上,日照百分率39% 左右,日照是充足的。但由于时间分布不均匀,夏季太阳入射角大,直射光强烈,造成一定灾害;春季光照少,对生育不利。

　　光照合适可增加产量,及改善品质和风味。阳光照射如果不足,叶片会变成细长,果实小,结果率降低。菠萝的正常生长和保持果实良好的品质,必须有充足的光照,但光照的强弱和多少对菠萝的产量和品质有一定的影响。菠萝只有在充分光照之下,才能增加光合效能,增进积累,生长结果才好;如日照不足,同化作用弱,积累少,则生长缓慢,果实变小,含糖分低,品质差,在浓密树荫下生长的菠萝,其果实往往酸而不香;但在果实将熟时,过强的阳光容易使果实的向阳部分发生日灼病。

　　光照对菠萝的抗逆性,特别是抗寒性有很大的影响,在越冬期间,较强的日照可以增加植株体内的碳水化合物,特别是糖分的积累,并促进幼年器官及早成熟,从而增强了菠萝的抗寒力。经验证明,种植在树荫下的菠萝,或整个冬季处于防霜覆盖棚荫蔽下的芽苗,遭受寒害的程度,有时甚至比无棚荫蔽的严重。菠萝对光照强度适应范围较广。

　　由于菠萝原产于热带地区,没有光期的感应性。据美国夏威夷的经验,每日增加或减少光照时间,对菠萝开花没有影响,增加日照、减少日照与对照植株都能在正常时期开花。

5.2.4　龙眼关键生育期对光照的要求

　　龙眼是喜阳植物,光照是龙眼进行光合作用必不可少的条件。在龙眼原产的低纬地区,太阳入射角大,辐射量多。龙眼栽培一般要求年太阳总辐射 $3.8×10^9$ J/m^2 以上。龙眼是多年生果树,基本上是周年生长,要求有充足的日照,一般要求年日照时数 1200 h、年日照百分率27% 以上。天气晴朗,光线充足,有利龙眼生长和开花结果。光照充足,枝条生长充实旺盛,病虫害少。龙眼不同生育期,对光照的要求是不同的。幼苗期光饱和点较低,光合作用较弱,对光强的要求稍低。夏季和初秋实生苗培育,日太阳总辐射高达 $1.7×10^7$ J/m^2 左右,常由于辐射过强,造成叶绿素分解而叶片估死。花芽分化期光照条件好,则花芽质量高。龙眼开花期,营养生长和生殖生长同时进行,要求有充足的日照,以利开花授粉,但太阳辐射不宜过强,过强则花粉易干枯,影响受精。如果夜雨骤冷,或连绵阴雨,也不利授粉受精。容易造成大量落花落果。开花期一般以晴朗微风天气,日太阳总辐射为 $1.5×10^7$ J/m^2 左右为宜开花期如有晴朗天气,授粉昆虫活跃,则授粉受精良好,坐果率高;开花期如遇阴雨天,昆虫传粉和授粉差,则会大大增加第 1 次生理落果的数量,会影响其坐果率。果实发育期,光饱和点升高,需要较大的光照强度和充足的日照时数,才能有较强的光合效率,制造更多的有机物质,以满足果实正常生长的需要,一般要求旬太阳总辐射 $1.8×10^8$ J/m^2 左右,若阳光充足,果实品质和产量均会提高;果实成熟期若阴雨天多,日照减少,则熟前落果严重,果实水分过多,果肉糖分不足,品质差,果实耐贮性差。在盛果初期,枝叶过密的植株,阴枝不结果,必须剪去。在光线充足的条件下,果实膨大快,产量高,品质和外观都好。果实成熟期,日照强弱和多寡,对品质有很大影响,如因日照不足则味差质劣,但遇干旱强日照,则果皮发硬,弹性降低,甚至发生日灼,在高温强光下,突然降雨或灌溉,则易发生裂果。但与荔枝相比,龙眼相对较耐阴。如遇强光照射又逢干旱,果实生长发育受阻,果实变硬,甚至产生日灼,失去商品价值。

在风的影响下,树叶不断地摆动着,形成时间间隔很短的光暗交替,称为闪光。据研究,短周期的闪光比连续光照对光合作用更为有效。龙眼多生长在热带和亚热带的季风地带,栽培地段多在丘陵山地,6～8 m/s 的阵风天气较多,短周期闪光的机会比较多,有利于光合作用对 CO_2 的同化。在我国龙眼栽培区,从春末到秋初,多为偏南气流,短周期闪光概率大,对龙眼幼苗培育、开花结果、秋梢抽生等是有利的。

5.2.5　芒果关键生育期对光照的要求

芒果喜光怕阴,充足的阳光有利于芒果幼树萌芽抽梢和展叶,提高叶片的光合作用,增加光合产物积累,从而有利于加快幼树生长,提早结果;使成年树花芽分化期提早,花芽分化质量好,数量多,亦利于授粉受精,坐果好,产量高,品质佳,外观改善。花芽分化期和花期,降水少、日温差大、日照充足,有利于树体光合作用和物质积累,有利于花芽分化和坐果。林淑增研究指出:在通风透光良好的部位,花芽分化良好,坐果早,结果多。反之,若树体过于荫蔽,通风透光不良,则开花坐果少。生产上要通过修剪来改善通风透光条件。芒果营养生长对光照的要求较高,在充足的光照条件下,生长速度快,长势好;光照不足条件下,枝叶不茂,树势纤弱,发育不良,病虫害多,光合作用差,营养积累少,花芽分化晚,开花也晚。据林淑增等(1981 年)报道,大树光照条件好的南面和光照条件差的北面,花芽分化及开花时间相差 8～12 天,抽花穗率以南面的高于北面。芒果生长发育需要充足的阳光,但是,日照长短对芒果生长发育似乎没有多大的影响,阳光的不足常出现在低温阴雨天气,特别是开花及坐果期的春天,这对开花、授粉受精很不利,甚至造成病害的发生和流行,幼果大量脱落,果皮着色也不良,但是,过强的日照会造成果实日灼及采前落果。

通常树冠的阳面或空旷环境下的单株开花多,坐果率高;枝叶过多、树冠郁闭、光照不足的芒果树开花结果少,果实外观和品质均差。可通过整形修剪,改善园内、树内的光照条件以提高产量和延长盛产期。

5.2.6　椰子对光照的要求

椰子是强光照作物,要求有充足的光照,一般认为年总光照量需要 2000 h 左右,每月要120 h,低于此数值,椰子生长不良。

海南岛平均日照时数为 1746～2661 h,西部东方市日照时数长达 2661 h,南部沿海达2400 h,北部和西部约 2000 h 左右,中部山区琼中县约 1746 h,故沿海低海拔地区日照时数均满足椰子生长需要。而日照不足的地区,种植过密或受荫蔽的植株,就不能正常生长发育,生势弱,产量很低。过于荫蔽则椰子不能抽苞结果。

5.3 关键生育期水分调控

水是果树生长健壮、高产稳产、连年丰产和长寿的重要因素。"无水不长树",要充分发挥水分对果树的良好影响,必须适时进行灌水和排水,以满足果树生长发育的需求。

植物需水包括生理需水和生态需水两个方面。生理需水是植物生命过程中的各种生理活动(如蒸腾作用、光合作用等)所需水分。生态需水是指为植物生长发育过程创造良好生长环境所需要的水分。这两方需水通常通过叶面蒸腾作用和株间蒸发实现。植物的叶面蒸腾量和株间蒸发量之和称为植物需水量。植物需水量一般用单位面积上的水量(单位:m^3/m^2)或水层深度(mm)为单位。

果树需水的规律,是合理安排灌排工作,科学调节果园水分状况,适时适量地满足果树生长所需,确保优质、高产稳产的重要依据。

农业技术措施对果园需水量也有影响。合理深耕、密植和多肥条件下,需水增多,但并不成一定比例。如当果树栽植密度成倍增大时,需水量并不成倍增加,这是因为栽植密度提高时,以单位面积计算的蒸腾强度降低了,株间蒸发也减少了。总之,果树需水特性是复杂多变的,因此,果园灌溉必须从实际出发,因气候及果园管理条件而异。

早在20世纪五六十年代,我国就对果树节水灌溉技术进行研究,主要集中在减少输水渠道的渗漏损失上。20世纪70年代至上世纪80年代初期,国内外学者开始研究果树需水规律,探讨各个生育期不同水分处理对生长发育和产量的影响,取得了显著成果;20世纪90年代以后,随着世界性水资源危机的日益突出,传统的高产丰水灌溉逐渐转向节水优产灌溉,重点研究不再是充分灌溉。其中调亏灌溉和控制性分根交替灌溉对果树节水灌溉理论研究影响最大。我国对调亏灌溉的研究起步较晚,从20世纪80年代后期才有学者研究作物水分胁迫后复水出现的生长和光合作用的补偿效应,并开始在果树上进行研究。主要从幼龄和成龄果树、乔化稀植和矮化密植果树、丫形或中心主干形果树以及果树根系的长势、土壤养分淋溶和盐分的淋洗等方面进行了调亏功效的研究,而且还结合我国国情,把调亏灌溉这一理论与技术运用于大田常采用的畦灌、波涌灌,在节水增产方而取得了显著效果。

节水灌溉是根据果树需水规律和供水条件,为了充分有效地利用自然降水和灌溉水,获取最佳经济效益、社会效益和生态效益而采取的多种措施的总称。果树节水技术通常归纳为工程节水技术、农艺节水技术、生物节水技术和节水管理技术四类。

5.3.1 香蕉关键生育期水分调控

香蕉为大型草本果树,假茎疏松,植株多汁,各器官含水量高,假茎含水量92.4%,叶鞘含91.2%,叶片含82.6%,果实含80%。香蕉每合成1 kg干物质,需要吸收水分600 kg(黄秉智,2000)。加上叶片宽大蒸腾作用强,根系浅生利用水分能力弱,性喜湿润忌干旱,因此香蕉在生长发育期对水分的需要量是很大的。

水分的最大影响可能是对生长速率和果穗大小的影响,蕉园缺水最终会延长生长周期、降低单位时间内的产量和收益。从香蕉的生理角度看,旱、涝的主要危害是:破坏香蕉细胞的原生质结构,影响一些酶的活性,妨碍正常的光合效能,使植株呼吸作用加强,体内积累的物质减少,从而影响果实的品质(易代勇,1995)。香蕉生长季内每月100 mm的降水量,才能满足生理需要；理想的年降水量是 1800～2500 mm，且分布均匀。海南降水干、湿季节分明，夏、秋季降水充足，低洼地带香蕉容易造成涝害；冬春季节降雨明显偏少，自然降水不能满足香蕉生长需求。降水量和降水日数变化趋势加剧了香蕉生产的矛盾，在生产上必须重视防旱防涝，处理好灌溉、排水需求。

(1)香蕉根系生长的水分条件

香蕉虽然需水量大，但其根部不耐浸水，如浸水时间超过 24 h，就会死根和出现叶片黄化现象；水分过多，地下水位高，不但不利于香蕉生长，还会导致空气高度潮湿，使诸如香蕉瘟等病害的传播更加严重。所以，蕉园土壤要经常保持适当的水分(Alvim et al.，1977)。月降水量低于 50 mm 即属干燥季节，香蕉因缺水而抽蕾期延长、果指短、单产低。如蕉园积水或被淹，轻者叶片发黄、易诱发叶斑病、产量大降，重者根群窒息腐烂以致植株死亡。如月降水量低于 50 mm 会造成严重缺水，如连续浸水 72～144 h，则会造成严重涝害

(2)营养生长旺盛期的水分条件

营养生长旺盛期是香蕉需水最多的时期之一。在营养生长旺盛期，若水分供应不足，则植株生长缓慢，营养器官发育不良，植株总生长量显著下降，叶部同化作用停滞，养分积累不足，对果实品质的影响较明显。据福建漳州经济作物站资料分析(曾瑞涛等，1988)，在 3～10 月生长季节，旬雨量少于 50 mm，香蕉抽叶数量、株高、茎粗生长量明显下降，多数下降 50％以上；当旬雨量<30 mm 时，香蕉每旬抽叶数和株高、茎粗生长量，只有旬雨量>100 mm 天气条件下的 1/4；当降水量连续 2 旬<30 mm 时，若无灌溉措施，则蕉叶大量从叶柄茎部下垂折断，多数叶片发生枯黄现象。

(3)花芽分化果实膨胀期的水分条件

花芽分化果实膨胀期也是香蕉需水最多的时期。在花芽分化果实膨胀期，缺水将导致蕉蕾难以抽生，或抽生后很难弯头，蕉果短小如指，即使过后下雨或灌溉也无法补救；而久旱逢雨，则会造成裂果。同时，香蕉的生殖结构有一个特殊性，其花分为雄花、退化花和雌花 3 种。只有后 2 种花能受精发育成果实，且以雌花发育的果实品质最佳；退化花的子房长度只及正常雌花的 1/3，虽也能发育成果指，但果指细小。在花芽分化期缺水，则花束和小花特别是雌性花束都会减少，致使果实的梳数和果指数明显减少。

在适宜的条件下抽出的花蕾，若随后缺水，则成熟的果穗中会出现一些明显不饱满的果实，有时一段果穗甚至整串果穗只有一梳果。一般来讲，缺水造成收获的青果耐贮性差。

(4)成熟期的水分条件

香蕉在成熟期缺水，果实发育受到影响，降低产量和品质。在开花至成熟期间，如天气持续高温高湿，则果实生长发育快，果实饱满，产量高，但由于果实成熟过快，品质不佳，果肉汁多且微带酸味。所以，香蕉虽忌旱，但在挂果后期，适度控制水分供给，创造一定的干旱环境，可减少果实含水量，增加果实风味，提高品质。香蕉的催熟需要适宜的空气相对湿度。湿度太低，难以催熟。前期湿度以 90％～95％为宜，高湿环境下后熟的果实果皮色泽鲜艳诱人；后期以 80％～85％为宜。这样的处理，可延长香蕉的货架期(黄秉智，2000)。

(5)蕉园的水分管理

我国一些山地与坡地栽培香蕉遇到的最大问题便是水分不足。尤其云南南部和广西南部地区、广东省雷州半岛西部及海南岛西南部地区，虽然热量充足，空气湿度低，病虫害少，果树生产条件十分优良，但往往因缺乏灌溉水源、灌溉设施不足而影响到香蕉的商业性栽培。灌水

时期当然首先要考虑香蕉的需水临界期,如花芽分化前 1 个月(新植蕉 16 片叶期;宿根蕉 24 片叶期)至 3 成肉度的幼果期。其次是考虑到季节性的干旱期,如 10 月至翌年 3 月。

一般认为在蕉园的土壤中应经常保持适当的水分,从香蕉年需水量来看,最理想的是年降水量达 1800～2500 mm 且雨量要分布均匀,最好每月要有 150～200 mm 的雨量,最低也不宜少于 100 mm 的雨量。华南各香蕉产区的雨量普遍能满足香蕉对水分的需要。然而华南蕉区的秋旱及春旱却会影响到香蕉的生长结果。影响产量的多少与品种关系极大,不耐旱的香牙蕉、龙牙蕉产量受损相对比粉蕉和大蕉大,而香牙蕉中又以高的品种比矮的品种损失产量较少。以上阐述并不能认为水分越多对香蕉越有利。事实上,由于香蕉的根系为肉质根,性好气忌渍水,如土壤中的含水量过高,土壤的空隙为水分所占有,会使香蕉的根系因缺氧而发育不良,甚至出现根腐现象。特别在蕉园受涝时间过长的情况下,常因根的死亡而导致植株的逐渐死亡。

由上可见,华南蕉区对水分的管理十分重要。多雨季节要及时排水,降低蕉园地下水位,尽量避免渍水及涝灾的危害。在干旱或少雨的季节则应及时灌水,尽量避免香蕉在生长旺盛季节出现缺水现象,只有这样才能保证香蕉的正常生长。此外,春植蕉园的水分除按常规蕉园的管理外,主要要做到雨季涝害及时排水,干旱及时灌溉。

5.3.2　荔枝关键生育期水分调控

水分是影响荔枝生长和结果的主要条件。荔枝枝梢的生长、花穗的发育和果实的发育均需要较充足而均衡的水分供应,而花芽分化则需要较干旱的土壤环境和空气环境,花期忌连续阴雨。内陆地区栽植荔枝,一般要求年降水量 1000 mm 以上。水分对荔枝的影响,主要体现在对枝梢抽发和生长的影响,开花期对授粉受精和坐果率的影响以及对果实发育的影响。

(1)根系生长的水分调控

荔枝有强大的根群,能吸收土壤深层水分,故较耐旱。同时由于树体内及根系中含有多量单宁,使积水情况下土壤中产生的亚氧化铁、亚氧化铅、硫化氢等有毒物质变为无毒物质,故荔枝有相当强的耐水性。品种不同,其耐水性也不同,如三月红、玉荷包、大黑叶等品种较耐湿,称为水枝,糯米糍、桂味等品种较耐旱,称为山枝;禾荔则耐旱也耐湿。

荔枝主要吸收根分布在 10～120 cm 层,土壤水分状况直接影响根系吸收和根系生长。土壤湿度在 9%～16% 时,根系生长很慢;土壤湿度达 23% 时,生长最快。夏季若雨水过多,土壤通气不良,不利于菌根活动,根系则停止生长。

为满足根系生长的水分条件,荔枝果园必须根据山地和平地的不同地势和土壤进行规划。山地为防止土壤冲刷和流失,应按等高线修筑梯田,设置排水沟和保护沟。平地果园要考虑地下水位高低,如地下水位高,特别是潮水能淹到的围田区,要挖筑基围,其高度要求高出最高水位 1 m,以防涨潮时潮水侵入,基围间还应有深和宽达 1 m 以上的水沟。基围内培成宽 7～10 m 的大畦,大畦间的水沟深 50～70 cm,宽 70～100 cm。基围、畦修成以后在畦面上挖穴定植,苗木定植以后再在树苑周围培土并在株间挖成网格状的小水沟与畦和基围间的水沟联通形成三极排灌系统。

(2)花芽分化期的水分调控

荔枝花芽分化,除了要求一定低温条件外,还要求适度的干旱。适度的干旱能使生长较早停止,有利于光合产物的积累,使碳氮比的提高;适度干旱使生长点细胞液浓度升高,能提高氨基酸含量,特别是精氨基酸的含量及脱落酸含量提高,有利于促进花芽形成。

Menzel(1983)研究认为,从生态的和试验的证据来看,荔枝在冬前可由于水分的胁迫而促进花芽分化。各国学者均提到荔枝在土壤水分过多时,会促进营养生长而遏制开花,低的土壤水分则抑制生长促进开花。如 Nakata 等(1969)研究证实,"KwaiMay"荔枝品种在夏威夷田间,在花芽分化前 6 个月,如果土壤水分严重缺乏,则植株体内水分含量降低,使生长受阻枝梢抽不出来而促进开花。Cull(1983)指出,在南非从 4 月到 6 月末开始开花时,允许土壤可给态水在灌溉前降到 10%,而其他生长期内保持在 50% 以上的可给态水,这样可促进花芽分化。多数研究认为,土壤的水分胁迫诱导花芽,常是在枝梢顶芽进入休眠后才开始的(华南农业大学,1999)。

我国荔枝栽培区一般迟熟种在 1—2 月,中熟种在 12—1 月,早熟种在 10—12 月。在花芽分化期,雨日多,雨量多,常会引起氮素供应过量,延长新梢生长期,使新梢不能及时充实,无法形成花芽。适度干旱,枝梢老熟早,花芽分化好。但是干旱要有一定限度,如果土壤湿度过低,会削弱根系活动,严重时造成早期落叶,降低光合作用,影响花芽形成。

在生产实践中应采取综合措施,使营养生长和生殖生长相互促进和转化,形成有结果能力的足够花芽。如合理施肥、灌溉,适当整形,树体矮化,以提高光合能力,增加营养物质的合成与积累,促进花芽形成。

(3)开花结果期的水分调控

北半球荔枝开花一般在 2—4 月。开花期的不利天气影响主要是低温阴雨,也有概率较小的高温干燥。

荔枝花芽分化期要求较低的土壤和空气湿度,但是花穗抽出后,则需水量增加,盛花期遇干热天气容易发生焗花,若此时每隔 3~5 天有小阵雨,则有利于开花结果。Menzel(1984)指出,由于气温过高,土壤缺水、干旱等影响,降低了同化作用,发生生殖器官脱落现象。在果实膨大期,需要更多水分,最好是每隔 6~7 天降雨一次,以微风加小到中雨为宜。而骤雨及连阴雨,则易引起落果。

总的说来,荔枝花期忌雨,雨多影响授粉受精。幼果期阴雨天多,光合作用效能低,易致落果。早熟品种三月红,通常在阴雨季来前的 1、2 月开花,授粉、坐果良好。荔枝果实发育迅速,从开花至果实成熟历时效短。花期需要适量的降水,宜数天一阵雨,如遇少雨干旱,会妨碍果实生长发育,引起大量落果。成熟期久旱骤雨,水分过多,则大量裂果。雨水过多土壤水分多,通气不良,影响根系活动。

(4)幼龄树水分管理

幼龄荔枝根少且浅,受表层土壤水分的影响较大。一年生荔枝常发生"回枯"现象。以定植后已萌发一、二次新梢又放松了水分管理的高压苗尤为严重。因此,在土壤干旱、天气干燥的不良条件下,要及时淋水保湿。抽新梢时要注意灌水,防止干旱影响新梢发育,雨季要及时通沟排水,防止植穴积水造成涝害。

(5)结果树水分管理

施肥需与水分管理配合才奏效,遇旱要灌水。水分管理要按荔枝的几个物候期进行:花芽分化前期土壤要较干燥(11—12 月);后期(1—2 月)适量供水,以利于花芽的分化和发育;开花期宜少雨多晴,久旱应灌水;果实发育期应保证水分供应,成熟期注意排除果园积水;在秋梢萌发生长期,应保持土壤湿润,否则会影响秋梢的萌发期和生长质量(要求荔枝园要逐步完善灌溉设施）。

5.3.3 菠萝关键生育期水分调控

菠萝耐旱性强,但生长发育仍需一定的水分,在年降水量 500～2800 mm 的地区均能生长,而以 1000～1500 mm 且分布均匀为最适,我国产区年雨量多在 1000 mm 以上,又多集中在生长旺盛的 4—8 月,基本满足了对水分的要求。

菠萝在生命活动过程中所吸收的大量水分,除将一小部分用于制造有机物质外,其余绝大部分用于茎叶的蒸腾。菠萝叶革质,呈剑形,叶片中央部分较厚,稍凹陷,两边较薄,形成"叶槽",叶片自下而上层层复叠,螺旋包裹,至顶端形成一个"叶杯"。叶槽、叶杯和多层复叠的叶腋构成一个特殊的贮水装置有利于收集微量的雨滴、露水、雾滴、积聚于基部,为根、叶基部的白色组织和茎节上的根点所吸收。菠萝叶的表面有一层蜡质盖着表皮层,表皮层下面是一层较厚的栅栏组织,为贮水之用,叶背也有一层银白包厚蜡粉,可减少水分的蒸发,上下表皮均有气孔。但是菠萝的气孔是在夜间才开张的,且在干旱的天气下,叶片形成胶质物和黏质物,使菠萝的蒸腾系数远比许多作物低,如 24 h 每平方米菠萝叶蒸腾的水分为 50 g,而棉花则达 730 g。卡因种菠萝根系吸收的水分有 7% 作为植株的成分被保留下来,而一般作物仅 0.5% 的水分被保留。菠萝的蒸腾率高,其植株和果实如果形成一分干物质仅需水 30 分,而其他作物则需 300 分之多。基于上述原因,所以菠萝比较耐旱。

菠萝在生命活动过程中所需要的水分绝大多数是从土壤中得到。菠萝虽能耐旱,但土壤水分接近下限位即凋萎湿度时,叶色变黄,长势差,结果迟产量低。特别是在山坡倾斜地种植的菠萝,因菠萝根系浅生,雨水冲刷时,根群裸露,干旱季节土壤水分常易接近下限值,往往造成植株生长衰弱甚至死亡。土壤水分降到下限位时,由于植株缺水改变了细胞的超微结构,破坏核糖、核酸的合成,破坏蛋白质的合成,缺水还抑制细胞的分裂,这对植株伸长生长的影响,比对光合作用吸收 CO_2 的影响还大。因此干旱对果实品质和产量都有很大影响。

（1）根系生长的水分调控

根系是水分及养分吸收的主要器官,同时兼有营养合成、固定支持等重要功能,与耐旱关系十分密切。轻度水分胁迫提高了菠萝植株的总根数、根长、根系体积和根系干重,有利于根系生长。菠萝在轻度干旱胁迫下,植株有自行调节的功能,降低蒸腾强度、减缓呼吸、节约叶内贮备水分,以维持生命活动,根系活力和根系保水力等均维持一定水平,能正常生长,表现出一定的抗旱能力,可能与轻度胁迫下能促进根长的增加,并促使根系向土壤深层下扎,形成比较发达的根系有关(习金根,2010);严重干旱胁迫下,叶呈红黄色,须及时灌溉,以防干枯。雨水过多,土壤排水和通透性又极差时,菠萝根系也会因长时间积水缺氧而造成腐烂,出现植株心腐或凋萎。因此,大雨或暴雨后须及时排水。

（2）花芽分化期水分调控

菠萝花芽分化期月降水量 100 mm 左右比较适宜。秋冬季短时干旱,有利于花芽分化和增强植株抗寒能力,但过分干旱,植株会变得萎黄,果梗干枯,果心龟裂,还将导致早熟,果小,不饱满,果肉色淡、水分少、风味差,并诱发凋萎病,可减产 20% 左右。若冬春较长的低温干旱,会导致植株抗寒能力降低,不利于花芽分化,花蕾发育不良,甚至滞化。所以在月雨量小于 50 mm 时,需进行灌溉以补充水分。

（3）结果期水分调控

菠萝进入结果期,一定要保证水分的供应。如果这一时期的水分不充足的话,会直接影响植株的花芽分化、花蕾发育不正常和果实发育滞后,结果造成果实小、果肉水分少,口味淡。因此,对于那些秋季催花、春季结果的菠萝,由于植株抽蕾、开花和结果都处于温度较低、降水少的时期,如果遇上干旱就要对种植园进行及时灌溉或微喷滴灌,才能保持植株的叶片油绿,光泽感强,有利于果实的正常发育,确保翌年正常开花并结果。

(4)水分管理

由于菠萝种植园的密度合理,叶片浓郁,有效地形成了自荫效果,因此给许多菠萝种植者的感觉就是菠萝特别耐旱,是旱不死的,因此对水分的管理尤其是及时灌溉意识不足。其实我们要树立一个观念,就是万物生长离不开太阳,同样万物生长也离不开水分,如果菠萝长期缺水,即使旱不死,收成也不好,这是有悖于我们生产目的的。因为我们并不是为了培植旱不死的菠萝品种,而是为了实现高产、稳产、优质、高效的目标。

对干旱的管理:菠萝定植后不能长期缺水,如果定植后连续 10～12 天干旱时,对根系生长极为不利,不容易发根,因此要进行全区域灌溉,目的是促进根系的萌发、生长、扎根;在关键时期要加强对水分的供应,如苗期、花蕾抽生期、果实发育期和吸芽抽生期遇到连续 15 天干旱时,应及时灌溉,灌溉方式可用微喷滴灌的方式,尤其在后期避免全区域长期渍水;当生产进入干旱季节或月降水量少于 50 mm 时,须及时灌溉或淋水,以保证植株正常生长和果实发育。实践表明,秋冬果旱季淋水或灌溉和根外追肥,能增产 10％～15％的产量;秋种菠萝苗适当淋水或灌溉,能有效地促进新苗根系恢复和萌发新根,确保翌年高产、稳产;在秋冬和刚刚入冬的热带、亚热带地区,温度还不是太低,只要有适当的水分供应,菠萝的根系及地上部分仍然继续生长。当然这时候的生长速度是比较慢的,如果此时能及时补充水分,对植株的生长、养分的积累和提高越冬能力都大有好处;在灌溉方式上可以采取叶面灌溉和地面灌溉相结合的方式,根据不同的情况而采取不同的方式。但总的来说,由于菠萝的叶片具有吸水和保水功能,有利于植株的吸收,而长期采取地面灌溉可能导致土壤板结和透气性能差,从而影响根的生长发育和吸收能力。因此建议果农可以多采用叶面喷灌的方式为菠萝提供水分;将抗旱和施肥、施药结合起来,既能降低劳动力和生产成本,又有利于种植园的保水、保肥、治病和省工、节水。

对渍涝的处理:在种苗定植前 10 天,不要有大水,因为幼苗定植所用的吸芽、裔芽和冠芽的芽苗还未充分的根系发育,如果土壤水分太多、湿度过大,造成幼苗的烂头现象,从而导致烂苗直至死亡;要做好排灌的准备工作,由于菠萝不能缺水但又怕积水或渍水的特点,所以在开园整地时除修筑排湾沟外,大雨或暴雨后须及时疏通排水及灌水沟以排除积水,排除畦沟与等高垄畦沟内的淤泥并培于畦上、等高梯壁外坡上及裸露的根系上,及时排水的目的是避免因长时间积水造成植株根系缺氧呼吸困难,导致烂根甚至死亡。

5.3.4　龙眼关键生育期水分调控

龙眼树体高大,在整个生育期中需要较多水分,要求年雨量在 1200 mm 以上,而且分布要均匀,在生长期间,每月雨量要在 100～200 mm,夏季每月要 200～300 mm,最长连续雨日在 3 天以下,能增大降水的有效性,对龙眼的生长较为有利。龙眼比荔枝需水多些,故有"干枝湿眼"的说法,特别是新梢生长和果实发育期,需水量较多。但是在亚热带果树中,龙眼是属于比较耐旱的,故可以在丘陵山地广泛种植。

(1)根系生长的水分调控

　　龙眼所需要的水分,几乎全部是通过根系吸收,即通过根毛以细胞渗透吸水的方式,从土壤中吸收,这种吸收一直到饱和或土壤能够提供吸收的水分为止。根毛能否从土壤吸收所需要的水分,与土壤水分多少有关。根区持水量50%～80%为适宜水分供应值;当土壤水分含量超过根区持水量的80%,土壤缺乏空气,对植株生长产生有害物质;降至根区持水量的50%左右时,还有相当的水分可用于植物潜在蒸腾;低于根区持水量的40%时,则影响产量。

　　龙眼骨干根的皮孔粗大而明显,透气作用良好,吸收根上有菌根共生,所以能适应红壤和山地的旱、酸、瘠的环境,但不耐水浸。龙眼根垂直分布长达3 m左右,水平扩展相当于树冠面积,大部分吸收根分布在10～100 cm土层中,能吸收上壤大量水分。只有土坡水分适宜时,根系生长才最快。通常可用土壤湿度大小来反映土壤水分。土壤湿度是以土壤含水量占绝对干土重的百分率来表示,土壤湿度越大,说明土壤含水量越多。据观察,在土温适宜情况下、土壤湿度适宜(20%),在8月1—11日中每条新根平均每天延伸1.55 cm;但此时若遇伏旱,土壤温度高,土壤湿度小,30 cm深度土壤湿度在10%以下,根生长量相对减小。据在四川观察,当8月份土温26 ℃时,根系生长最适宜,但是由于在8月21～31日连续干旱,土壤湿度降至5.5～7.4%,根系生长速度突降,生长量大为减少,甚至生长近于停止。分析认为,在土温正常情况下,土壤湿度13%以上对根系生长有利,其中15～19%生长最快,达23%时仍在生长。在福建观察也证明,如遇6～7月干旱,根系生长相对减少,且提前停止生长。因此,龙眼根群生长是受土壤温度、土壤湿度等气象条件综合影响的。如果夏旱提前出现在6月上中旬,此时土温适宜,但干旱,仍不利根群生长,以至影响根对水肥的吸收,叶部得不到足够水分,气孔关闭,二氧化碳无法进入光合器官,影响光合作用,同时因细胞质的微结构缺水,降低了各种酶的活动,从而抑制了对二氧化碳的固定作用,这样就会造成大量生理落果。

　　土壤湿度是一种绝对湿度,其中包含着不能为植株利用的束缚水,不能确切说明土壤水分的有效性,也不便于研究降水量与土壤水分的关系,因此常用土壤容重和凋萎湿度,将土壤湿度换算为土壤含水毫米数。由于土壤温度的变化幅度是上层大于下层,加之上表土与空气接触面大,受风和蒸发等因子的影响显著,所以越近地面,土壤水分变化越剧烈。龙眼是深根果树,根系的耐湿性比较强,在干旱季节,土壤的上干下湿现象,有助于抗旱。干旱时间越长,上干下湿的差距越大,由于土层有效水分不同,不同层次的根系生长也有差异,在长期干旱的季节里,下层根比上层根生长快,龙眼根系虽耐湿性比较强。但水分太多也不利,当连续降大雨,或连续灌溉,使土壤上层的有效水分达30 mm左右,下层25 mm左右,上下层的有效水分都很接近,时间长了,土壤通气不良,根的生长受到抑制,甚至死亡。

　　我国龙眼产区,气温高,降水强度大,化学分解和生物分解很迅速,水土流失严重,特别是丘陵梯田,田埂失修,水土流失,根群裸露,造成龙眼树势早衰。生产实践证明,龙眼要高产,年年进行培土是一项有效措施。培土不但有增厚根系活动层,保护根群及施肥改土的作用,还可提高龙眼的抗旱能力。据调查,年年培土的梯田,在土层20 cm深处,土壤湿度为25%,而不经培土的土壤湿度仅有15.4%。据各地经验,用塘泥、沟泥、海泥、草皮土等培土,每株5～15担,对提高土壤保水能力起到良好效果。同时,土壤翻犁,有抗旱保水、更新根系和换气改土的作用,一般一年翻犁两次为宜,第一次2—3月进行;第二次8—9月结合采果后施肥进行。

　　(2)夏秋梢生长期的水分调控

　　夏梢及夏延秋梢是主要结果母枝,6—8月是其旺长期。此时由于太阳辐射强、气温高、风速大,常常处于一种高蒸腾状态,同时枝叶旺长,叶面积指数大,蒸腾面宽,因此水分会大量消耗。由于正值雨季,一般情况下降水量是够的,但降水量分布不均匀,也常有干旱出现。干旱一般有两段,一段是伏旱,另一段是秋旱。有时也会出现夏秋连旱。干旱对枝梢生长带来不利影响。但降水量过多,光照不足,梢叶徒长,小气候不良,病虫害易于发生发展,枝梢嫩而不壮,也不利形成良好的结果母枝。我国沿海以及台湾省龙眼产区,每年 7—9 月是台风盛发季节,常常暴雨成灾。龙眼虽能耐短期水淹,但长期积水则有碍于生长,甚至烂根,造成树势衰退,影响夏秋梢生长。夏梢抽生期,也正是果实发育期,雨水过多,则降低品质,且易招致霜霉病发生发展。

(3)花芽分化和开花结果期水分调控

龙眼根系、枝梢旺盛生长期和果实迅速膨大期均需要充足的水分和湿润的土壤环境,而花芽分化和开花期则需要少雨的天气。如果土壤含水量不足,降至 5.5%～7.4%时,根系生长突降,甚至近于停止,较为适宜生长的土壤含水量为 13%～28%。龙眼可以耐受短期(3～5天)流动水的淹浸,但长时间土壤积水会造成根系缺氧而窒息腐烂。甚至整株死亡。龙眼花芽生理分化期要求少雨的天气和干旱的土壤,才有利于树体处于假休眠状态,提高树液浓度,使树体由营养生长状态进入生殖生长状态。开花期间不宜多雨,如花期阴雨,将引起烂花或授粉受精不良,减少着果。如若春季(3—4 月)水分不足,则春梢生长缓慢,叶片小,叶薄而色黄;如夏季水分不足,高温干旱条件下叶片要从果实中争夺水分,造成严重落果或果实发育不良,果实偏小。果实膨大期如久旱骤雨,则因树体代谢失调而引起大量裂果、落果,影响产量。

(4)水分管理

龙眼生长所需的水分,以田间持水量 50%～80%时比较适宜,超过 80%,土壤中缺乏空气,对植株生长有害;小于 40%,会引起落花落果,影响产量。我国龙眼产区的雨量完全能够满足龙眼生长的需求,但由于雨量在全年的分布不均匀,往往在 5—8 月雨量多,9 月—翌年 4月降水量少。所以,多雨季节注意对果园排水,而少雨季节需注意对果园灌水,特别是 8—10月,正是龙眼秋梢抽生的时期,要注意做好果园的灌水工作。

5.3.5　芒果关键生育期水分调控

芒果营养生长对水分的要求也不甚严格,最适宜在年降水量 800～2500 mm 的地区生长,在 800 mm 以下地区,也能生长,甚至在终年几乎无雨的地方,只需适当灌溉,也不至于死亡;在高温、高湿的月份芒果枝叶生长茂盛。可见芒果营养生长,对水分要求宽松。

(1)幼龄树水分管理

芒果幼树周年对水分的需求量都很大,新植的幼树,根系浅,主根不发达,对水分的需求只能靠灌水,灌水的方法是先锄松树盘的表土,等灌足水后再覆盖上一层松土。

土壤排水不良对果树的危害,首先是果树根的呼吸作用受到抑制,其次是妨碍土中微生物,特别是好气细菌的活动,从而降低土壤肥力。虽然芒果树能耐轻度积水,但生长期过多的水分会造成植株生长受抑制。我国南方芒果植区雨量大多集中在夏季,平地和水田有可能出现排水不畅,即使是山地,由于土质黏重,也有可能在植穴积水。一般的平地果园排水系统,主要有明沟排水和暗沟排水两种。

(2)花芽分化和开花期水分调控

花芽生理分化前期需要较干燥的环境,适度干旱可提高细胞液浓度,有利于花芽的生理分化。通过生理分化后,水分条件影响到形态分化的进程,过分干旱将加速形态分化,从而提早开花。在干旱条件下形成的花中两性花比率低,花质差,不利于坐果。因此,花芽形态分化期是需水的关键时期,在冬季与春初遇旱仍需适度灌水,可掌握 15～20 天灌水一次。灌水量以保持树盘土壤微湿润为度。

开花期以晴朗天气为宜,降水天气影响昆虫传粉,使花粉流失,同时连阴雨湿度大,易引起花穗霉烂,炭疽病、白粉病等病害暴发,造成大量的落花或枯穗。而花期空气过分干燥,易引起落花落果。

（3）果实发育期水分调控

果实发育前中期是芒果需水的关键时期之一,而在果实发育后期需要较干燥的环境。果实发育前中期(即开花坐果后 4～6 周)是果实迅速生长期,对水分的吸收量较大,幼果含水量最高,接近 90%。此期缺水将大大抑制小果的生长,严重时导致或加重落果。芒果发育中期久旱骤雨是引起裂果和落果的重要原因之一,大大影响产量和品质,应根据天气情况适当增水。果实发育后期,果内固形物大量积累,水分含量降至 75% 左右。从养分积累、果面着色和促进果实成热的角度来说,阳光充足、空气和土壤稍干燥有利于提高果实品质和商品价值。因此,果实发育后期宜控制灌水。

（4）果园水分管理

芒果对土壤的要求不严。但其具根深、常绿和生长量大的特点,宜选择良好的园地,以土层深厚、地下水位低(180 cm 以下)、有机质丰富、排水良好、质地疏松的壤土和沙质壤土为理想。以微酸性至中性、pH 5.5～7.5 时芒果生长良好。

芒果以秋梢为主要结果母枝,我国南方地区很多年份夏末秋初在收果后会碰上天旱少雨和北风天气,降水少,蒸腾剧烈,土壤和空气湿度均低。经施肥和采后修剪的植株如不灌水使土壤保持湿润,则芽不易萌动抽梢,全园抽梢不整齐,而单株各剪口抽梢也不一致。根据树龄大小,芒果要培养 1 至 3 次秋梢,末次秋梢以在 11 月底以前停长为宜。过度干旱将减少抽梢次数,末次秋梢停长早,而早停长的秋梢遇干旱或一定的低温条件便进入花芽分化状态,在暖冬情况下会诱发提早开花。在 11 月至次年 2 月之间开放的花必定要遭遇低温的危害,绝大部分情况下是有花无果。因此,在整个秋梢培育期,如遇上连续 10 天以上的干旱天气,都要及时灌水或施肥,保持土壤湿润,增加根系活力,刺激秋梢尽早整齐地抽发。灌水量以灌足灌透为度。到最后一次秋梢停长前(11 月上中旬)停止灌溉,以使枝梢及时停长,积累光合养分,进行花芽分化。

5.4 热带果树养分管理

养分资源指植物生产系统中,来源于土壤、肥料和环境中各种养分的统称,其中肥料,特别是化肥仍然是最主要的养分资源。养分资源的管理就是使养分最大效率的发挥营养作用的方法和技术。

热带果树养分资源综合管理基于下列 3 点规律形成了合理的施肥理论与技术:

①热带果树生长发育规律(简称生长规律);

②热带果树营养特点和吸收利用养分的规律(简称营养规律);

③热带果树产量和品质形成规律(简称产量形成规律)。

其目的是在全面了解热带果树营养特性和规律的基础上,充分利用土壤中固有的养分,适时适量施用化肥,达到高产、高效、优质和不污染环境的目的。

热带果树养分管理以果树阶段营养特性为基础,确定适于各个阶段的肥料种类、氮、磷、钾的比例、施肥量等,还据此构建适合于整个生育期的养分管理体系。

5.4.1　香蕉养分管理

香蕉为喜钾作物,生长量大,产量高,其生长和结果需要足够的养分,肥料成本约占香蕉生产成本的 $1/3\sim1/2$。据 Twyford(1967)分析,一株香蕉平均约含氮(N)85 g、磷(P_2O_5)23 g、钙(CaO)25 g、钾(K_2O)317 g、镁(MgO)56 g。如果收果后的蕉叶与蕉株都能够回到土壤中去的话,损失的养分其实就是果实带走的部分和淋溶的部分。每吨香蕉果实所含养分平均为:氮1.7 kg、磷 0.44 kg、钾 5.75 kg、钙 0.25 kg、镁 0.41 kg。即每收获 1t 香蕉果,约带走至少为2 kg氮、0.5 kg 磷、6 kg 钾。据此计算,在每公顷收果 40 t 的蕉园,每年因香蕉收果而带走的养分约为:80 kg 氮素、20 kg 磷素和 240 kg 钾素。

香蕉平衡施肥技术需根据香蕉对各种养分的营养需求及土壤养分供应状况、气候等其他因素,平衡供应香蕉生长所需各种养分,获得高产、优质、高效的香蕉生产技术。通过平衡施肥,可以适时适量供应香蕉营养,均衡营养状况,促进生长,改善果实商品外观和内在品质,提高产量;同时可减少肥料浪费,提高香蕉种植效益。

(1)新蕉园施肥管理

新蕉园除定植前有足够的有机肥作基肥外,在抽出两片新叶时结合灌水施薄肥,一般以人粪尿或绿兴牌有机复合肥等适量进行穴施、追施,并结合喷施就苗海藻酸碘、花果医生果能多元素等。随着植株逐渐长大,肥量渐增。上半年约施水 4 次。在抽出比较壮旺的大叶后,应施重肥,并结合叶面追肥。施用冲之道配土比加可大幅减少基肥施用量。

(2)旧蕉园施肥管理

1)肥料配比

从前面的分析数据可见,香蕉是需氮、钾高而需磷少的作物,其中钾的消耗量是氮的 $2\sim3$倍甚至更高。我国肥料试验的结果表明,香蕉氮磷钾三要素施肥配比以 $1:0.2\sim0.4:1.3\sim$2.0 为宜。而澳大利亚推荐的氮磷钾肥料配比是 10:1.6:16。国外(印度)发现三倍体香蕉中含基因组的类型的需钾量多于含基因的类型,所以我国的大蕉、粉蕉和龙牙蕉的需钾量比香蕉多。这个现象似乎与大蕉、粉蕉和龙牙蕉的甜度较高有一定的正相关性。只不过因为它们的单株产量不如香蕉高,所以其总施肥量没有香蕉那么高。

此外,大量的实践证明,多施有机肥的香蕉比只施无机肥的产量更高、风味更佳,且蕉株抗病虫性、抗寒性、抗风力均较强,蕉果耐贮运。

2)肥料种类

肥料可分为氮肥、磷肥、钾肥、钙肥、两种以上大量元素的复合肥及含多种镁肥等单质肥料,含大量和微量元素及有机质的有机肥料。

三要素肥料　单质的氮肥有硫酸铵或称硫铵,含氮 21%,为速效性铵态氮肥,容易为土壤吸收,但在旱地易受硝化作用变为硝态氮,易于流失。为生理酸性肥料。氯化铵含氮 21%~25%,性质与硫酸铵相近。硝酸铵既含硝态氮也含铵态氮,含氮 33%,为生理中性肥料,但其中的硝态氮因极易溶于水而易流失,不宜用于水田。尿素为中性肥料,含全氮 44%~46%,施用后经 $2\sim3$ 天转变为铵,可为土壤吸附,减低了其易流失性。过磷酸钙含磷酸一钙,含可溶性磷酸根 16%～18%，为水溶速效性肥，但其中的大部分为土壤吸收固定，成为不溶性。为生理中性肥料。硫酸钾为白色结晶粉末，含氧化钾 48%～52%，为酸性钾肥。氯化钾为白色结晶，水溶性，含氧化钾 50%～60%，由于氯的残留使该肥料成为酸性肥料。

钙质肥料　一般用石灰作为钙肥。农用石灰有：石灰石粉，含碳酸钙和碳酸钙镁；生石灰，主要含氧化钙和氧化镁；消石灰，为生石灰加水而成。这些钙质肥料的主要用途是在酸性土壤上提高土壤 pH 值。石灰石粉的作用较缓和，而生石灰作用强烈，消石灰介于二者之间，它们在使用时都应避免与蕉株直接接触。此外，硫酸钙作为土壤改良剂也可提高钙素。过磷酸钙也含钙素。

复合肥料　我国大陆地区多数蕉园采用国产或进口的通用含氮磷钾各 15% 的复合肥。台湾省专门为香蕉作物生产了 4 号和 3 号复合肥，分别含氮磷钾 11:5.5:2 和 9:7:23。前者为山地蕉而生产，后者原为平地蕉而生产。但由于蕉农喜欢用含氮量较高的 4 号复合肥，故已放弃了 3 号肥料的生产。

镁肥　常用镁肥有钙镁石灰、氧化镁、硫酸镁、硫酸钾镁等，钙镁石灰溶解度低，可作基肥用，其余三种溶解度较高除可作基肥外，也可用作追肥。硫酸镁可用 0.25% 浓度进行根外追肥。

有机质肥　有机质肥包括人畜粪尿、家禽粪便、动物废弃物、鱼肥、厩肥等动物有机肥及作物秸秆、绿肥、堆肥等植物性有机肥。有机质肥可改善土壤的物理性状，提高土壤的保肥能力、改良土壤的通气与排水性能，同时提供微量元素。但如果进行一下肥效和经济测算，每年每株施用 5～10 kg 有机质肥，则每公顷 1 年要用有机质肥 9～18 t，其费用是可观的。因此，采用价格低廉的有机质肥，才有可能做到长期施用。采用优质有机肥的情况下，可以每 2～3 年施 1 次有机质肥。据台湾省嘉义农业试验所报告，香蕉施用堆肥，除提高产量外，还可预防束顶病。据台湾省香蕉研究所的试验结果（农业部发展南亚热带作物办公室，1998），新植蕉园施用有机质肥效果比宿根蕉园更加显著。因为老蕉园的叶片、假茎和死的块茎等多可埋入蕉园作为有机质肥料。香蕉园施用有机质肥料多次多年后，对改良土壤、提高产量和品质的功效将更为明显。

3）施肥时期

香蕉全生育期可分为营养生长期、花芽分化期及抽穗与果实发育期。香蕉产量的高低主要取决于花芽分化期所分化的果梳数和果指数。而此期果梳数与果指数则取决于营养生长的好坏。若初期营养不足，即使花芽分化后供给再多的养分，也无法改变低产的状况。研究表明，在香蕉定植后的头 3 个月对养分的反应最灵敏，此期即使少量施肥对产量的效果也好过后期的大量施肥。

香蕉施肥时期依蕉苗栽种时间及生产季节而不同。香蕉 18～40 叶期的生长发育好坏，对香蕉产量与质量起决定性作用。所以在种植成活或留定吸芽后就要施肥，到抽穗前施完大部分肥料。一般当离地 30 cm 处的假茎茎周约达到 55 cm 以上时开始花芽分化。香蕉施肥必须掌握两个关键时期：①营养生长中后期：即 18～29 片叶期，春植蕉在植后 3～4 个月内、夏秋植蕉在植后 5～7 个月内。此期对肥料反应最敏感，重追肥可促进植株早生长快生长，培育成叶大茎粗的植株，进行高效的同化作用，积累大量的花芽分化光合产物，为下阶段的花芽分化打下物质基础。②花芽分化期：香蕉的花芽分化期随繁殖材料及种植期的不同而不同，吸芽繁殖的为 20～24 片叶期，组培苗为 32～36 片叶期。相对应地，春植蕉在植后 5～7 个月、夏秋植蕉在植后 8～11 个月。此期处于营养生长向生殖生长转化的过程,需要消耗大量的养分,重追肥可以促进花芽分化过程陆续抽出 11 片功能叶,并使之最大限度地进行同化作用,制造更多的光合产物,为形成大的花序和长的果指打下基础。生产实践表明,促进花芽分化以早施、重施追肥为好,尤其是 31 片叶期前施肥效果最好。

除上述施肥期以外,要注意的其他施肥时期是:种植前底肥、植后苗期肥(17 片叶期前)、抽蕾后壮果肥、越冬前过寒肥及越冬后早春肥。

4)施肥量

施肥量依地区、土质、气候、宿根与新植、种植密度、预期收果季节等而定。我国大部分蕉产区属于春夏秋冬四季分明的亚热带气候和红壤土,土质较瘦瘠,肥分淋溶较重。而国外其他大部分蕉产区为热带气候,土壤腐殖质丰富。因此,我国的香蕉施肥量一般应该大些。如澳大利亚每年施 10 氮∶1.6 磷∶16 钾复合肥 3 次,每株每次施 0.7 kg,总量仅为每株 2.1 kg。折合纯量为每公顷每年施氮约 500 kg、磷 30 kg、钾 800 kg。而广东每年每公顷施肥量(以纯量、每公顷种植 1750 株计)为氮 525～975 kg、磷 116～215 kg、钾 923～1710 kg;福建为氮567 kg、磷 245 kg、钾 381 kg;广西为氮 852 kg、磷 337.5 kg、钾 816 kg。

香蕉施肥也可通过叶片营养诊断来确定施肥种类和施肥量。做法是:每块蕉园在代表性位置选择 20 株,每株选取从上到下第 3 片叶,切取叶片主脉一侧 20 cm 宽的条带作为分析样品。香蕉叶片营养诊断标准,在不同国家和地区有所不同。关于推荐的适宜标准,澳大利亚为氮 2.8%～4%、磷 0.2%～0.25%、钾 3.1%～4%;台湾省为氮 3.3%、磷 0.21%、钾 3.6%;广东省为氮 3%～3.6%、钾 5%～5.8%。

有机质肥料的施用量多以吨计,大面积蕉园在投资占经营成本的比例上也是不小的数目,所以有时并不容易被蕉农接受。但由于有机质肥料对土壤物理性状的极大改善,只要配合化学肥料的适量施用,即可达到增产、稳产和改善品质的三重目的。施用优质有机质肥料后,可减少化肥的施用,降低成本。选用有机质肥料以腐熟、长效、廉价和无二次公害为基本原则。部分禽畜粪肥含磷多,可能会对香蕉产量和品质发育带来不利效果。

我国的蕉园往往大量施用化学肥料,加上华南地区雨季雨量集中,淋洗土壤严重,这就加速了土壤的酸化作用。因此,在整地时,要适当施用石灰或石膏,使之与耕作层土壤充分混合,矫正酸碱度,提高土壤钙镁的供应能力。

5)施肥次数

施肥次数主要根据香蕉的生育期、肥料种类、土壤类型及气候条件等而定。多造蕉比单造蕉施肥次数要多;单施无机肥比施有机肥次数要多;肥力较差的河坝沙地或旱坡地比水田特别是黏重、肥沃的新围田蕉园施肥次数要多。由于栽培制度的原因,华南地区春植香蕉生长发育主要集中在 4—10 月完成。为使香蕉在有限的生长季节内加速生长,争取在低温干旱的冬季来临前抽蕾结果,避免或减少不良天气对果实发育的影响,同时香蕉生长期正值高温多雨季节,肥料容易淋失,要注意经常保证有肥料供给。

考虑到华南地区的气候特点,一般都采用勤施薄施的原则,施肥次数比前面介绍的要多得多。如新植蕉园,当抽出片新叶时即进行第一次施肥,以后每隔 10～20 天施肥 1 次,一年施肥总次数达到 9～14 次甚至更多。要提高一个蕉园的总体产量,要求对于较弱的植株,应多施几次薄肥,使之赶上正常生长的植株。

6)施肥方法

根据不同的肥料种类及生长时期采用不同的施肥方法。香蕉的根系为肉质根,且一般分布较浅,故施肥时一般采用浅施,并注意少伤害根系。腐熟有机质肥料在定植前,与土壤混匀作为基肥或在行间距植株 70 cm 左右处开沟施下,然后培土覆盖。化学肥料主要采用穴施,即在离干 30 cm 处适当位置挖 1~3 个深度 20~30 cm 的穴,穴数与穴的大小依肥料多少而定。施肥后覆土,肥分不易流失,肥效好。也可采用弧形沟施,即离干 45~85 cm 处适当位置开 1~2 条宽 15~25 cm,长 30~50 cm,深 10~20 cm 的沟,将肥料均匀地撒施于沟内然后覆土。在干旱的冬季最好采用穴施或沟施,有时以施水肥为宜。在夏秋雨季及发育后期的大树可以采用撒施法,即把肥料均匀地撒在距离幼苗茎干 15~40 cm 或大树茎干的 45~85 cm 处的环形地面上。最好在下雨后施用,天旱季节应先灌水再施肥,最好撒施完肥料后盖一层薄土。

对土壤排水不良、根系发育不良或台风后根系折断影响到养分的吸收时,可以在土壤施肥的基础上配合速效肥的根外追肥。肥料种类一般为尿素,施用浓度 50~100 倍并加入 0.005% 的展着剂,施肥后 24 h 内 80% 以上的尿素可被吸收到香蕉叶片内。

5.4.2　荔枝养分管理

(1)幼龄树施肥管理

土壤施肥在定植后 1 个月即可开始,2~3 年内,以增加根量、促梢、壮梢为主。宜掌握"一梢两肥"或"一梢三肥",即枝梢顶芽萌动时施入以氮为主的速效肥。促使新梢正常生长。当新梢伸长基本停止,叶色出红转绿时,施第二次肥,促使枝梢迅速转绿,提高光合效能,增粗枝条,增厚叶片。也可在新梢转绿后施第三次肥,加速新梢老熟,缩短梢期,利于多次萌发新梢。施肥量视土壤性质幼树大小而定。定性初期树小根少,一般肥量为每梢施复合肥 25~30 g,尿素 20~25 g,氯化钾 15~20 g,过磷酸钙 50~75 g,单独施或混合施。混施时分量酌情减少。第二年起施肥量相应提高,比上年约增加 40%~60%。以树冠滴水线处为施肥地点,通常采用盘状施肥法和环沟施肥法。此外,根据树体生长情况,枝梢生长迅速期,酌情喷叶面肥,常用的有尿素 0.3%~0.5%、磷酸二氢钾 0.3%~0.5%、硫酸镁 0.3%~0.5%、硼砂 0.02%~0.05%、硼酸 0.05%~0.1%、硫酸锌 0.1%~0.6%以及 1%~3%的过磷酸钙浸出液,每年可喷叶面肥 8~10 次,叶面肥在新梢叶片刚转绿时喷用效果最好,以早晨和傍晚喷施为宜。在使用叶面肥时要轮换施用,同时要防止施用过量。

总的来说,荔枝幼龄期是营养生长旺盛期,此期应以氮肥为主,勤施薄施,使之能尽快形成结果树冠。

(2)结果树施肥管理

荔枝属较低产和隔年结果现象较为明显的果例,除受生物学及气候因素影响外。与传统生产上普遍沿用较为粗放的管理方式有关。许多研究已证实。加强养分管理,对增强树势、改善树体营养、增强抗逆能力、提高产量和品质有着重要的作用。如广东提出的"以产定肥"的施肥量为 30 年生植株每产 100 kg 鲜果,全年施肥量为 N 1.38 kg、P_2O_5 0.8 kg、K_2O 1.5 kg。

全年施肥主要分为 3 个时期:

1)花前肥:促进花芽分化、花穗发育、改善花质、提高坐果率、延迟春季老叶衰退,此期氮、磷、钾配合,氮、钾占全年施肥量的 20%~25%,磷占 25%~30%。

2)壮果肥:及时补充开花时的消耗。保证果实生长发育所需养分,减少第二次生理落果,促进果实增大,并避免树体养分的过度消耗,为秋梢萌发打下良好基础。此次以钾为主,氮磷配合,钾占全年施肥量 40%～50%,氮磷占 30%～40%。

　　3)采果前后肥:恢复树势,促发秋梢,培养健壮结果母枝,奠定翌年丰产基础,此期以氮为主,磷钾配合,氮施用量占全年施肥量的 45%～55%,磷钾占 30%～40%。应重视有机肥的使用,在采果后和冬末春初施入。

　　施肥方法:使用人畜粪等有机肥,通常可在树冠边缘滴水处开沟进行。速效氮、钾可开沟施入,磷肥则可以与有机肥料混合后施入沟中。

　　荔枝以土壤施肥为主,并根据各物候期的实际需要,辅以叶面喷施。可采用尿素 0.3%～0.4%、磷酸二氢钾 0.3%～0.4%、硫酸镁 0.3%～0.5%、硼砂 0.02%～0.05%、硼酸 0.05%～0.1%、复合型核苷酸 0.03%～0.05% 等进行喷施。

5.4.3　菠萝养分管理

　　菠萝在生长过程中需要大量的营养和矿物质,一般情况下,这些营养物质都来自土壤,是菠萝植株营养生长和生殖生长的物质基础。但是,由于土壤的养分不一定齐全,而且比例也不一定协调,因此土壤的肥沃程度、施肥量的多少、肥料的质量以及科学施肥技术,都是直接影响菠萝植株正常生长和获得高产稳产的重要因素之一。

　　(1)幼年植株施肥技术

　　菠萝合理施肥才能获得高产。菠萝从定植到抽蕾前的营养生长期,需要较多的肥分供应,尤其是氮肥的供应要充足。氮对菠萝植株的生长和果实产量有决定性作用,氮肥充足,植株生长健壮,能形成大果,吸芽发生早而壮,对翌年结果有利。因此这段时期的施肥应以氮肥为主,磷、钾肥为辅,氮、磷、钾三要素的比例为 17:10:16 为宜,目的是促进菠萝叶片抽生,增加叶片数和叶面积,为生殖生长打下基础。

　　幼年植株的施肥应以勤施、薄施为原则。一般在种植扎根后的 30～40 天开始施第一次肥,每亩追施氮、磷、钾复合肥 30 kg,硫酸钾和硫酸镁各 7 kg;到种后第 3 个月,每亩再追施复合肥 70 kg,硫酸钾和硫酸镁各 13 kg;另外从种后第 2 个月到第 13 个月,每个月用喷肥机喷淋液肥 1 次,喷施量:苗龄 2～5 个月每月每亩用纯氮 700 g、纯镁 170 g、氧化钾 700 g、纯铁 33 g、纯锌 70 g 兑水 200 L 混匀喷施;苗龄 6～13 个月每月每亩用纯氮 1.5 kg、纯镁 300 g、氧化钾 1.5 kg、纯铁 33 g、纯锌 70 g 兑水 200 L 混匀喷施。

　　在施用肥料时注意不要将肥料尤其是化肥施在幼嫩的叶片和"心"(即生长点)上,否则容易造成菠萝的烂叶、烂心。在施肥天气上选择雨后施肥,切忌阵雨或雷雨前施肥,如果天气比较干旱,可将肥料兑水稀释后进行淋施。另外在越冬前要多施钾肥,对提高植株的抗旱和抗倒伏能力非常有效。施钾肥的最好时机在 9—11 月。

　　(2)结果植株施肥技术

　　菠萝进入抽蕾、开花至果实成熟是生殖生长期,需要的养分更多。与幼年植株不同的是,这一时期植株偏重于对钾肥的吸收,氮、磷、钾三要素的比例为 7:10:23 为宜,因此这一时期的施肥应以钾肥为主,氮、磷肥为辅,还需要增施一些钙、镁营养元素,以促进果实增大及品质提高。

　　不同施肥量对菠萝生长结果具有明显的影响作用。有学者对卡因类菠萝进行不同施肥量的试验研究,结果表明,高、中肥区的植株生长、抽蕾率、单果重、单产与含糖量都显著高于低肥区;高肥区比中肥区增产 32%、中肥区比低肥区增产 70%;而叶片数高肥区比中肥区多 5 片、比低肥区多 13 片。充分说明了在结果期施肥的作用,因此这方面的管理工作不容忽视。

由于菠萝结果期对营养的需求量大,而且效果明显,所以人们加强了对这方面的研究。为了方便日常管理和养分的供应,将这一时期的施肥过程分为壮蕾肥、壮果肥、壮芽肥等多个时段,在各时段也有一些略不相同的施肥方法。

1)蕾肥

在花芽分化前期至花蕾抽发前期施用,这个阶段是植株完成营养生长而转入生殖生长并开花结果,时间是 12 月至翌年 2 月。施用壮蕾肥很重要,目的是保证植株抽蕾后根系生长及果实发育有充足的养分,从而促进花蕾壮大。

混施:尿素 225 kg/hm^2 或复合肥(15:15:15)300 kg/hm^2 + 氯化钾或硫酸钾 225 kg/hm^2 混施。

淋施:可用腐熟稀释(1:10)的人畜粪尿 15000～22500 kg/hm^2 淋施植株基部叶片内。

穴施:每亩用磷肥 60 kg 混合农家肥,每株 0.5～1 kg,开沟或穴施于茎基周围,然后培土。

2)壮芽肥

菠萝在采收果实后,植株的大部分养分已经被消耗,这时恰恰又是吸芽生长和植株积累养分的重要时期,如果不能及时补充养分,为植株提供充足的能量,可能直接影响翌年的产量。因此抓紧在采收前后,即 7～8 月采果后对结果母株追施一次重肥,促进吸芽生长是非常重要的,可与下一造基肥一起施用。此时一造果已采完,二造果将成熟,母株上的吸芽迅速生长,需要充足的养分供应,目的是促使吸芽抽生健壮,所以应以速效肥为主。

穴施:尿素 225 kg/hm^2 + 300 kg/hm^2 + 氯化钾或硫酸钾 225～300 kg/hm^2 混匀,穴施于离根基部 15 cm 处。

淋施:每亩可用尿素 5 kg 兑水 1000 kg 淋施,也可每亩施用腐熟的人畜粪尿 1000～1500 kg 淋施。

3)壮果肥

4—5 月开花期间施一次,此时正是果实迅速发育和各种芽类抽生的盛期,需养分多,此期养分的供应是否充足,将直接影响当年的产量。对于已经两年甚至两年以上的果园来说,这个时期如果养分不足,还可能影响到下一代用于结果的吸芽苗生长和植株的抗寒性。所以此时应追施一次速效肥,以促进果实发育生长及满足吸芽抽生需要。这一时期的肥料应以增施钾肥为主的壮果肥,钾肥对保持植株健壮、果实增大、叶色浓绿、吸芽萌发都有重要作用。

穴施:每次每亩用尿素 20 kg、复合肥 30 kg、钾肥 20 kg 混匀施于行株间,施后轻培土。

淋施:每株用硫酸铵 10 g～50 g,每亩施 25 kg～30 kg,以壮果催芽。

4)花前肥

菠萝花芽分化期主要集中在 12 月中下旬,因此在花芽分化前一个月(11 月中下旬)施肥效果最好。

穴施:每株施复合肥 0.05～0.1 kg,可增加果重和结果率,且可增强植株的抗寒能力。

淋施:可在 10 月下旬喷施钾肥为主,用 1% 的硫酸钾或 0.2% 磷酸二氢钾喷叶片,可增加果实的含糖量和结果率。

5)叶面追肥

叶面追肥又叫根外追肥,具有用量少而收效快的优点,目的是促进植株生长和果实发育。主要在菠萝生长旺盛季节进行,可在每年 4 月、6 月、7 月、9 月各一次,5 月、8 月各两次,每次用 1％尿素加 0.5％硫酸钾水溶液,每亩用水量 150 kg～170 kg,或稀薄腐熟人畜粪尿(1∶10)水淋施或泼施于菠萝叶面。5 月和 8 月的叶面追肥,每次每亩还应加施硫酸钾 1 kg。在大苗期、花芽分化期、谢花后和采果后 10 天,分别再喷施一次含微量元素(锌、硼、铝)的叶面肥。

6)根际追肥

每年最少 2 次,第 1 次在 12 月至翌年 2 月间(即抽蕾之前)进行,目的是促进花蕾发育;第 2 次在 7 月采果后进行,目的是促进吸芽生长。每次每亩尿素 10 kg,硫酸钾 10 kg 混合后,在根际周围穴施,或用腐熟稀薄的人畜粪尿 1000～1500 kg,淋施在植株基部的叶腋内。

要注意的是,根际追肥和叶面追肥是两种不同的追肥方式,是配合施用壮蕾、壮芽、壮果、花前肥的技巧,不可与其相混淆。

5.4.4　龙眼养分管理

肥料是龙眼生长的物质基础,及时给龙眼幼树施足肥料,可以使幼树生长加快、早日形成树冠、提早结果。

龙眼为多年生长寿果树,每年生长和开花结果需要从土壤中吸收大量营养物质,会不断消耗土壤肥力,因此施肥是龙眼园管理的重要环节。因此,通过施肥加以补充土壤肥力,才能使龙眼生长持续良好,达到丰产、稳产、优质,延长结果年限。龙眼成年果园的施肥,根据龙眼生长结果习性、树势、结果量、气候环境、肥料种类及其他管理条件综合考虑,力求做到施肥科学、合理,也就是做到适时适量,保证肥料种类、施肥方法的正确。

(1)幼树养分管理

1)施肥时间

春季萌芽前(2 月下旬)施第 1 次肥,在夏、秋梢抽发前后的 5 月、6 月、7 月、8 月每月一次。以后一般不再施肥,其目的是避免抽生冬梢浪费树体的营养。

2)施肥量

苗木抽梢后,开始施肥工作。一般每两三个月施一次,开始时施薄肥,比如一担人粪尿掺 3 担水,随幼树长大而逐渐增多,肥料可配合少量化肥施用。结合套种作物的管理,每年中耕除草 5～6 次。遇天旱时可以灌水或者采用树盘覆盖的方法以保持水分。龙眼定植 2～3 年后,根系已布满定植穴,应进行扩穴深翻,多施有机肥料,以加速幼树的生长。每次每窝施农家肥 10 kg,每担粪水＋复合肥 50 g 或尿素 50 g＋钾肥(或 50 g＋磷肥 50 g～100 g)。以后施肥量逐年增加。

3)施肥方法

实际操作中多采用条沟或环状沟形式,施肥后回填土。施肥沟要选在离树 30 cm 的地方,开成南北相对或者东西相对的两条直线沟,施肥后覆土盖平。由于幼年龙眼树的树冠和根系小,需肥需水量不大,加上幼树根系对肥料较敏感,故对幼年龙眼树的施肥原则应是勤施薄施,即每次施肥的浓度不宜太浓,但施肥的次数需多些,以保证其生长所需的肥料。

(2)结果树的养分管理

龙眼结果树,尤其是在盛果期,每年大量开花结果,数量多、生长健壮的营养枝也会抽生。在此时期也是需肥量最大、最为敏感的时期。按龙眼结果树的物候期,每年分为 5 个施肥时期。

促花穗肥:促花穗肥一般是在立春前后(2 月上旬)花穗抽生之前施用。作用是促进花芽分化和花穗的发育,提高抽穗率和增大花穗。促穗肥以速效氮为主,配合磷钾肥。此期应防止施入过量的氮肥而引起冲梢。

花前肥:花前肥是在春分至清明,即 3 月下旬—4 月上旬,在疏除花穗后至开花前施用。作用是促进正常开花结果,减少生理落果,提高坐果率;且疏穗后施肥对促进第一次夏梢的萌发和生长均有良好的作用。第一次夏梢是抽发二次夏梢和秋梢的良好基枝,在此期间主要以速效氮肥为主,配合钾肥施用。

保果壮果肥:保果壮果肥是在 5—6 月施用。在此期间,根系吸肥力强,前期正值幼果迅速发育期和第一次夏梢充实及开始萌发第二次夏梢。在此期间施肥可促进幼果发育和夏梢生长粗壮;后期 6 月下旬至 7 月中旬,果肉迅速膨大,第二次夏梢还在继续充实。这时施肥对果实迅速膨大、减轻果实发育与夏梢生长争夺养分的矛盾、减少后期落果、提高产量有明显作用。施肥量应该依树势及植株的结果量而定。树势弱、结果多的多施,一般施 2～3 次;树势好、结果少的少施,可 1～2 次。此阶段的肥料以磷钾肥为主,配施氮肥。

采果前后促梢肥:主要在采果前后至 9 月中旬施促梢肥。促梢肥是全年最重要的施肥时期,因为龙眼的秋梢是第二年形成结果母枝的重要枝梢。秋梢的抽生期、抽生的数量和质量直接影响和决定第二年的产量。施肥的目的是恢复树势,促进适时抽生数量多、质量好的秋梢,是翌年丰产稳产的保证。而此期经常秋旱,因此必须结合灌水、抗旱,方能保证秋梢适时抽生和秋梢的质量过关。

施肥量要根据不同树势、结果量采取不同措施。挂果多和树势弱的,加水加肥,重施果前、果后肥,目标是攻一次秋梢,以 9 月中下旬抽生最适宜;挂果中等和树势中等的,不施果前肥,通过肥水调节,让其抽一次梢,最好是 9 月下旬至 10 月上旬抽生;挂果少或不挂果的壮旺树,攻两次秋梢,7 月中下旬修剪、施肥,第一次秋梢在 8 月上中旬抽出,9 月下旬老熟,9 月中旬追肥、灌水并施第二次攻梢肥,使第二次梢在 10 月上旬抽出,并在 11 月末—12 月上旬老熟,这时以速效、优势氮肥为主。采收后以水肥攻梢为好。

花芽分化前肥:在 11 月中下旬至 12 月上旬、秋梢老熟前后,不可施氮肥,目的是控制冬梢抽生,可以增施一次钾肥。根据分析,龙眼花芽分化与秋梢叶片中钾含量有密切关系。因此、在秋梢老熟期增施一次钾肥,对促进花芽分化、提高秋梢第二年抽穗率有明显的效果。

(3)肥料种类及施肥量

1)有机肥料　有机肥料主要用于扩穴、深翻改土。粗肥有绿肥、草料等,精肥有腐熟粪肥、土杂肥、油粕类等。

2)化学肥料　化学肥料的施用多侧重于氮、磷、钾等,主要用于龙眼枝梢生长期及抽生花穗、果实发育期。在植株生长、结果期需肥量多,要求及时给予补充。

3)施肥量　每产 1000 kg 龙眼鲜果,要从土壤中吸收纯氮 4.01～4.8 kg、纯磷 1.46～1.58 kg、纯钾 7.54～8.96 kg,其氮、磷、钾的比例为 1:(0.28～0.37):(1.76～2.15)。在实际生产上可依植株结果量而定,每产 100 kg 鲜果全年施氮量 2.0 kg、五氧化二磷 1 kg、氧化钾 2 kg。福建亚热带研究所分析提出,红壤丘陵地上的龙眼盛产树,平均亩产 1189 kg,每株施氮肥 1.24 kg、五氧化二磷 0.63 kg、氧化钾 1.5 kg。

4)施肥方法　根据根系分布密集的部位确定施肥深度、宽度。龙眼须根一般分布于树冠滴水线内外 70 cm 处,在表土层 30～50 cm 范围吸收根分布最密集,施肥深度、宽度以在这个范围内最为合适。一般施在表土层,这样最易于吸收。尿素、氯化钾等肥,雨天可在树盘下撒施,旱天加水淋施。复合肥也可开 5~10 cm 环沟撒施后盖土。有机肥在每年深翻扩穴时施用,或在 11 月中旬于树盘下撒施后,深翻 15~20 cm,结合清沟培土、客土,增厚土层。

5.4.5　芒果养分管理

（1）幼龄树养分管理

芒果幼龄树施肥,主要是促进营养生长。芒果幼树除冬末春初的低温阶段,几乎全年都可抽发新梢,年抽梢量可达 6~7 次,生长量大,对营养元素的需求量也大。

1）施肥时期:幼树施肥时期,可根据抽梢次数来分 4~6 次。一般定植前基肥充足,种植后的第一年内不用施肥。如果基肥不足,第一次施肥至少应在新植树第一次新梢叶转绿老熟后。幼树施肥,有根据"少量多次,勤施薄施"的原则进行的,每隔 1~2 个月施 1 次,每年施肥 5~6 次;也有根据抽梢期来确定施肥时期的,在萌芽前施促梢肥,促进芽萌动和新梢的抽发;在枝梢停止加长生长,叶色开始转绿时施壮梢肥,促进叶色转绿和枝条增粗。

2）施肥量:芒果新植幼龄树侧根很少,须根不发达,数量少,纤弱,分布浅,对土壤的高温干旱和施肥浓度的高低都非常敏感,因此施肥量不能过大。有研究报道:1~3 年生树每年每株施有机肥 30~70 kg（低数为第一年,高数为第三年,下同）,过磷酸钙与钙镁磷肥 0.5~1.5 kg（必须与有机肥混施）,尿素 0.18~0.5 kg,钾肥 0.15~0.45 kg,也可用氮磷钾比为 1:1:1 的复合肥 0.5~1.5 kg。也可在幼树定植成活后抽发新梢开始,用稀薄腐熟粪水或 0.5% 尿素加钾肥或复合肥根外追肥。用尿素配合磷酸二氢钾 0.3%~0.5%,在上午 10 时前或下午 4 时后喷施,以促进枝条营养和叶片的光合作用。注意不要浓度过高或阳光过猛,易造成幼叶灼伤,严重时落叶。

3）施肥方法:芒果幼树根系浅,分布范围也不大,以浅施为宜,以后随树龄的增大,根系的扩展,施肥的范围和深度也要逐年加深扩大,满足果树对肥料日益增长的需要。施肥方法主要有土壤施肥和根外追肥两种。定植后 1 年幼树施肥,施前先将树盘土壤小心扒开,将肥水均匀施于离树头 20 cm 以外的树盘内,然后淋水,待肥水完全渗入土壤后覆土。对定植后 2~3 年的幼树可采用环状施肥和根外追肥的方法。环状施肥是在树冠外围稍远处挖环状沟施肥。根外追肥也叫叶面喷施,简单易行,用肥量少,发挥作用快,且不受养分分配中心的影响,可及时满足树体的急需,并可避免某些元素在土壤化学的或生物的固定。根外追肥时一定要注意施肥浓度和时间,否则会造成幼叶的灼伤。

（2）结果树养分管理

1）芒果结果树对各元素的需求

在芒果生长发育至开花结果中,肥料起着重要的作用,是芒果速生快长、早结丰产的物质基础。印度研究证明,生产 1000 kg 芒果带走氮 6.9 kg、磷 0.8 kg、钾 6.6 kg、钙 5.9 kg、锰 3.1 kg,可见结果时期芒果对肥料的需求量是很大的。各元素对芒果所起的作用各不相同,氮肥可以促进营养生长,提高光合效能,增进品质和提高产量;磷肥能增强结果树的生命力,促进花芽分化、果实发育;适量的钾素可促进果实的成熟,促进酶的转化和运输;钙素在果树体内起着平衡生理活性的作用。结果树施肥以合理调整营养生长与生殖生长的矛盾为原则,既要促进当年开花结果,控制夏梢旺长,又要促使秋梢萌发,为第二年丰产打下基础。芒果树对各种肥料的需求比例不同,特别要注意钙镁肥和微量元素硼、锌的补充,尤其在我国南方土壤条件下更为重要。

2)施肥量和施肥时期

成龄芒果施肥量及各元素之间的配合比例,因树龄的增长,结果量的增加及环境条件的变化而不同,同时与品种、物候、土壤和肥料种类等多方面因素有关。施肥量需按芒果生长发育阶段、长势和肥料特性而定。结果树在开花期、果实发育初期和新梢发生期都需要各种养分的充分供给。植株营养生长过旺时,会造成枝梢徒长和病虫害的加剧,此时应少施氮肥,丰产后由于植株消耗过多养分或其他原因未抽适量的新梢时,则应加施氮肥,对结果树要保持氮钾肥的相对平衡更为重要。

根据芒果树生长发育的特点,结果树在以下几个时期对肥料的需求量较大,采果后树势恢复与新梢培养期、花芽分化期、开花坐果期及果实迅速膨大期。因此,对结果树的施肥,重点掌握如下几个时期:

采果前后施肥:这一次施肥非常重要。由于植株大量结果,消耗养分很多,特别是结果多的树,往往因挂果而枝梢停止生长,结果后如不及时施肥则树势衰弱,难于恢复生长,势必影响到秋梢结果母枝的培养和第二年的产量。这次肥也是全年施肥的重点,施肥量占全年施肥量的60%～80%,以有机肥为主,配合速效肥。此时绿肥旺盛,可结合深翻扩穴,在每株树的叶幕下对称挖两条长 120 cm,宽和深各 45～60 cm 的施肥沟,填满绿肥和优质禽畜肥 20～30 kg,以及速效性肥料尿素 0.8～1 kg、复合肥 0.5～1 kg、过磷酸钙 0.5～1 kg,这样既有速效肥,又有迟效肥,对采果后的树势恢复,促使末次秋梢的及时停长,积累光合养分,进入花芽分化状态都有很好的作用。

催花肥:芒果花芽分化期根据不同地区约在 11—12 月间,应在 10—11 月每株施火烧土 15～20 kg 或氮钾混合肥(硝酸钾等)0.5～1 kg,以促使花芽分化,保证花的发育。

壮花肥:一般 1—3 月为花蕾发育与开花期,此次肥可提高树体营养水平,促进花穗和小花的发育,提高两性花比率,健壮花质,增强抵抗低温阴雨等不良天气的能力,提高坐果率。因此要及时施入少量速效性肥料,每株按氮磷钾比为 1∶1∶1 施复合肥 0.2～0.4 kg,盛花期还可叶面喷施 0.1% 硼砂,0.2%～0.3% 磷酸二氢钾和 0.4% 尿素。

壮果肥:4—5 月是果实迅速增长期,这个时期时间短,生长速度极快,同时又是春夏梢的抽发期,此时养分不足会大量落果,此次肥除有直接供应氮磷钾元素的作用外,更有协调枝梢与果实养分分配矛盾的作用。果实发育期对钾的需求量超过氮,因此这个时期对肥料的数量、种类和比例要因树而定。结果初期对开花量过大、结果多的树,每株可施 0.3～0.5 kg 速效性氮钾比为 1∶1.5 的混合肥料,也可施速效液肥(粪水)及复合肥 0.2～0.3 kg,根外喷施 0.3% 尿素和 0.3% 磷酸二氢钾,必要时补充钙、镁或其他微量元素。

3)施肥方法

施肥方法同样也分土施和根外追肥。土施必须根据根系分布的特点,将肥料施在根系分布层内,使植株能够充分吸收,施肥时一定要靠近根系,并且要保证一定的水分供应。方法为沿树冠滴水线挖半月形沟(沟宽 20～30 cm,深 15～20 cm,长 60 cm 以上)施,施肥后如果天不下雨,必须灌水或淋水,保证根系充分吸收肥料。根外追肥同幼树施肥。

5.4.6　椰子养分管理

(1)椰子幼苗期施肥

苗期仅 8～10 个月的种苗出圃定植时,通常不进行施肥。为了促进椰苗快速生长,培育壮苗,苗期施肥是有必要的。因为椰子发芽不整齐,生长差异很大,幼苗长出 3 片绿叶后,植株所需养分逐渐由果实内部提供转到由根系自土壤中吸收,如果椰苗长出 6 片叶后,仍不施肥,土壤缺肥,植株生长转慢,叶色转黄,基叶早枯。育苗期要根据椰苗生长状况和育苗期长短适当施肥。前期施氮肥为主,后期施磷、钾肥,出圃前两个月停止施肥。据试验,当椰苗高 25 cm 左右,长出 2~3 片叶时,可用 0.5％氯化钾或 5％草木灰、0.2％氯化钠(食盐或鱼盐),或用 25~50 mg/kg 2,4－D 和 10~25 mg/kg 吲哚乙酸进行叶面喷施或苗基喷施,每隔 15 天 1 次,连续3~4 次,对促进椰苗生长,特别是茎粗生长有显著效果,与对照相比,高增长 11％~94％,叶数增长 11％~37％,茎围增长 50％~94％。也可采用土施,每株施尿素 20 g,重过磷酸钙 7.5 g、氯化钾 24 g、硫酸镁 7.5 g。

(2)幼龄椰园施肥

1)定植基肥

椰苗定植时施好基肥。此次施肥以有机肥为主,适当配合少量的化学肥料。首先挖好植穴,填穴前先将杂草、绿肥等未经腐熟的有机肥施入穴底,然后用表土填回至穴深的 1/3,然后每穴施腐熟的堆肥或厩肥 25~50 kg,草木灰 2.5~5 kg,过磷酸钙 1~1.5 kg 或火烧土 15~25 kg。过磷酸钙 1~1.5 kg,与穴中土壤充分混合,再耙入其余表土和四周穴壁取土的办法,填土到穴深的 1/2 处,以备定植。

也有不施基肥的,其理由:一是苗小根系不多,吸收作用不强,且定植后需 1 个月才能恢复生长,怕肥分损失。二是怕施有机肥会引来虫蚁为害。实践证明,提前施基肥、深施有机肥,配合施草木灰、石灰和食盐,不会损失养分和招引虫蚁,还能中和土壤的酸性、增加吸湿保水能力,可驱除虫蚁,促进生长。据 1963 年海南省文昌市东郊椰子场的试验,施基肥能促进椰子生长,有机肥质量愈好,施肥量愈大,对椰子生长的促进作用愈明显。但施肥要注意肥料成分,如施椰糠末加石灰,增加了土壤酸度,反而影响生长。

2)幼龄椰园的追肥

肥料种类:适宜椰子施用的肥料品种多样,草木灰、海藻、鱼肥和人畜粪尿是椰子最好的肥料,绿肥、海塘泥、垃圾土、火烧土是次好肥料。酸性土壤不宜常施含硫酸、硝酸态无机肥,施用草木灰、火烧土和适当施石灰,有较好的效果。瘦瘠土壤要以施有机肥为主,才能使土壤得到改良。海藻与牛粪堆沤腐熟后施用,效果亦较好。椰子应适当施用鱼盐、食盐或浇灌海水,能起到吸湿、保水、防干、驱虫和置换土壤中不溶性钾的作用,同时氯和钠是椰子需要量较多的元素,有促进生长和增粗茎干的作用,但长期施用会使土质变劣,营养贫缺,椰树生长势倒退。

据分析,椰子的叶片含氮最多,钾为次,磷最少。因此,在长叶阶段的 1~2 龄幼树,应以施氮肥为主,配合施磷钾肥,以利于植株抽叶发根和增强抗逆性;3~4 龄树叶片生长已定型,花芽开始形成,露茎后花苞即将抽出,这时应增施磷钾肥,以利花苞发育,减少败育和"公苞"。

肥料用量:幼龄椰子树的施肥量,因地区、土壤类型而异。在定植后 1~2 年内,每月 1 次根外(叶面)施肥,可用 0.5％磷酸二氢钾,或用 0.5％尿素加磷酸二氯钾喷施,也可用 0.2％氯化钠(食盐)和 1％过磷酸钙等喷施。以后逐年增加肥料用量。以满足椰子对养分需求。文昌东郊椰子场对 3 龄幼龄树每年 3、6、9 月各施肥 1 次,每次每株施氮(硫酸铵)0.25 kg,磷(过磷酸钙)0.25 kg,钾(草木灰)2.5 kg。

施肥次数和时间:定植后第一年的椰子树施肥次数应多,少量多次,勤施薄施。随着椰子树不断生长,施肥次数应减少,每次施肥量增多。通常将年用肥量分两次施用,一半在雨季开始前施(也可将这部分肥料分为多次施用),另一半在雨季结束前 1 个月施。比较肥沃、保水保肥力强的土壤,每年只需施肥 2~3 次,而保水保肥力差的瘦瘠土壤,则需施肥 3~4 次。

(3)成龄椰园施肥

施肥量:成龄椰园应考虑补充由于收获椰果从土壤中带走的养分,以保护椰子树旺盛生长。

施肥时间:施肥时间以椰子树生长发育物候期和气候条件为依据。在海南 3—9 月份椰子生长及发育快,是理想的施肥期。结构良好、保水保肥力强、比较肥沃的壤土,每年只需施肥 1~2次,结构不良、保水保肥力差、非常瘦瘠的砂土,每年要施肥 3~4 次。

施肥距离和深度:速效的无机肥或水肥,应在距树基 1~1.7 m 处施入,深度以 15~20 cm 为宜。腐熟的有机肥与化肥配合可施在树冠 1/2~2/3 处,深度 20 cm,效果比较好。施用绿肥、海藻等未经腐熟的有机肥,则应在树冠下深施,深度约 30 cm,以诱导根系向深处生长,有利于增强植株抗旱、抗风能力。

施肥方法:有撒施、放射沟施、侧沟施和环状沟施等方法,这些施肥方法均有其缺点。为了适应椰子栽培区的气候特点,避免肥分损失和旱热影响,便于操作和提高施肥效果,通常都采用侧沟或环沟施肥。施肥量较少时,为了集中利用肥料和减少工时,可采用东、西或南、北两侧轮换开条状施肥沟,沟长相当于冠幅,沟宽 20~25 cm。施肥量多时,为了让更多的根系吸收到养分,提高肥料利用率和施肥效果,则采用于植株周围开条状沟施肥法,沟长相当于冠幅。沟宽 20~25 cm,距离和深度如前所述。但要做到边开沟、边施肥、边回土填满和压实施肥沟,同时要注意将有机肥施于沟底,施绿肥要配合施以石灰或草木灰,才能避免引起不良后果。

第 6 章　海南热带果树天气指数保险

6.1　国内外研究现状及发展趋势

国际权威期刊"Sigma"将自然巨灾风险分为七大类：严寒、冰雹、洪水、风暴、地震（包括海啸）、干旱、其他。农业生产中的巨灾风险多由自然灾害导致，而且自然巨灾往往导致种植业大面积绝产，如降水极少引起的干旱灾害，降水极多引起的洪水灾害等。由于农业巨灾风险的破坏性和衍生性，农业巨灾风险的发生不但造成经济的严重损失，更会大量摧毁生产设施和破坏生态环境，削弱社会经济可持续发展能力。海南地处热带，海域辽阔，海洋、大气交互作用强烈，台风、暴雨洪涝、大风、干旱、低温、高温等气象灾害连年不断。海南热带土地面积占全国热带土地面积的 42.5%，是我国重要的冬季瓜菜、热带水果、天然橡胶生产基地。由于农业生产周期长，基础设施薄弱，气象灾害对海南农业的影响最为严重。据统计，近 4 年因气象灾害造成的全省直接经济损失平均约 64 亿元，占全省 GDP 的 3% 左右；2005 年损失高达 116.8 亿元，占全省 GDP 的 13%；2014 年台风"威马逊"造成直接经济损失达 119.5 亿元。日益严峻的农业巨灾风险已经成为经济发展和社会稳定的重大安全隐患，成为我省非传统安全保护的重要领域。要减弱灾害的破坏性影响，对灾害造成的损失进行相应补偿就是其中一个重要途径。然而，现行农业自然灾害补偿机制并不完善，主要以政府财政救济及社会捐赠为主，保险补偿缺失或比例较小。这种救济式补偿机制尚无力承担重大农业自然灾害所带来的高额经济损失。因此，如何通过有效的制度安排及合理的政策选择来构建新型农业重大自然灾害补偿机制是由当前国情和面临的严重灾情所决定的重要课题。

农业保险是农业抵御自然灾害风险的重要手段。自然灾害风险特征与可保性风险特征存在相对统一的地方。可保性的自然灾害风险首先是指狭义的自然灾害；其次，应是突发的或者是突然发生后持续一段时间的自然灾害；第三，该种自然灾害是有一定或然活动区域范围的，具有大量的或无数的保险标的，能够承载得起因少数同质性风险而造成的较多受灾数量的自然灾害；第四，是其所导致的损失是可以用金钱来衡量的，且财产损失和人员伤亡是超过一定金额以上的自然灾害；第五，是自然灾害所造成损失对被保险人来说必须是具有合法可保利益的（石兴 等，2008）。

农业保险的经营模式主要有多重风险保险（作物多种险产品）与指定风险保险（作物指定险产品），个人产量保险与区域产量保险，降雨量指数保险与天气指数保险，养殖业指数保险产品等。相对于传统农业保险，天气指数保险提高了保障效率、控制了承保风险、规避了市场失灵、降低了管理成本、易于再保险（邢鹂 等，2007；魏华林 等，2010）。

许多外国学者对农业保险推广过程中存在的问题进行了研究。在一些贫困国家的农村地区,人们通常采用固有的方式来减少气象灾害的风险。然而,这些措施并不总是灵活、现实和经济的。许多家庭通过储蓄、多种经营、分成租佃或生产低风险低投入的产品来减少经济风险,但这些策略并不是对所有的家庭都有效。而且,这些策略所包含的风险也比较高(Rosenzweig et al.,1991)。极端天气事件还会间接导致长期的贫困。很多家庭并不情愿对风险进行前期投资,相反,他们习惯于采用低风险、低回报的投资策略,虽然降低了极端天气事件的风险,但却将自身置于长期的贫困当中(Rosenzweig et al.,1991;Carter et al.,2006)。一般来说,传统的保险习惯于转移极端天气事件的风险。然而,在贫穷国家的农村地区保险市场通常是不发达或不存在的,这是由于合约执行的困难,信息的不对称,高昂的交易费用等(Skees et al.,2006)造成的。20世纪80年代美国农业保险参保率不高的问题较为严重,原因主要是以区域产量情况来确定个人损失,因此出现了逆向选择的问题。农业保险中逆向选择、道德风险和天气多变性的存在产生了对精算的需求,而精算的缺失、费率制定的不合理是导致美国农业保险参保率低的主要原因(Fan Joseph et al.,2004)。区域产量保险在一定程度上解决了上面的问题,其优点是一个地区的农户为每单位面积农作物支付的保费相同,赔偿被触发时,每个农户每单位面积获得的赔偿额是一样的,避免了逆向选择问题;由于农户种植一种农作物后,对农作物的管理不受保险合同的影响,可以减少道德风险;区域产量保险可以出售给任何人,包括农户、农业交易商、农资供应商等;保单可以在二级市场交易;保险经营成本低,可以吸引私人保险公司参与,并为政府提供低成本的风险管理工具(Skees et al.,2006)。

目前我国农业保险的发展处于停滞不前甚至倒退的状况,农业保险市场出现了有效需求不足和供给短缺并存的现象。主要原因是农业保险的保费较高与赔付率较高,而根源在于缺乏良好的政策支持。李志学等通过研究美国、日本农业保险的成功经营经验,结合我国国情,提出了目前我国农业保险的应对措施:构建经营主体多元化的农业保险体系,同时加强制度创新,以尽快完善我国农业保险市场,发挥对农业的保障作用,从而促进我国农业产业的发展(李志学 等,2008)。

农业气象指数保险:农业保险的研究对象是各种自然灾害风险,其中气象灾害风险是农业灾害形成的主体。天气风险是指除了飓风、洪灾等巨大灾害之外由于温度、湿度、降雨、刮风等天气原因造成的相关企业收入不确定性的风险。据估计,世界上每年大约有70%的企业受到天气风险的影响。由于天气风险的普遍性,在经济发达的现代社会中,天气风险造成的损失越来越大,使得天气风险管理成为必要。天气风险管理指企业对所面临的天气风险,如雨量、温度、积雪量和风速等,进行识别分析后,采取一定的风险管理方法进行应对,以期达到增加收入或者减少费用支出的目的。天气风险是企业生产经营中面临的重要风险之一,对企业财产和员工安全,对企业的经营效益以及企业战略目标的制定、实施与实现都有着重要影响。我国的天气风险管理尚处于初级阶段,应尽快建立相应的管理机制。目前,管理天气风险的措施主要有三种:风险自留措施、利用天气保险和天气衍生工具(天气期货、天气期货期权)进行风险转移的措施(祖晓青,2006;王勇 等,2009)。

天气保险是由气象信息用户向保险公司缴纳保费,以企业可能遭受的天气变化为保险标的投保,如果实现出现的天气状况超出保险公司与用户的约定范围,造成了投保方的经济损失,由保险公司向投保方理赔。保险公司根据实际情况进行评估、精算、厘定费率、确定保险价格。投保人通过购买保单,将不利天气带来的损失转嫁给保险公司,而保险公司的保费收入则作为保险准备金应付不利天气带来损失时的赔付(祖晓青,2006)。

　　从国内外农业保险的实践看,传统保险的交易成本较高,包括注册登记、合同设计、比率确定、逆向选择和道德风险,对于天气保险的经营与管理存在一些难题。为克服这些难题,20 世纪 90 年代出现了农业气象指数保险。所谓气象指数保险,是指把一个或几个气象条件对农作物损害程度指数化,每个指数都有对应的农作物产量和损益。保险合同以这种指数为基础,当指数达到一定水平,并对农产品造成一定影响时,投保人就可以获得相应标准的赔偿,交易成本在很大程度上低于传统农业保险的交易成本(Wang M et al.,2011)。此项保险只有十来年的历史。世界银行是把气象指数保险应用于农业、解决农业风险问题的倡导者。由于运营所需信息少,承保与理赔相对简单,保险合同易于理解且具有流通性,道德风险和逆向选择易于控制等优点,农业气象指数保险的相关产品在墨西哥、印度、阿根廷、南非等发展中国家进展顺利。我国在上海、安徽也出现了农业气象指数保险的实践探索(陈盛伟,2010)。农业保险需要来自政府的补贴,指数保险是农作物保险发展的新趋向,贷款的担保机制是农村金融机构安全的重要保证,但这一机制自身存在着道德风险问题(杨惠茹,2014)。农业保险在全国试点和进一步推开的政策背景下,以及 WTO“绿箱”政策的框架下,沿袭传统的农业保护政策显然已不能适应经济发展的要求,从长远看,需要一种长效的粮食生产灾害补偿制度安排,将粮食生产的风险分散、转移,从而让农户有一个长期稳定的收入预期(陈新建 等,2015)。

　　农业保险风险区划是大规模开展农业保险必不可少的基础性工作之一,是分区分类防灾和损失评估的重要依据,也是灾害保险费率厘定的基础。传统的农业保险忽略了风险的地区间差异性,致使灾后的赔付不合理,保险人与部分被保险人遭受损失。国外的风险区划发展较早且较为完善。美国自 1938 年开展农业保险以来,经过 70 多年的实践探索与创新,已基本建立了现代化的风险管理制度。美国曾以雹灾次数(平均雹灾天数)、雹灾次数最多的季节和雹灾强度为主导指标,把整个美国大陆划分为 14 类雹灾地区,据此分别对各区域制定和实施差别保险费率。美国将农作物一切险区分为保险责任区和费率区,分别反映生产力和风险的差异。其具体做法是,先由联邦农作物保险公司的保险统计处为每个县确定保险责任和厘定保险费率及保险金额。各县再按土地的生产能力,考虑收获的记录、土壤分类地图及其他各种资源情况,把该县划分为不同的保险责任区。根据生产风险的区域性将该县划分为不同的费率区。日本的农作物都会按其风险等级划分,确定相应的保险费率。具体做法是:首先,由农林省依据可保作物在过去 20 年中的损失率为每个府确定其标准费率。政府再根据辖区内每个村、镇或市过去的损失记录和农作物生产的物质条件。然后把最初的标准保险费率,应用于不同风险等级的村、镇或市。日本一般把每个府作为一个风险区域,每个府划分成几个风险等级。加拿大农业保险的制度模式和经营方式与美国有些相似。各省在开展农作物保险时,都根据本省各地区的气候、土壤、地理条件和农作物生产历史进行了风险区域划分,不同风险区域内有不同的费率范围。每一个风险区的费率主要依据两个因素来厘定:一是该地区土壤的生产能力;二是农作物生产的历史资料,即历年的产量记录。德国在其农作物保险的开展中将全国划分为 44 个风险区域,每个区域内再对相应的 9 种农作物确定不同的农险费率,在这些风险区域的基础上厘定的费率共有 396 个,不同地区同种农作物的风险费率的差异也较大。因此,风险区划对于农作物保险长期稳定经营的重要性不言而喻。

　　我国地域辽阔,各区域的气象灾害风险和经济发展水平都具有较大的差异性,因此更需要开展风险区划工作。我国的风险区划研究多数基于灾害学的原理和方法,无论是理论还是实践均发展较快,在各个领域都有应用,并得到了大量的研究成果(冯秀藻 等,1994;郭迎春 等,

1998;吴利红 等,2010;尚志海 等,2014;陈新建 等,2015;邢鹂 等,2007;梁来存,2010;刘映宁等,2010)。陈丽对我国实行农业保险风险区划提出了对策建议:各地农业保险模式应因地制宜,对我国农业保险进行县级风险区划,实行法定保险和自愿保险相结合的政策(陈丽,2010)。庹国柱等设计了 9 类指标(作物产量水平、产量变异系数、灾害发生频率和强度、气候综合评判值、地理指标、土壤等级、水利设施指标、其他经济技术条件的综合评判值、作物结构)对农作物划分风险区域,具体方法采用指标图重叠法或模糊聚类分析法(庹国柱 等,1994)。孙文堂等从马铃薯历年粮食产量单产偏离趋势产量的波动副值百分率入手,定义了 4 个反映乌盟马铃薯产量风险水平的指标:历年平均减产率指标、历年减产率变异系数、减产率概率指标和综合风险指数指标,通过加权平均法综合形成了反映综合风险程度的客观标准(孙文堂 等,2004)。邢鹂等根据"农业生产风险程度大致类似"和"农作物发展方向基本相同"的原则,选择粮食单产变异系数、农作物成灾概率、粮食的专业化指数、粮食的效率指数 4 个风险区划主导指标,运用聚类分析法对全国粮食产地进行了风险等级划分(邢鹂 等,2007)。邓国等随机选取中国各地 40 年以上粮食产量序列,利用正态分布曲线、偏态分布正态化以及解析概率密度曲线积分等方法获得粮食产量序列的风险概率,反映了粮食生产不同增减产幅度及相应的概率大小(周玉淑 等,2003)。钟以章通过查清区划范围内的地震危险性和经济损失,建立了未来 20 年灾变与灾度的动态变化模型,并结合保险费率和保险政策最终完成全省的地震保险区划(钟以章,2005)。邓国等探讨了粮食生产中的风险问题,并从粮食产量序列入手采用解析概率密度曲线积分的方法,着重研究某一粮食生产单元粮食产量序列的波动情况,定量地反映该地区粮食生产风险水平的高低状况(邓国 等,2001)。

保险费率的厘定方法是农业保险的重要内容之一。无论是在财产保险、人寿保险等商业性保险中,还是在农业保险中,保险合同设计均是保险产品赢得市场认可、获得持续发展的重要保障。险种开发则是适应和满足市场需求,使保险获得永续发展的一项重要工作。自然灾害保险产品设计方面应考虑如下因素:自然灾害分类因素、自然灾害单一事件的定义、自然灾害区划范围内的保险强制性、自然灾害的连锁性与多样性因素、单一保单免赔额规定和自然灾害单一事件巨灾损失基准点定义、费率因素、监管因素、国际性和标准性因素(石兴 等,2008)。作为保险经营中两项十分重要的工种,保险合同设计和险种开发都需要回答和解决一个关键的问题,即保险产品的定价,或费率厘定的问题。由于信息不对称,逆向选择和道德风险问题普遍存在于保险市场中,如果保险费率厘定不合理,则会加重这两个问题,阻碍保险的发展,甚至导致保险产品的失败(王克,2008)。在农业保险中,对单产风险的测算其实就是对作物单产概率分布进行拟合的过程(Barry K G et al.,2015)。区域农业保险费率由纯费率、附加费率、成本利润率三者构成(郭迎春 等,1998)。吴秀君等提出一种洪水保险费的失真原则来计算纯保费,并基于 GIS 计算和修正。与传统的保险精算模型方法相比,这种基于 GIS 的保险定价方法提供了一个更加精确、高效、灵活的解决方案(吴秀君 等,2004)。采用非参数核密度的信息扩散模型估算了玉米区域产量保险费率,这种方法可以近似地分离出农作物生产的系统风险(王丽红 等,2007)。周玉淑等研究了改进的农作物保险费率的计算方法,将粮食单产时间序列视作一个波动函数,这个波由周期不同的谐波叠加而成。趋势产量的模拟采用直线滑动平均模拟的方法,由粮食单产和趋势产量计算气象产量,并变换为比值形式。采用相对比值计算保险费率(周玉淑 等,2003)。娄伟平等根据柑橘减产率与气象因子的关系,应用极值理论分析导致巨灾结果的气象风险的尾部分布,确定保险费率,综合区域产量指数保险和气象指数保险优点,确定了浙江省西部地区各县的纯保险费率和气象灾害赔付金额(娄伟平 等,2010)。丁少群从保险经营的财务稳定性出发,对农作物保险费率的厘定从技术和理论上进行探讨,设计出农作物保险费率的计算公式,比较了计算纯费率的不同方法,讨论了损失率平均时段问题,指出农险费率的计算应根据农作物单产分布和灾害发生规律,选用不同的技术和方法,并且在实际应用中要不断调整(丁少群,1997)。1985 年,海南省开办了农业保险,2007 年启动农业保险试点,橡胶树风灾保险在万宁市、琼中县试点,2008 年,橡胶树风灾保险扩大至全省范围。海南农垦也曾小规模试办天然橡胶风灾保险。2009 年 6 月 30 日,中国人民财产保险股份有限公司统一投保海南橡胶树风灾保险,这份保险金额达 46 亿元人民币的大宗保单开启了中国林木资产大规模投保的先例。近年来,海南省通过"增加保费补贴品种、扩大保费补贴领域、支持提高保障水平"等措施,已逐步建立起基本农业保险体系和运作机制。海南省已推开 14 个农业保险险种,包括橡胶树风灾保险、南繁制种保险、香蕉保险等具有典型的海南特色,且对国计民生有重大影响的险种,充分反映了农业保险作为一种支农工具为农户(农业企业)提供社会化风险分散工具的作用。据不完全统计,2009 年至 2013 年,海南省农作物受灾面积 904.1 万亩,绝收面积 247.6 万亩,农业经济损失 158.5 亿元,年均损失 31.7 亿元,其中 2013 年农业保险估损金额为 1.86 亿元,占总损失比例较小,说明农业保险参与度不够,保险覆盖面也不广。海南省级财政根据自身财力设立了农业保险巨灾风险准备金,在遭遇巨灾损失时对保险公司提供一定程度的补偿,或在保费补贴资金出现缺口时暂时代垫,鼓励保险公司放开手脚做大农业保险业务,目前该项资金余额达 3052.7 万元。

6.2　热带果树天气指数保险模型

目前,国内外农业保险精算中广泛采用产量概率密度函数模型来计算保险费率和保费(Vercammen,2000；Ozaki et al.,2008),常用的分布模型可以分为参数模型及非参数模型,参数模型适合样本数据量较小的情况,需事先假定模型形式,非参数模型不需要事先假定分布模型,可直接根据样本数据对所寻找的分布通过直方图进行描述,或利用某种方法对所求的单产分布进行密度估计。

6.2.1　参数模型

参数模型中的 Normal distribution,Log-normal distribution,Exponential distribution,Weibull distribution,Gamma distribution,Logistic distribution,Log-logistic distribution 等 7 个分布模型可以用来进行保险纯费率的计算,分布模型中各项参数的计算采用极大似然估计法(MLE)(王克 等,2010)。

(1)Normal distribution

正态分布(Normal distribution),又称高斯分布(Gaussian distribution),若随机变量 X 服从期望为 μ 和方差 σ^2 为的高斯分布,记做 $X \sim N(\mu, \sigma)$,

正态分布的概率密度函数(PDF)为:

$$f(x) = \frac{1}{\sqrt{2\pi}\sigma} \exp\left(-\frac{1}{2}\left(\frac{x-\mu}{\sigma}\right)^2\right) \quad (-\infty < x < +\infty) \tag{6.1}$$

其分布函数(CDF)为

$$F(x) = \Phi\left(\frac{X-\mu}{\sigma}\right) \tag{6.2}$$

$\Phi(*)$ 为标准的正态分布函数。

（2）Weibull distribution

低温、高温是江西早稻的极端天气事件之一。对于极端天气事件，研究重点不是其整体分布，而是超过某一阈值的尾部分布，采用极值理论分析导致极端天气结果的气象风险的尾部分布较为合适，可以较好地模拟小满寒、高温逼熟气象灾害的分布。

Weibull 分布的概率密度函数（PDF）为

$$f(x) = \frac{\alpha}{\beta}\left(\frac{x}{\beta}\right)^{\alpha-1}\exp\left[-\left(\frac{x}{\beta}\right)^{\alpha}\right] \quad (x \geqslant 0) \tag{6.3}$$

累积分布函数（CDF）为

$$F(x) = 1 - \exp\left[-\left(\frac{x}{\beta}\right)^{\alpha}\right] \tag{6.4}$$

式中，$F(x)$ 为高温灾害持续天数的发生概率，x 为高温灾害持续天数，α 为 Weibull 分布的形状参数，β 为尺度参数。

（3）Logistic distribution

Logistic 分布经常用于人口增长和有机体生长模型的构建中，Logistic 分布的形状为钟形，其形状由位置参数 m 和尺度参数 b 决定。

Logistic 分布的概率密度函数（PDF）为：

$$f(x) = \frac{\mathrm{e}^{-(x-m)/b}}{b\left[1+\mathrm{e}^{-(x-m)/b}\right]^2} \quad (-\infty < x < +\infty) \tag{6.5}$$

其累积分布函数（CDF）为

$$F(x) = \frac{1}{1+\mathrm{e}^{-(x-m)/b}} \tag{6.6}$$

（4）Log-normal distribution

Log-normal distribution（对数正态分布模型）记做 $\ln N(\mu, \sigma^2)$，其中 σ 为形状参数（Shape），μ 为对数尺度参数（Log-Scale），按照以下公式计算：

$$\mu = \ln\left[\frac{m}{\sqrt{1+\dfrac{v}{m^2}}}\right], \sigma = \sqrt{\ln\left(1+\frac{v}{m^2}\right)} \tag{6.7}$$

式中，m 为平均值，v 为方差。

Lognormal distribution 的概率密度函数（PDF）为

$$f(x;\mu,\sigma) = \frac{1}{x\sigma\sqrt{2\pi}}\mathrm{e}^{\frac{(\ln,x-\mu)^2}{2\sigma^2}}, x > 0 \tag{6.8}$$

其累积分布函数（CDF）为

$$F(x;\mu,\sigma) = \frac{1}{2} + \frac{1}{2}\exp\left[\frac{\ln x - \mu}{\sqrt{2}\sigma}\right] \tag{6.9}$$

（5）Log-logistic distribution

在概率论与数理统计中，log-logistic distribution（称为经济学国库分布）是一个持续的非负随机变量的概率分布。它用于生存分析的参数模型事件最初的加息和随后的减少，例如癌症诊断或治疗的死亡率。它也用于水文模型的河流径流和降水，和作为一个简单的财富和收入分配的经济学模型。

Log-logistic distribution 模型中 α 为尺度参数(Scale),β 为形状参数(Shape)。

Log-logistic distribution 的概率密度函数(PDF)为

$$f(x;\alpha,\beta) = \frac{(\beta/\alpha)(x/\alpha)^{\beta-1}}{[1+(x/\alpha)^{\beta}]^2} \tag{6.10}$$

其累积分布函数(CDF)为

$$F(x;\alpha,\beta) = \frac{x^{\beta}}{\alpha^{\beta}+x^{\beta}} \quad (x>0,\alpha>0,\beta>0) \tag{6.11}$$

(6)Gamma distribution

Gamma 分布主要应用于等候时间(waiting time)等问题。Gamma 分布有两个参数 α 称为形状参数,β 称为尺度参数,α 和 β 都是大于零的正数。

Gamma 分布的概率密度函数(PDF)为

$$f(x) = \frac{1}{\sqrt{2\pi}\sigma}\exp\left[-\frac{(x-\mu)^2}{2\sigma^2}\right] \quad (-\infty<x<+\infty) \tag{6.12}$$

其累积分布函数(CDF)为

$$f(x;\alpha,\theta) = \int_0^x f(u;\alpha,\beta)\mathrm{d}u = \frac{\gamma(\alpha,x/\beta)}{\Gamma(\alpha)} \tag{6.13}$$

(7)Exponential distribution

在概率论和统计中,指数分布(又名负指数分布)的概率分布描述事件之间在时间内的一个泊松过程,即事件发生的过程不断地和独立地以一种恒定的平均比率来发生,它的重要的属性是无记忆性。

指数分布的概率密度函数(PDF)为

$$f(x) = \begin{cases} \lambda e^{-\lambda x} & (x\geqslant 0) \\ 0 & (x<0) \end{cases} \tag{6.14}$$

其累积分布函数(CDF)为

$$f(x;\lambda) = \begin{cases} 1-e^{-\lambda x} & (x\geqslant 0) \\ 0 & (x<0) \end{cases} \tag{6.15}$$

6.2.2 保险费率计算方法

保险的纯费率等于保险损失的期望值,即纯保费占保险金额的比例(Alan *et al*,2000),可表达为:

$$R = \frac{E(loss)}{\lambda Y} = \sum(Lr \times Pi) \tag{6.16}$$

式中,R 为保险纯费率(%),$loss$ 为作物损失,$E(loss)$ 为作物损失的期望值即保险损失的期望值,λ 为保障比例,Y 为预期单产,Lr 为不同小满寒、高温逼熟灾害等级的减产率(%),Pi 为不同灾害等级的发生概率(%)。

6.3 热带水果保险费率厘定

气象指数保险是指将一个或几个气候条件(例如降水量、温差等)对农作物损害程度指数化,当实际气候条件达到一定指数时,保险合同立即给予赔付。以指标为基础的保险合约和金融衍生物带来很小的信誉风险,直接变量的透明度使其对投资者具有吸引力,投资者可以很容易监控业务活动,同时也便利了使金融衍生物能够进行正常交易的二级市场的产生(冯冠胜等,2004)。

国外研究发现,气象指数保险具有以下优点(于宁宁 等,2009):降低了传统农业保险中的道德风险;抑制了传统农业保险中的逆向选择;管理成本低;保险合同具有标准化、透明的结构;具有可获得性和可转让性;数据易于获得,理赔速度更快。

现阶段我国保险业整体发展迅速,农业保险却渐趋萎缩。农业风险损失日益严重,农业风险保障却日趋减少。造成农业保险发展滞后的主要原因有以下几点(张祖荣,2007):农业风险监测能力不足;农业风险区划技术落后,实用指标体系尚未建立;农业保险定价的精算理论研究落后;防灾减损体系不完善;定损理赔复杂,农作物保险往往需要收获时二次定损。对于特定风险保险,定损时还要从产量的损失中扣除约定风险之外的灾害事故所造成的经济损失,技术难度大。

在农业保险中,对单产风险的测算其实就是对作物单产概率分布进行拟合的过程,应用的分布类型有正态分布、Beta 分布、Gamma 分布、Weibull 分布、Logistic 分布、双曲线反正弦分布等参数或非参数模型。区域农业保险费率由纯费率、附加费率、成本利润率三者构成,核心问题在于纯费率的厘定。国内学者在这方面进行了广泛的研究。吴秀君等应用失真原则来计算纯保费(吴秀君 等,2004),王丽红等构建了非参数核密度的信息扩散模型(王丽红 等,2007),周玉淑等采用气象产量的相对比值进行计算(周玉淑 等,2003),娄伟平等应用极值理论确定保险费率(娄伟平 等,2010)。存在的问题主要在于参数模型的选择,偏态分布正态化的合理性,厘定的费率是否能体现所有的风险等。

本章节选择海南的特色作物——热带水果作为研究对象,针对寒害的影响构建农业气象保险指数,应用极值理论进行保险费率的厘定,并开展寒害和产量波动的风险分析,建立区域风险系数,对费率进行修正。

6.3.1 热带水果的寒害减产率历史序列

(1)热带水果的理论收获面积模拟

作物因气象灾害造成的减产可由单产的波动来表现,即实际单产相对于趋势单产的偏离。趋势单产可通过直线滑动平均法对实际单产进行模拟获得,实际单产为单位收获面积上的产量。如果不发生气象灾害,作物实际的收获面积为理论上的最大收获面积,一旦发生气象灾害,则实际收获面积低于理论收获面积。对于一年生作物来说,其种植面积等同于理论收获面积。海南的热带水果为多年生果树,荔枝、芒果定植至收获约需 3—4 年时间,香蕉由种到收大约需要一年至一年半时间,不同纬度的果树成熟收获时间存在一定差异,相同品种低纬度地区成熟较早,越向北成熟越迟;同一地区,早熟、中熟和晚熟品种的收获期也不同。相比一年生作物,多年生果树的种植面积中只有部分到达收获期,因此种植面积高于理论收获面积,不能直接用于实际单产的计算,需要对理论收获面积进行模拟。考虑到理论收获面积的大小与种植面积有关,而与气象灾害无关,相同种植面积下实际收获面积相对于理论收获面积的偏离与气象灾害的强度有关,因此通过构建种植面积和对应的实际收获面积的特征空间,提取其空间分布的边界方程,即可得到不同种植面积对应的理论收获面积。

多年生果树的种植面积与收获面积存在密切相关。由于当年种植的荔枝和芒果需要3~4年收获,香蕉需要1年以上时间收获,可知前几年的种植面积对当年的收获面积影响最大。对海南18个市县热带水果当年的收获面积与近几年的种植面积进行了相关分析(见表6.1~表6.3),其中"当年 r_0"为当年收获面积与当年种植面积的相关系数,"前一年 r_1"为当年收获面积与去年种植面积的相关系数,依此类推。表中列出了通过 0.05 显著性水平检验的相关系数,未通过检验的原因主要是收获面积受气象灾害的影响较大。从表中可以看出,荔枝和芒果的当年收获面积均与前三年种植面积的相关性最大,对荔枝来说,约有 84.6% 的市县的 r_3 为最高,芒果 r_3 为最高的比例约为 52.9%。香蕉收获面积主要受前一年种植面积的影响,18个市县中有13个市县的 r_1 大于 r_0。基于以上的分析,构建三种水果当年的收获面积与其相关性最强年份的种植面积的特征空间,以种植面积为横坐标,收获面积为纵坐标,散点分布的上边界即为热带水果当年的理论收获面积(见图6.1~图6.3)。

表 6.1　荔枝当年收获面积与近三年种植面积的相关系数

市县	当年	前一年	前两年	前三年
	r_0	r_1	r_2	r_3
海口	0.736	0.807	0.868	0.889
三亚	0.655	0.842	0.895	0.907
五指山	—	—	—	—
文昌	0.951	0.978	0.977	0.962
琼海	0.894	0.955	0.989	0.993
万宁	0.91	0.939	0.988	0.961
定安	0.767	0.796	0.865	0.913
屯昌	0.509	0.696	0.857	0.932
澄迈	0.768	0.88	0.948	0.959
临高	0.795	0.862	0.909	0.92
儋州	—	—	0.559	0.628
东方	—	—	—	—
乐东	—	—	—	—
琼中	—	—	—	—
保亭	0.598	0.696	0.792	0.842
陵水	0.812	0.858	0.906	0.94
白沙	—	0.698	0.883	0.961
昌江	—	—	—	—

表 6.2　香蕉当年收获面积与近一年种植面积的相关系数

市县	当年 r_0	前一年 r_1	市县	当年 r_0	前一年 r_1
海口	0.978	0.991	临高	0.984	0.981
三亚	0.899	0.956	儋州	0.77	0.862
五指山	0.74	0.86	东方	0.946	0.982
文昌	0.981	0.983	乐东	0.861	0.905
琼海	0.908	0.942	琼中	0.537	0.562
万宁	0.946	0.736	保亭	0.65	0.613
定安	0.944	0.671	陵水	0.852	0.295
屯昌	0.88	0.925	白沙	0.702	0.737
澄迈	0.939	0.958	昌江	0.923	0.989

表 6.3　芒果当年收获面积与近三年种植面积的相关系数

市县	当年 r_0	前一年 r_1	前两年 r_2	前三年 r_3
海口	0.754	0.841	0.886	0.896
三亚	0.962	0.968	0.973	0.979
五指山	0.488	0.507	0.476	0.464
文昌	—	—	—	—
琼海	—	0.629	0.763	0.825
万宁	0.798	0.936	0.925	0.725
定安	—	—	0.637	0.676
屯昌	0.752	0.843	0.795	0.654
澄迈	0.758	0.805	0.798	0.668
临高	—	—	0.559	0.639
儋州	0.682	0.701	0.662	0.626
东方	0.902	0.938	0.966	0.976
乐东	0.936	0.95	0.95	0.945
琼中	0.493	0.513	0.575	0.556
保亭	0.646	0.719	0.724	0.747
陵水	0.927	0.937	0.963	0.967
白沙	0.71	0.791	0.776	0.764
昌江	0.684	0.759	0.834	0.901

　　应用 MATLAB 拟合三种水果的边界方程，荔枝、香蕉、芒果分别为式(6.17)，(6.18)，(6.19)，结果均通过水平为 0.05 的显著性检验。如果某种植面积对应的实际收获面积中的最大值低于拟合值，则理论收获面积等于拟合值；相反，则理论收获面积等于最大的实际收获面积。

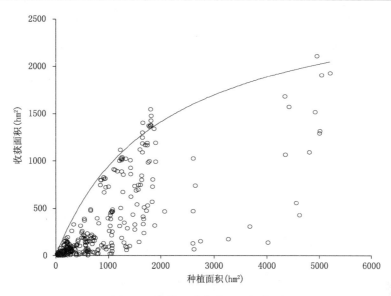

图 6.1　荔枝理论收获面积拟合图

荔枝：
$$A_{ai} = \frac{A_{pi}}{3.519 \times 10^{-4} \times A_{pi} + 0.7074} \tag{6.17}$$

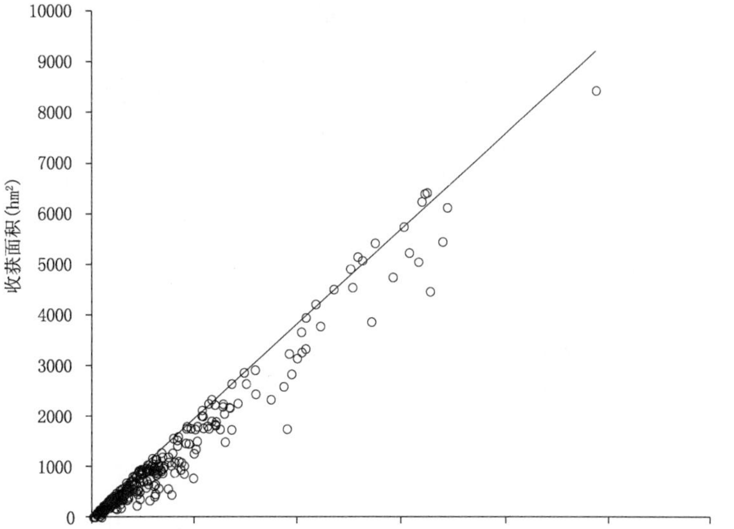

图 6.2　香蕉理论收获面积拟合图

香蕉：
$$A_{ai} = 0.9392 \times A_{pi} + 55.557 \tag{6.18}$$

芒果：
$$A_{ai} = \frac{A_{pi}}{3.229 \times 10^{-5} \times A_{pi} + 0.9532} \tag{6.19}$$

式中，A_{pi} 为种植面积（单位：hm^2）；A_{ai} 为理论收获面积（单位：hm^2）。

由 1990—2010 年的总产量和理论收获面积求得实际单产，通过直线滑动平均法拟合趋势单产，进而获得相对气象产量，其负值即为总减产率。

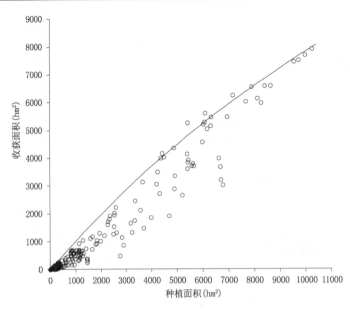

图 6.3　芒果理论收获面积拟合图

（2）热带水果的寒害减产率计算

　　热带水果寒害减产率历史序列是进行风险分布参数估计和保险费率厘定的基础,其求算思路主要是通过构建气象灾害指数(见表 6.4、表 6.5),与历史相对气象产量建立模型,由气象灾害指数获取减产率。首先以 1990—2010 年的相对气象产量与气象灾害指数建立模型,统计1961—1989 年的气象资料,建立气象灾害指数序列,通过方程计算得到对应年份的相对气象产量序列,综合 1990—2010 年的相对气象产量,可以得到 1961—2010 年的总减产率序列。然后采用与第一步类似的方法,通过提取非寒害年,建立 1990—2010 年的非寒害气象灾害指数与非寒害减产率的模型,并由此模型得到 1961—2010 年的非寒害减产率序列。最后,由总减产率减去非寒害减产率即得到 1961—2010 年的寒害减产率序列。

表 6.4　气象灾害对三种热带水果的影响

		热带气旋	非台风暴雨	干旱	寒害	冷害	热害
荔枝	时段	6—10 月	5—6 月	2—6 月	2—3 月	3—4 月	4—5 月
	生育期	营养生长期	坐果期	开花、坐果	开花	开花	开花、坐果
	气象指标	瞬时风速,总降水量,日最大降水量	暴雨总降水量,暴雨强度	CI 综合气象干旱指数	日最低气温,日最低气温,气温低于 10 ℃ 的日数	日最低气温,日最低气温,气温低于 15 ℃ 的日数	日最高气温,日最高气温,气温高于 26 ℃ 的日数
香蕉	时段	6—10 月	4—11 月	11—6 月	12—3 月	3—4 月	—
	生育期	各生育期	各生育期	各生育期	各生育期	生殖生长期	—
	气象指标	瞬时风速,总降水量	暴雨总降水量,暴雨强度	CI 综合气象干旱指指数	日最低气温,日最低气温,气温低于 10 ℃ 的日数	日最低气温,日最低气温,气温低于 18 ℃ 的日数	—

续表

		热带气旋	非台风暴雨	干旱	寒害	冷害	热害
芒果	时段	6—10 月	5—6 月	2—6 月	12—2 月	3—4 月	3—5 月
	生育期	营养生长期	坐果期	开花、坐果	开花	开花	开花、坐果
	气象指标	瞬时风速，总降水量，日最大雨量	暴雨总降水量，暴雨强度	CI 综合气象干旱指数	日最低气温，日最低气温，气温低于 10℃ 的日数	日最低气温，日最低气温，气温低于 15℃ 的日数	日最高气温，日最高气温，气温高于 27℃ 的日数

表 6.5　气象灾害指数的计算

气象灾害	公　式	
热带气旋	$D_{tc} = a_1 \sum_{i=1}^{n} V_{m_i}^2 + a_2 \sum_{i=1}^{n} R_{ti} + a_3 \sum_{i=1}^{n} R_{mi}$	(6.20)
暴雨	$D_s = a_1 \sum_{i=1}^{n} R_{ti} + a_2 R_{smi}$	(6.21)
干旱	$D_d = a_1 \sum_{i=1}^{n} CI_{1i} + a_2 \sum_{i=1}^{n} CI_{2i} + a_3 \sum_{i=1}^{n} CI_{3i} + a_4 \sum_{i=1}^{n} CI_{4i}$	(6.22)
寒害	$D_c = \sum_{i=1}^{n} \left(\sum_{j=1}^{n_{ci}} (1 - 0.5 t_{ci}) \right)^{a_1}$	(6.23)
冷害	$D_{ch} = \sum_{i=1}^{n} \left(\sum_{j=1}^{n_{chi}} (1 - 0.5 t_{chi}) \right)^{a_1}$	(6.24)
热害	$D_h = \sum_{i=1}^{n} \left(\sum_{j=1}^{n_{hi}} t_{hi} \right)^{a_1}$	(6.25)

式(6.20)中，D_{tc} 为热带气旋灾害指数，V_m 为最大风速，R_t 为总雨量，R_m 为日最大雨量，$a_1 = 0.5396$，$a_2 = 0.1634$，$a_3 = 0.297$。式(6.21)中，D_s 为暴雨灾害指数，主要统计非台风期间的暴雨，R_{sm} 为暴雨强度，为暴雨总雨量除以暴雨日数得到，荔枝和芒果($a_1 = 0.4$，$a_2 = 0.6$)，香蕉($a_1 = 0.6$，$a_2 = 0.4$)。式(6.22)中，D_d 为干旱指数，其中 $-1.2 < CI_1 \leqslant -0.6$，$-1.8 < CI_2 \leqslant -1.2$，$-2.4 < CI_3 \leqslant -1.8$，$CI_4 \leqslant -2.4$，$CI_1$、$CI_2$、$CI_3$、$CI_4$ 分别对应综合气象干旱指数(CI指数)中的轻旱、中旱、重旱和特旱，$a_1 = 0.133$，$a_2 = 0.1938$，$a_3 = 0.2741$，$a_4 = 0.3991$。式(6.23)中，D_c 为寒害指数，t_c 为日最低气温低于 10 ℃ 的序列，采用归一化处理($-1.4 \sim 10$ ℃)，n_c 为寒害过程的日数，$a_1 = 2$。式(6.24)中，D_{ch} 为冷害指数，t_{ch} 为日最低气温，采用归一化处理($10 \sim 15$ ℃)，n_{ch} 为日最低气温低于 15 ℃ 高于 10 ℃ 的日数，$a_1 = 2$。式(6.25)中，D_h 为热害指数，t_h 为日最高气温，n_h 为日最高气温高于 26 ℃ 或 27 ℃ 的日数，$a_1 = 2$。以上式中 i 为气象灾害过程；a_1、a_2、a_3、a_4 为系数，采用层次分析法计算。

统计三种热带水果 1990—2010 年的气象数据，依式(6.20)~(6.25)求得历年各灾种的气象灾害指数，与相对气象产量建立模型：

荔枝：

$$Y_w = -0.104 - 0.296 D_{tc} + 0.363 D_s - 0.132 D_d - 1.156 D_c + 2.329 D_{ch} + 0.015 D_h \quad (6.26)$$

香蕉：

$$Y_w = -0.066 + 0.622D_{tc} + 0.117D_s - 0.189D_d + 0.513D_c - 0.431D_{ch} \tag{6.27}$$

芒果：

$$Y_w = -0.186 + 0.255D_{tc} + 0.117D_s + 0.025D_d + 2.44D_c - 0.193D_{ch} + 0.254D_h \tag{6.28}$$

统计三种热带水果 1961—1989 年的气象数据，计算得到总减产率序列。

6.3.2 热带水果的单产风险分布模拟

农作物单产保险费率厘定主要依据农作物生产面临的风险大小及其分布特征。目前，农作物保险费率的厘定方法主要有两种：经验费率法和单产风险分布模型推导法。前者是指保险者根据单个农户或地区的历史损失情况和自身经验，对当期农业保险费率进行估计的一种方法，该方法具有很大的主观性，科学性不够；而后者是指利用统计学和概率论知识，估算某地区或个人作物单产风险的概率密度函数，然后利用概率论知识进行费率厘定的方法，该方法理论严谨，数学推理性强，计算结果更为准确客观（王克 等，2010）。

热带水果单产风险的分布采用极值理论中的 Weibull 分布（Ⅲ型极值分布），其对气候极值事件的拟合效果较好。Weibull 分布的密度函数和分布函数如下：

$$f(x) = \frac{m}{\eta^m}(x-\gamma)^{m-1}\exp\left[-\left(\frac{x-\gamma}{\eta}\right)^m\right] \tag{6.29}$$

$$F(x) = 1 - \exp\left[-\left(\frac{x-\gamma}{\eta}\right)^m\right] \tag{6.30}$$

式中，x 为各市县 1961—2010 年热带水果的减产率序列；m 为形状参数，$m>0$；η 为尺度参数，$\eta>0$；γ 为位置参数，$\gamma \geqslant 0$。

形状参数和尺度参数是未知参数，需要进行估计。极大似然法是求未知参数点估计的一种重要方法，在参数估计方面的效果较好。其思路是设一随机试验已知有若干个结果 A，B，C，…，如果在一次试验中 A 发生了，则可认为当时的条件最有利于 A 发生，故应如此选择分布的参数，使发生 A 的概率最大。Weibull 分布参数估计的极大似然法如下（史景钊 等，2009）：

（1）建立似然函数

$$L(\theta;x) = L(\theta;x_1,x_2,\cdots,x_n) = \prod_{i=1}^{n} f(x_i;\theta) \tag{6.31}$$

$$L(m,\eta,\gamma) = \prod_{i=1}^{n} \frac{m}{\eta^m}(x_i-\gamma)^{m-1}\exp\left[-\left(\frac{x_i-\gamma}{\eta}\right)^m\right] \tag{6.32}$$

（2）建立对数似然函数

$$l(m,\eta,\gamma) = n\ln m - n\ln\eta^m + (m-1)\ln\prod_{i=1}^{n}(x_i-\gamma) - \frac{1}{\eta^m}\sum_{i=1}^{n}(x_i-y)^m \tag{6.33}$$

对 η 求偏导，得

$$\frac{\partial l(m,\eta)}{\partial\eta} = -\frac{nm}{\eta} + \frac{m}{\eta^{m+1}}\sum_{i=1}^{n}(x_i-\gamma)^m \tag{6.34}$$

由上式求得

$$\eta^m = \frac{1}{n}\sum_{i=1}^{n}(x_i-\gamma)^m \tag{6.35}$$

（3）化简对数似然方程

将式（6.35）代入式（6.33），得

$$i(m,\gamma) = n\ln m - n\ln\left[\frac{1}{n}\sum_{i=1}^{n}(x_i-\gamma)^m\right] = (m-1)\ln\prod_{i=1}^{n}(x_i-\gamma) - n \quad (6.36)$$

（4）计算使 l 最大时的 m 和 γ

根据极大似然原理，使得方程取得最大值的 $\hat{m}$、$\hat{\gamma}$ 即为所求的形状参数和位置参数的估计值，然后由式（6.35）反推求出尺度参数 $\hat{\eta}$。采用遗传算法求解，种群大小为 100，代数为 100，根据寒害减产率序列设置上、下边界值，以 10 次较稳定解中最大值对应的参数作为最优估计参数。

利用荔枝的寒害减产序列，依式（6.36）求得其单产风险的 Weibull 分布参数（见表 6.6）。

表 6.6　荔枝的单产风险分布参数

市县	m	η	γ	市县	m	η	γ
海口	0.51240	0.03365	0.03231	临高	0.50258	0.02385	0.03225
三亚	—	—	—	儋州	0.58965	0.04988	0.03248
五指山	0.42691	0.02077	0.03237	东方	—	—	—
文昌	0.48406	0.01292	0.03225	乐东	0.51281	0.00946	0.03231
琼海	0.56659	0.01976	0.03237	琼中	0.54178	0.04356	0.03225
万宁	0.47253	0.00902	0.03225	保亭	0.53134	0.00803	0.03284
定安	0.46815	0.02309	0.03231	陵水	0.31008	0.00181	0.03242
屯昌	0.51254	0.03317	0.03225	白沙	0.61128	0.05229	0.03237
澄迈	0.62438	0.04124	0.03242	昌江	0.55499	0.02032	0.03225

注："—"表示无寒害减产发生，东方无产量数据。

利用香蕉的寒害减产序列，依式（6.36）求得其单产风险的 Weibull 分布参数（见表 6.7）。

表 6.7　香蕉的单产风险分布参数

市县	m	η	γ	市县	m	η	γ
海口	0.65781	0.01205	0.03664	临高	0.64159	0.02015	0.03660
三亚	—	—	—	儋州	0.87243	0.02537	0.03665
五指山	0.65317	0.02863	0.03660	东方	0.56100	0.00528	0.03661
文昌	0.80388	0.01409	0.03661	乐东	0.56588	0.01072	0.03661
琼海	0.53797	0.00581	0.03660	琼中	0.76555	0.03650	0.03672
万宁	0.51243	0.00319	0.03660	保亭	0.57535	0.00572	0.03661
定安	0.63917	0.01676	0.03660	陵水	0.47413	0.00273	0.03661
屯昌	0.77662	0.02452	0.03660	白沙	0.74571	0.04343	0.03675
澄迈	0.72220	0.03414	0.03663	昌江	0.52933	0.00483	0.03662

注："—"表示无寒害减产发生。

利用芒果的寒害减产序列，依式（6.36）求得其单产风险的 Weibull 分布参数（见表 6.8）。

表 6.8 芒果的单产风险分布参数

市县	m	η	γ	市县	m	η	γ
海口	0.61668	0.02799	0.03882	临高	0.62616	0.04943	0.03872
三亚	—	—	—	儋州	0.84064	0.06195	0.03884
五指山	0.63669	0.06981	0.03872	东方	0.52376	0.01217	0.03874
文昌	0.81503	0.03668	0.03798	乐东	0.58983	0.02999	0.03874
琼海	0.47433	0.00701	0.03872	琼中	0.75682	0.09205	0.03903
万宁	0.62152	0.04084	0.03872	保亭	0.56411	0.01415	0.03874
定安	0.62140	0.04083	0.03872	陵水	—	—	—
屯昌	0.76479	0.06224	0.03872	白沙	0.73304	0.10655	0.03872
澄迈	0.68248	0.08238	0.03877	昌江	0.47752	0.00992	0.03877

注:"—"表示无寒害减产发生。

6.3.3 纯保险费率厘定

农作物保险费率厘定的概念及原则:保险费率厘定是指保险者在估计参保者期望损失、确定损失发生概率和损失大小基础上,对保险产品进行定价的过程(王克 等,2010)。农作物单产保险作为财产保险的一个重要方面,其费率厘定的基本思想与一般的财产保险相同,即以农作物产量的平均损失率作为农作物保险的纯费率(郭迎春,1998),在纯费率的基础上加上一定的安全附加费率,从而得到农作物单产保险的总费率。本项目的保险费率采用以下公式。

$$R = \frac{E(loss)}{\lambda\mu} = \int_{yf}^{1} y_d f(y_d)\mathrm{d}y_d \tag{6.37}$$

式中,R 为保险费率;$loss$ 为产量损失;λ 为保障比例;μ 为预期单产。λ 和 μ 分别取 100%。y_f 为免赔额,本项目取值参考海南省实际情况;y_d 为寒害减产率;$f(y_d)$ 为单产风险的概率密度。

利用三种水果 1961—2010 年的寒害减产序列和单产风险分布参数,依式(6.37)分别计算免赔额为 4%、6%、8% 和 10% 时的纯保险费率。不同的寒害风险区可以应用不同的免赔额,因寒害造成的减产如果超过当地的免赔额,依据指数计算单位面积的赔付率。随着免赔额的提高,纯保险费率相应降低,投保人需支付的保费减少,但承担的风险也随之增大。

(1)荔枝寒害的纯保险费率

表 6.9～表 6.12 是不同免赔额下的荔枝寒害纯保险费率。免赔额为 4% 时,费率在 1.91%～9.65%;免赔额为 6% 时,费率在 1.37%～8.55%;免赔额为 8% 时,费率在 0.97%～7.73%;免赔额为 10% 时,费率在 0.69%～7.02%。白沙、儋州和琼中的保险费率最高,均超过 6%,说明中部和西北部发生荔枝寒害减产的风险较高。

(2)香蕉寒害的纯保险费率

表 6.13～表 6.16 是不同免赔额下的香蕉寒害纯保险费率。费率的高值区多是寒害严重的地区,白沙、琼中、澄迈和五指山的费率在各级免赔额中均高于 3%,其中又以白沙为最高,这些地区适合实行高免赔额的费率,而投保人需要增强防灾意识,做好寒害的防范措施及灾后的补救工作。南部和东部是纯保险费率的低值区,表明这些地区发生香蕉寒害减产的风险小,因此适合采用较低免赔额的费率。形成这种分布的原因在于,海南岛冷空气南下的过程中,受

表 6.9　荔枝寒害的纯保险费率(免赔额取 4%)

市县	R(%)	市县	R(%)	市县	R(%)
海口	7.85	定安	6.48	乐东	3.00
三亚	—	屯昌	7.77	琼中	9.04
五指山	6.52	澄迈	8.02	保亭	2.61
文昌	4.07	临高	6.24	陵水	1.91
琼海	4.90	儋州	9.53	白沙	9.65
万宁	3.15	东方	—	昌江	5.08

表 6.10　荔枝寒害的纯保险费率(免赔额取 6%)

市县	R(%)	市县	R(%)	市县	R(%)
海口	6.79	定安	5.45	乐东	1.90
三亚	—	屯昌	6.70	琼中	7.99
五指山	5.57	澄迈	6.82	保亭	1.46
文昌	3.01	临高	5.15	陵水	1.37
琼海	3.66	儋州	8.43	白沙	8.55
万宁	2.15	东方	—	昌江	3.86

表 6.11　荔枝寒害的纯保险费率(免赔额取 8%)

市县	R(%)	市县	R(%)	市县	R(%)
海口	6.08	定安	4.83	乐东	1.38
三亚	—	屯昌	6.00	琼中	7.24
五指山	5.00	澄迈	5.96	保亭	0.97
文昌	2.44	临高	4.47	陵水	1.14
琼海	2.93	儋州	7.63	白沙	7.73
万宁	1.65	东方	—	昌江	3.15

表 6.12　荔枝寒害的纯保险费率(免赔额取 10%)

市县	R(%)	市县	R(%)	市县	R(%)
海口	5.52	定安	4.34	乐东	1.06
三亚	—	屯昌	5.43	琼中	6.63
五指山	4.56	澄迈	5.26	保亭	0.69
文昌	2.04	临高	3.96	陵水	0.98
琼海	2.41	儋州	6.95	白沙	7.02
万宁	1.33	东方	—	昌江	2.63

到中部山脉的阻挡而形成堆积,致使中部山区的寒害高于其他地区。另外山区地形的辐射降温也加重了寒害的强度。

部分地区计算的费率偏低。昌江偏低的原因可能与其缺失 20 世纪 60 年代的气象数据有关,这一阶段正是寒害发生最严重的时期,在实际应用时需调整其费率,可考虑以其周边市(县)费率的平均值进行平滑;而海口与澄迈的费率相差较大,可能与二者的防灾能力存在差异有关。

表 6.13　香蕉寒害的纯保险费率(免赔额取 4%)

市县	$R(\%)$	市县	$R(\%)$	市县	$R(\%)$
海口	3.96	定安	4.85	乐东	3.88
三亚	—	屯昌	5.77	琼中	7.39
五指山	6.71	澄迈	7.21	保亭	2.60
文昌	4.22	临高	5.42	陵水	1.76
琼海	2.70	儋州	5.78	白沙	8.35
万宁	1.86	东方	2.50	昌江	2.42

表 6.14　香蕉寒害的纯保险费率(免赔额取 6%)

市县	$R(\%)$	市县	$R(\%)$	市县	$R(\%)$
海口	1.90	定安	2.91	乐东	2.08
三亚	—	屯昌	3.72	琼中	5.64
五指山	4.97	澄迈	5.47	保亭	0.88
文昌	1.82	临高	3.54	陵水	0.53
琼海	1.07	儋州	3.61	白沙	6.75
万宁	0.51	东方	0.84	昌江	0.86

表 6.15　香蕉寒害的纯保险费率(免赔额取 8%)

市县	$R(\%)$	市县	$R(\%)$	市县	$R(\%)$
海口	1.12	定安	2.02	乐东	1.39
三亚	—	屯昌	2.55	琼中	4.45
五指山	3.96	澄迈	4.34	保亭	0.44
文昌	0.88	临高	2.59	陵水	0.27
琼海	0.60	儋州	2.29	白沙	5.61
万宁	0.24	东方	0.42	昌江	0.46

表 6.16　香蕉寒害的纯保险费率(免赔额取 10%)

市县	$R(\%)$	市县	$R(\%)$	市县	$R(\%)$
海口	0.70	定安	1.46	乐东	0.99
三亚	—	屯昌	1.77	琼中	3.54
五指山	3.22	澄迈	3.49	保亭	0.24
文昌	0.44	临高	1.96	陵水	0.16
琼海	0.38	儋州	1.46	白沙	4.69
万宁	0.13	东方	0.24	昌江	0.28

（3）芒果寒害的纯保险费率

表 6.17～表 6.20 是不同免赔额下的芒果寒害纯保险费率。免赔额为 4％时，费率在 4.01％～15.81％；免赔额为 6％时，费率在 1.92％～14.71％；免赔额为 8％时，费率在 1.34％～13.82％；免赔额为 10％时，费率在 0.42％～12.98％。白沙、琼中、五指山和澄迈的寒害风险最高，儋州、临高、屯昌的风险也较高，这与气象指标统计的寒害风险相一致，说明中部和西北部的芒果种植受寒害影响较大，适合采用高免赔额的费率标准。

表 6.17　芒果寒害的纯保险费率（免赔额取 4％）

市县	$R(\%)$	市县	$R(\%)$	市县	$R(\%)$
海口	7.41	定安	9.22	乐东	7.88
三亚	—	屯昌	10.94	琼中	14.32
五指山	12.69	澄迈	13.74	保亭	5.31
文昌	7.55	临高	10.34	陵水	—
琼海	4.01	儋州	10.53	白沙	15.81
万宁	9.22	东方	5.08	昌江	4.82

表 6.18　芒果寒害的纯保险费率（免赔额取 6％）

市县	$R(\%)$	市县	$R(\%)$	市县	$R(\%)$
海口	5.35	定安	7.43	乐东	5.91
三亚	—	屯昌	9.45	琼中	13.12
五指山	11.26	澄迈	12.43	保亭	3.02
文昌	5.65	临高	8.67	陵水	—
琼海	1.92	儋州	9.07	白沙	14.71
万宁	7.43	东方	2.88	昌江	2.72

表 6.19　芒果寒害的纯保险费率（免赔额取 8％）

市县	$R(\%)$	市县	$R(\%)$	市县	$R(\%)$
海口	4.32	定安	6.41	乐东	4.93
三亚	—	屯昌	8.33	琼中	12.15
五指山	10.31	澄迈	11.48	保亭	2.17
文昌	4.34	临高	7.67	陵水	—
琼海	1.34	儋州	7.86	白沙	13.82
万宁	6.41	东方	2.11	昌江	2.05

表 6.20　芒果寒害的纯保险费率（免赔额取 10％）

市县	$R(\%)$	市县	$R(\%)$	市县	$R(\%)$
海口	3.57	定安	5.61	乐东	0.42
三亚	—	屯昌	7.35	琼中	11.25
五指山	9.51	澄迈	10.64	保亭	1.65
文昌	3.34	临高	6.86	陵水	—
琼海	1.00	儋州	6.79	白沙	12.98
万宁	5.61	东方	1.64	昌江	1.63

6.3.4 区域风险系数

影响热带水果生产的风险很多,如寒害等气象灾害风险,种植规模、专业化程度、生产效率和管理措施等产量风险。在进行费率厘定时需要根据以上因素对费率进行修正。采用的方法是对寒害风险及产量波动风险分别进行评价和区划,形成综合风险。综合风险采用聚类分析方法评价(陈新建 等,2008)。聚类分析是依据研究对象的个体特征,对其进行分类的方法。分类在经济、管理、社会学、医学等领域都有广泛的应用。聚类分析能够将一批样本(或变量)数据根据其诸多特征,按照在性质上的亲疏程度在没有先验知识的情况下进行自动分类,产生多个分类结果。类内部个体特征之间具有相似性,不同类间个体特征的差异性较大。以海南岛内的 18 个市县作为聚类样本,以寒害风险度和产量风险度分别作为聚类指标,选择系统聚类法中离差平均和法(任义方 等,2011),将 18 个市县划分为 5 个等级,分别赋予不同的风险系数,作为对保险费率的校正。

由寒害的气象风险与产量风险通过聚类分析得到的综合风险即为区域风险系数,分为 3 个等级,分别为低风险区、中等风险区和高风险区,修正系数分别为 0.6、0.8 和 1.0。

图 6.4 是荔枝的综合风险聚类图,其中高风险区为五指山、琼中和海口,低风险区为三亚、陵水、琼海和万宁,其他区域为中等风险区。

图 6.5 是香蕉的综合风险聚类图,其中高风险区为五指山,低风险区为三亚、陵水、琼海和万宁,其他区域为中等风险区。

图 6.6 是芒果的综合风险聚类图,其中高风险区为五指山、昌江和保亭,中等风险区为东方和乐东,其他区域为低风险区。

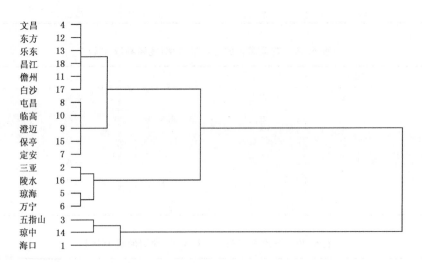

图 6.4　荔枝综合风险树状聚类图

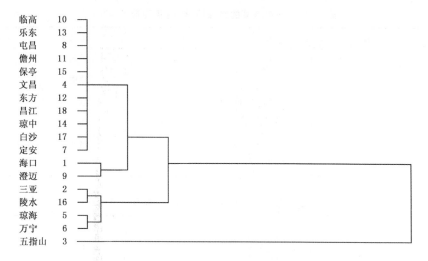

图 6.5　香蕉综合风险树状聚类图

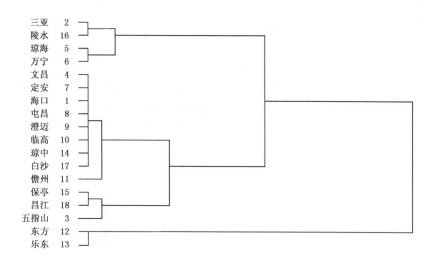

图 6.6　芒果综合风险树状聚类图

6.3.5　保险费率修正

$$R' = R \times a \tag{6.38}$$

式中,R' 为修正的保险费率;a 为区域风险系数。

（1）荔枝寒害修正的纯保险费率

由荔枝的综合风险聚类图可知高风险区为五指山、琼中和海口,低风险区为三亚、陵水、琼海和万宁,其他区域为中等风险区。低风险区、中等风险区和高风险区对应设定各等级区域风险系数为 0.6、0.8 和 1.0。由公式(6.38)计算得出修正保险费率 R'。三亚地区无寒害发生,东方无荔枝产量数据,因此不进行计算,其他地区由厘定结果知,纯保险费率随保险免赔额的升高而降低,白沙、儋州和琼中等风险较高的地区纯保险费率较高,乐东、万宁、琼海、陵水等低风险地区保险费率相对较低(见表 6.21～表 6.24)。

表 6.21　荔枝寒害的纯保险费率(免赔额取 4%)

市县	R(%)	市县	R(%)	市县	R(%)
海口	7.85	定安	5.18	乐东	2.40
三亚	—	屯昌	6.22	琼中	9.04
五指山	6.52	澄迈	6.42	保亭	2.09
文昌	3.26	临高	4.99	陵水	1.15
琼海	2.94	儋州	7.62	白沙	7.72
万宁	1.89	东方	—	昌江	4.06

表 6.22　荔枝寒害的纯保险费率(免赔额取 6%)

市县	R(%)	市县	R(%)	市县	R(%)
海口	6.79	定安	4.36	乐东	1.52
三亚	—	屯昌	5.36	琼中	7.99
五指山	5.57	澄迈	5.46	保亭	1.17
文昌	2.41	临高	4.12	陵水	0.82
琼海	2.20	儋州	6.74	白沙	6.84
万宁	1.29	东方	—	昌江	3.09

表 6.23　荔枝寒害的纯保险费率(免赔额取 8%)

市县	R(%)	市县	R(%)	市县	R(%)
海口	6.08	定安	3.86	乐东	1.10
三亚	—	屯昌	4.80	琼中	7.24
五指山	5.00	澄迈	4.77	保亭	0.78
文昌	1.95	临高	3.58	陵水	0.68
琼海	1.76	儋州	6.10	白沙	6.18
万宁	0.99	东方	—	昌江	2.52

表 6.24　荔枝寒害的纯保险费率(免赔额取 10%)

市县	R(%)	市县	R(%)	市县	R(%)
海口	5.52	定安	3.47	乐东	0.85
三亚	—	屯昌	4.34	琼中	6.63
五指山	4.56	澄迈	4.21	保亭	0.55
文昌	1.63	临高	3.17	陵水	0.59
琼海	1.45	儋州	5.56	白沙	5.62
万宁	0.80	东方	—	昌江	1.84

(2)香蕉寒害修正的纯保险费率

由香蕉的综合风险聚类图可知高风险区为五指山,低风险区为三亚、陵水、琼海和万宁,其他区域为中等风险区。低风险区、中等风险区和高风险区对应设定各等级区域风险系数为

0.6、0.8 和 1.0。由公式(6.38)计算得出修正保险费率 R'。三亚地区无寒害发生,因此不进行计算,其他地区由厘定结果知,纯保险费率随保险免赔额的升高而降低,高风险区五指山的纯保险费率最高,万宁、琼海、陵水、昌江、东方等地低风险地区保险费率相对较低(见表 6.25～表 6.28)。

表 6.25　香蕉寒害的纯保险费率(免赔额取 4%)

市县	$R(\%)$	市县	$R(\%)$	市县	$R(\%)$
海口	3.17	定安	3.88	乐东	3.10
三亚	—	屯昌	4.62	琼中	5.91
五指山	6.71	澄迈	5.77	保亭	2.08
文昌	3.38	临高	4.34	陵水	1.06
琼海	1.62	儋州	4.62	白沙	6.68
万宁	1.12	东方	2.00	昌江	1.94

表 6.26　香蕉寒害的纯保险费率(免赔额取 6%)

市县	$R(\%)$	市县	$R(\%)$	市县	$R(\%)$
海口	0.76	定安	2.33	乐东	1.66
三亚	—	屯昌	2.98	琼中	4.51
五指山	4.97	澄迈	4.38	保亭	0.70
文昌	1.46	临高	2.83	陵水	0.32
琼海	0.64	儋州	2.89	白沙	5.40
万宁	0.31	东方	0.67	昌江	0.69

表 6.27　香蕉寒害的纯保险费率(免赔额取 8%)

市县	$R(\%)$	市县	$R(\%)$	市县	$R(\%)$
海口	0.90	定安	1.62	乐东	1.11
三亚	—	屯昌	2.04	琼中	3.56
五指山	3.96	澄迈	3.47	保亭	0.35
文昌	0.70	临高	2.07	陵水	0.16
琼海	0.36	儋州	1.83	白沙	4.49
万宁	0.14	东方	0.34	昌江	0.37

表 6.28　香蕉寒害的纯保险费率(免赔额取 10%)

市县	$R(\%)$	市县	$R(\%)$	市县	$R(\%)$
海口	0.56	定安	1.17	乐东	0.79
三亚	—	屯昌	1.42	琼中	2.83
五指山	3.22	澄迈	2.79	保亭	0.19
文昌	0.35	临高	1.57	陵水	0.10
琼海	0.23	儋州	1.17	白沙	3.75
万宁	0.08	东方	0.19	昌江	0.22

（3）芒果寒害修正的纯保险费率

由芒果的综合风险聚类图可知高风险区为五指山、昌江和保亭，中等风险区为东方和乐东，其他区域为低风险区。低风险区、中等风险区和高风险区对应设定各等级区域风险系数为0.6、0.8和1.0。由公式（6.38）计算得出修正保险费率R'。三亚地区无寒害发生，因此不进行计算，其他地区由厘定结果知，纯保险费率随保险免赔额的升高而降低，五指山、琼中、白沙、澄迈等地的纯保险费率较高，琼海、陵水、昌江、东方等地低风险地区保险费率相对较低（见表6.29～表6.32）。

表 6.29　芒果寒害的纯保险费率（免赔额取 4%）

市县	$R(\%)$	市县	$R(\%)$	市县	$R(\%)$
海口	4.45	定安	5.53	乐东	6.30
三亚	—	屯昌	6.56	琼中	8.59
五指山	12.69	澄迈	8.24	保亭	5.31
文昌	4.53	临高	6.20	陵水	—
琼海	2.41	儋州	6.32	白沙	9.49
万宁	5.53	东方	4.06	昌江	4.82

表 6.30　芒果寒害的纯保险费率（免赔额取 6%）

市县	$R(\%)$	市县	$R(\%)$	市县	$R(\%)$
海口	3.21	定安	4.46	乐东	4.73
三亚	—	屯昌	5.67	琼中	7.87
五指山	11.26	澄迈	7.46	保亭	3.02
文昌	3.39	临高	5.20	陵水	—
琼海	1.15	儋州	5.44	白沙	8.83
万宁	4.46	东方	2.30	昌江	2.72

表 6.31　芒果寒害的纯保险费率（免赔额取 8%）

市县	$R(\%)$	市县	$R(\%)$	市县	$R(\%)$
海口	2.59	定安	3.85	乐东	3.94
三亚	—	屯昌	5.00	琼中	7.29
五指山	10.31	澄迈	6.89	保亭	2.17
文昌	2.60	临高	4.60	陵水	—
琼海	0.80	儋州	4.72	白沙	8.29
万宁	3.85	东方	1.69	昌江	2.05

表 6.32　芒果寒害的纯保险费率（免赔额取 10%）

市县	$R(\%)$	市县	$R(\%)$	市县	$R(\%)$
海口	2.14	定安	3.37	乐东	0.34
三亚	—	屯昌	4.41	琼中	6.75
五指山	9.51	澄迈	6.38	保亭	1.65
文昌	2.00	临高	4.12	陵水	—
琼海	0.60	儋州	4.07	白沙	7.79
万宁	3.37	东方	1.31	昌江	1.63

6.4　热带水果保险合同设计及示范应用

农业气象保险合同的主体包括保险标的、保险费率和保险费、保险赔偿条件、赔偿金等,其他内容还包括保险责任、除外责任、保险期限、保险责任的起始时间、保险价值等。

6.4.1　保险标的

保险标的是作为保险对象的财产及其有关利益或人的生命和身体,它是保险利益的载体。将保险标的作为保险合同的基本条款的法律意义是:确定保险合同的种类,明确保险人承保责任的范围及保险法规定的适用;判断投保人是否具有保险利益及是否存在道德风险;确定保险价值及赔偿数额;确定诉讼管辖等。

本节中保险标的是三种热带水果:荔枝、香蕉和芒果,均为多年生果树,合同中应明确承保果树的地理位置、数量和树龄等。为保证参保果树为正常生长状态,果树树龄应为 1 年以上。

6.4.2　保险费率和保险费

保险费率,是应缴纳保险费与保险金额的比率,是保险人按单位保险金额向投保人收取保险费的标准。本项目的保险费率依据寒害对三种热带果树产量影响的风险大小来制定,风险愈大,费率愈高。相同地区,不同免赔额下的费率也不相同,免赔额愈低,费率愈高,体现风险与收益的一致。

以海口的荔枝寒害保险为例(见表 6.33)。农户选择不同免赔额的保险产品,其所需缴纳的保险费为:

$$保险费 = 总保险金额 \times 保险费率 \tag{6.39}$$

总保险金额是农户所要投保的果树每年正常产量的实际价值,有两种方法进行估算:对单位面积的果树产量的价值进行估算,与投保果树总面积的乘积即为总保险金额;对单株果树产量的价值进行估算,与投保果树总株数的乘积即为总保险金额。

表 6.33　海口荔枝寒害不同免赔额标准对应的保险费率标准表

免赔额标准	保险费率(%)
标准一(免赔额为 4%)	7.85
标准二(免赔额为 6%)	6.79
标准三(免赔额为 8%)	6.08
标准四(免赔额为 10%)	5.52

6.4.3　保险赔偿条件

农户在购买寒害保险产品后,保险期内达到保险赔偿条件,则启动保险赔偿。本节所述的赔偿条件有三点:

①保险期内出现日最低气温低于 10 ℃ 的寒害过程。

②保险期内的寒害指数大于 0。

③热带水果因寒害造成的单产减产率高于免赔额。

启动保险赔偿的前提条件是要发生寒害,针对本项研究的三种热带水果而言,10 ℃是寒害的临界温度,气温低于 10 ℃即发生寒害。研究发现,作物发生明显减产需要一定的寒害强度,而整个保险期内可能有一个以上的寒害过程出现,因此需要对保险期内的综合寒害强度进行评估。寒害强度与类型、最低温度、持续时间等因素有关,参考气象行业标准《香蕉、荔枝寒害等级》(QX/T 80—2007),构建寒害指数来表征综合寒害强度。统计寒害指数与减产率的关系,发现寒害指数大于 0 时热带水果的减产较为明显,因此将其作为启动赔偿的条件之一。另外农户在购买保险产品时选择了不同的免赔额,因此只有单产减产率高于免赔额时才能启动赔偿。保险期内的单产减产率可由寒害指数进行估算,计算公式在后面给出。

(1)寒害指数的计算

由于热带水果的寒害是中弱冷空气多次补充累积造成的,因此仅考虑过程降温幅度和最低气温并不全面。以最大降温幅度、极端最低气温、日最低气温≤10 ℃持续日数和≤10 ℃积寒为致灾因子,计算综合寒害指数,公式如下:

$$H = \sum_{i=1}^{4} a_i X_i \tag{6.40}$$

式中,H 为综合寒害指数;X_1 为最大降温幅度;X_2 为极端最低气温,X_3 为日最低气温≤10 ℃持续日数,X_4 为≤10 ℃积寒;a_1、a_2、a_3、a_4 为相应因子的权重系数(见表 6.34),由主成分分析法确定。

表 6.34 寒害指数的因子权重系数

市县	最大降温幅度	极端最低气温	日最低气温≤10 ℃持续日数	≤10 ℃积寒
海口	0.5032	−0.4714	0.5146	0.5096
三亚	—	—	—	—
五指山	0.4927	−0.5044	0.4987	0.5043
文昌	0.5116	−0.4578	0.5105	0.5178
琼海	0.5091	−0.4622	0.5176	0.5091
万宁	0.5250	−0.4073	0.5335	0.5234
定安	0.5193	−0.4570	0.5117	0.5096
屯昌	0.5106	−0.4703	0.5161	0.5017
澄迈	0.5086	−0.4618	0.5306	0.4964
临高	0.5047	−0.4493	0.5219	0.5207
儋州	0.5736	−0.1022	0.5776	0.5720
东方	0.5211	−0.4323	0.5295	0.5111
乐东	0.4937	−0.4502	0.5331	0.5190
琼中	0.5135	−0.4892	0.5030	0.4939
保亭	0.4994	−0.4572	0.5172	0.5235
陵水	0.5421	−0.3206	0.5469	0.5517
白沙	0.5036	−0.4873	0.5064	0.5024
昌江	0.5147	−0.4538	0.5219	0.5069

（2）单产减产率的计算

热带水果保险期内出现寒害过程，如寒害指数大于 0，则需计算其单产减产率，并与农户购买的保险产品的免赔额进行比较，如高于免赔额则按照实际减产率进行赔偿。由寒害导致的单产减产率可通过历史的寒害指数与单产减产率建立回归方程进行估算。本节统计了1961—2010 年海南岛 18 个市（县）的寒害指数和单产减产率，分别得到三种热带水果的回归方程：

$$荔枝：\qquad\qquad y = 0.0436x + 0.0407 \qquad\qquad (6.41)$$
$$香蕉：\qquad\qquad y = 0.0102x + 0.0355 \qquad\qquad (6.42)$$
$$芒果：\qquad\qquad y = 0.0176x + 0.0299 \qquad\qquad (6.43)$$

式中，y 为单产减产率，x 为寒害指数。

当保险期内热带水果遭受的寒害满足赔偿条件时，保险人按照以下方式进行赔偿：

$$赔款金额 = 总保险金额 \times 单产减产率 \qquad\qquad (6.44)$$

式中，热带水果的单产减产率由当年的寒害指数估算。

6.4.4　热带水果保险示范应用

为检验保险产品指数的合理性，选择了海口、临高、白沙、琼中、儋州等 6 个市县进行了保险产品的示范应用（见图 6.7）。

图 6.7　农业气象指数保险产品示范市县

（1）气象保险指数合同设计

根据不同免赔额的纯保险费率分布和海南政策性农业保险实际状况，为提高农民投保的积极性，充分考虑以风险大小定费率，降低逆选择，设计荔枝、香蕉、芒果 3 种不同水果的农业气象指数保险产品(见表 6.35~表 6.37)。

荔枝:海口(高风险区)、澄迈(中风险区)。

表 6.35 荔枝农业气象指数保险示范产品

市县名	纯保险费率(%)	纯保费(元)	免赔额	示范采用的情况
海口	7.85	47.10	标准一(免赔额为 4%)	
	6.79	40.74	标准二(免赔额为 6%)	
	6.08	36.48	标准三(免赔额为 8%)	●
	5.52	33.12	标准四(免赔额为 10%)	
澄迈	8.02	48.12	标准一(免赔额为 4%)	
	6.82	40.92	标准二(免赔额为 6%)	
	5.96	35.76	标准三(免赔额为 8%)	●
	5.26	31.56	标准四(免赔额为 10%)	

注:纯保费以每亩保险金额为 600 元计算(相当于每亩物化成本 600 元),●表示采用免赔额。

香蕉:临高(中风险区)、白沙(中风险区)。

表 6.36 香蕉农业气象指数保险示范产品

市县名	纯保险费率(%)	纯保费(元)	免赔额	示范采用的情况
临高	4.34	26.04	标准一(免赔额为 4%)	
	2.83	16.98	标准二(免赔额为 6%)	
	2.07	12.42	标准三(免赔额为 8%)	●
	1.57	9.42	标准四(免赔额为 10%)	
白沙	4.62	27.72	标准一(免赔额为 4%)	
	2.89	17.34	标准二(免赔额为 6%)	
	1.83	10.98	标准三(免赔额为 8%)	●
	1.17	7.02	标准四(免赔额为 10%)	

注:纯保费以每亩保险金额为 600 元计算(相当于每亩物化成本 600 元),●表示采用免赔额。

芒果:琼中(低风险区)、儋州(低风险区)。

表 6.37 芒果农业气象指数保险示范产品

市县名	纯保险费率(%)	纯保费(元)	免赔额	示范采用的情况
琼中	8.59	51.54	标准一(免赔额为 4%)	
	7.87	47.22	标准二(免赔额为 6%)	
	7.29	43.74	标准三(免赔额为 8%)	●
	6.75	40.5	标准四(免赔额为 10%)	
儋州	9.49	56.94	标准一(免赔额为 4%)	
	8.83	52.98	标准二(免赔额为 6%)	
	8.29	49.74	标准三(免赔额为 8%)	●
	7.79	46.74	标准四(免赔额为 10%)	

注:纯保费以每亩保险金额为 600 元计算(相当于每亩物化成本 600 元),●表示采用免赔额。

（2）示范应用

根据保险合同分别在不同的县市选择 2 种热带水果开展示范应用（见表 6.38）。选择时间段是 2014 年 1 月—12 月。

受冷空气影响，2014 年 1 月 20 日始，海南省各地气温明显下降，北部、中部多数市县最低下降到 8 ℃以下。至 24 日，澄迈和白沙连续 3 天以上最低气温低于 8 ℃，出现轻度低温阴雨过程。受强冷空气影响，2 月 10—15 日，海口、定安、澄迈、临高、儋州、文昌、屯昌、白沙、琼中等 9 个市县出现持续 5～6 天的低温阴雨天气过程，对果树造成一定的不利影响。

表 6.38　保险产品的示范应用

水果	市县	样本点	气象指数计算减产率（%）	每亩赔款金额（元）
荔枝	海口	红明农场荔枝园	6.051	36.31
	澄迈	桥头镇荔枝园	9.051	54.31
香蕉	临高	东英镇香蕉园	3.738	0
	白沙	七坊镇香蕉园	3.971	0
芒果	琼中	农户芒果园	3.817	0
	儋州	农户芒果园	3.114	0

注：按每亩物化成本 600 元计算；开展保险示范。

（3）误差检验

1）计算的灾情损失

通过统计 2014 年冬季的气象资料，得到了 6 个示范县的寒害指数，应用式（6.41）～式（6.43）计算 3 种热带水果的单产减产率，结果见表 6.38。依照各市县采用的保险免赔额标准及单位面积的物化成本，分别得到需赔款金额，其中海口和澄迈的荔枝单产减产超过了免赔额，赔付金额分别为每亩 36.31 元和 54.31 元，而其他四个市县由于减产率较低，不需赔付。

2）实际灾情损失

通过走访 6 个示范县的农户，对 2014 年的热带果树寒害灾情进行了了解。农户们普遍反映 2014 年虽有几次低温天气过程，但产生的寒害相比往年较轻，对作物基本没有影响或影响很小，估计损失多在 5%以下，单产的波动在正常范围以内。海口和澄迈的灾情相对较重，荔枝的开花期遭遇到几次降温，虽然降温幅度不是很大，但此期的荔枝对温度变化比较敏感，低温对后期产量形成还是能够产生一定影响的，初步估计减产在 1%以下，与模型计算的结果大体相当。考虑到寒害减产不仅与气象条件相关，还与种植区的小气候环境、农业生产水平、灾害防御能力有关，因此可以认为对减产率的模拟误差较小，模型比较准确。

第7章 海南热带果树气象服务

7.1 热带果树气象灾害预警及防御

7.1.1 农业气象灾害预警技术研究进展

我国农业已初步形成区域化、规模化、专业化生产的格局,高产、高效、高附加值的新的种养类型不断出现,农业生产的对象和区域布局发生了重大变化。加之气候变化背景下的极端天气气候事件增加,农业气象灾害发生规律呈现出频率高、强度大、危害日益严重的态势。现有的农业气象灾害监测预警与调控技术,在适用地域、对象和针对性等方面难以满足实际生产的需求。因此,随着我国农业的快速发展和气候变化引起的气象灾害的加剧,迫切需要加强农业重大气象灾害监测预警与调控体系建设,研究与农业生产发展相适应的农业重大气象灾害监测预警系统已成为当务之急。

(1)干旱灾害监测研究

国内外关于干旱灾害的监测已开展了大量的研究,并取得了一定的成果。美国国家海洋大气局国家环境卫星数据和信息服务中心(NOAA NESDIS)利用多年积累的全球 NOAA AVHRR 资料,采用 VCI(植被状态指数)和 TCI(温度状态指数)方法进行全球性的干旱监测和预报。印度航天部国家遥感局(NRSA)利用卫星遥感数据制作植被指数图并分发给他们的用户进行农业干旱的监测。一些非洲国家在联合国计划开发署(UNDP)的支持下,利用遥感数据进行干旱灾害的早期预警和严重程度的评估。澳大利亚利用 NOAA AVHRR 和 Land-Sat TM 数据监测和评估不同范围的区域性干旱。其他国家,如南非、法国、许多中东国家、独联体国家、巴西,纷纷采用遥感数据进行大范围的干旱监测和评估,取得了很好的成果。

我国从"七五"开始进行土壤水分及旱情监测的研究,过去主要通过各地的气象、水文站网以及农技部门进行干旱的常规监测。进入 20 世纪 90 年代后,在干旱遥感监测理论方面的研究得到深入,土壤含水量遥感模型及其应用研究也有了提高,利用 NOAA/AVHRR 资料进行土壤水分或干旱的宏观监测研究工作也有了很大进展,对作物干旱监测也有涉及,许多地方还基于气象卫星建立了遥感干旱业务系统,大大缩小了与国外同类研究的差距。

(2)洪涝监测方法

洪涝灾害的监测与评估是农情监测的主要任务之一。洪涝灾害的发生与发展是一个时空变化过程,同时,洪涝灾害的监测与评估也需要根据不同的目的而选取不同的尺度。因此,全面的洪涝灾害监测需要与此相对应的不同的尺度和时间响应。气象卫星图像具有时间分辨率高、宏观和数据处理费用低等特点,可较好地满足大范围、快速的洪涝区分布监测及受灾情况概查。现代卫星遥感资料及 GIS 技术被广泛应用于洪涝灾害的监测。例如应用气象卫星 NOAA AVHRR 图像进行大范围洪涝灾害的宏观和快速监测方法对 1998 年长江流域的特大洪涝灾害进行了监测试验,取得了较好的效果。

(3)高温热害监测研究

近年来,作物高温热害的研究引起广泛的重视。美国对此投入巨资,坚持不懈地进行防灾减灾研究,在评价指标体系、监测、预警和综合防御方面取得了显著效果。日本对此研制了气象和栽培防御技术,取得了良好效果。国内对高温热害的研究也才刚刚起步,对其产生的原因进行了初步的分析,尚未建立起一套针对高温热害特别是水稻生产的高温热害预报、监测、评估等理论体系和业务服务系统;在国外,相关的研究报道也较少。卫星遥感技术是一种可用于灾害监测及预测的新技术。采用卫星遥感的红外通道资料可以监测高温的发生、强度以及高温热害的分布等,弥补了地面站有限、温度分布不连续的缺点,能够较好地研究高温热害发生发展的一般规律。目前大部分研究,仍局限于利用卫星遥感技术进行水稻长势监测及遥感估产方面,而针对水稻高温热害的遥感监测工作,才刚刚起步。

(4)预警系统的研究进展

干旱、低温冷害、寒害和高温热害监测预警技术的系统化、业务化是目前最为重要的攻关任务之一。基于 RS 和 GIS 等高新技术,将计算机、网络系统应用于农业气象灾害的监测和预警,是各省气象部门的当务之急,以期形成综合农业气象灾害监测预警系统,能够提供及时、准确的农业气象灾害预警预报,帮助农业生产部门及时采取有效措施,减轻灾害损失,保证农业生产持续稳定发展。近年来,在方法改进、新技术应用和系统建设等方面的研究取得了长足的进步。主要表现为:时间序列方法的改进与拓展;多元回归分析方法广泛应用;物候信号应用的尝试;灾害前兆信号的揭示与应用;预报对象有所拓展;农业气象灾害预报指标的改进,使得数理统计预报方法进一步发展;气候模式与农业气象模式集成的土壤水分预报和灌溉预报;基于冬小麦发育模式的干旱识别和预测模型;基于作物生长模型及区域气候模式的农业气象灾害预警模型实现了农业气象模式与气候模式的结合;遥感技术在干旱、洪涝、低温冷害、高温热害灾害监测评估中得到广泛的应用,特别是与计算机、网络技术和 GIS 技术的结合,使得遥感技术更加充分体现其应用前景,更趋向系统化、业务化,便捷建立基于遥感技术的各种自然灾害监测评估系统,为政府部门提供高效的指导服务,提出合理的防灾减灾的建议。

(5)气象灾害预警信息发布途径

随着社会经济和社会文明不断发展,交通、航空、水利、环境、农业生产等对气象信息的需求越来越大,同时对气象信息的及时性的要求越来越高。特别是在重大天气和台风过程中,政府部门和其他相关部门为了做好防洪抗台和布置相应的决策服务,需要及时的气象信息。气象信息预警已成为关系民生的大事,是体现一个国家气象服务整体水平的标志。如果在一次灾害性天气过程中,社会公众不能及时得到气象预警信息,那就有可能会造成很大的经济损失和人员伤亡。当前气象信息发布的途径有:网站、电视、广播、报纸、手机短信、电话等,大部分人获取气象信息的主要途径通过媒体,如电视、广播、报纸,其信息量相对丰富些,但信息的时效性比较差,基本上是定时播出;互联网的飞速发展使得人们可以方便快捷地从网站和智能手机获取信息,同时此方法还受网络流量的限制,而对于不能上网的人,尤其是偏远山村或在室外工作的人群,来说获取网站的气象信息并不方便。

海南地处热带,海域辽阔,海洋、大气交互作用强烈,台风、暴雨洪涝、大风、干旱、低温、高温等气象灾害连年不断,四季不断。海南热带土地面积占全国热带土地面积的42.5%,是我国重要的冬季瓜菜、热带水果、天然橡胶生产基地。由于农业生产周期长,基础设施薄弱,气象灾害对海南农业的影响最为严重。据统计,近年来因气象灾害造成的全省直接经济损失平均约64亿元,占全省GDP的3%左右;2005年损失高达116.8亿元,占全省GDP的13%。海南目前气象服务中普遍采用的预警方式有微信、网站、电视、广播、手机短信、96121电话音讯等。随着手机4G技术普及,用于手机上网的气象WAP网站也已广泛应用,还可开发语音和视频系统,为手机提供气象服务。在当前网络发展形势下,手机用户可以实时获取更多、更及时、更丰富的气象信息,随着手机的普及、手机技术不断发展和网络通信速度的不断提高,人们通过手机获取气象信息会成为主要的方式,这也将成为发布气象预警信息的重要途径。

为了弥补手机短信预警上的不足,同时也为了更好、更及时地管理预警和灾情信息的收集,中国气象局正逐步建立气象协理员预警机制,气象协理员负责从街道到社区以及到县级的气象信息的传播和灾情收集,而发展信息员来负责乡和村级的信息传播和灾情收集,这样可以实现预警和灾情收集的双向功能。信息传输的方式有:传真、手机短信、气象网站、气象预警的QQ群等。通过气象协理员的气象信息预警方式,可以扩大气象预警的覆盖面,同时还大大提高预警的实时性。

7.1.2　海南主要农业气象灾害分布及区划

海南地处北回归线以南,属热带海洋季风气候,受低纬度热带天气系统和中高纬度天气系统的影响,天气气候复杂多变,台风、暴雨、干旱等交替发生,是灾种多、频率高、危害重的气象灾害大省。影响海南省的气象灾害多达10余种,其中危害较大的主要有:热带气旋、暴雨洪涝、干旱、低温冷害、大风、冰雹等。据统计,每年因气象灾害及其衍生灾害造成的经济损失约占当年GDP的4%左右,气象灾害对海南省经济社会发展、生态环境建设和公共安全等造成严重影响。

（1）热带气旋

热带气旋是造成海南岛气象灾害最多且最严重的热带天气系统,按强度可划分为热带低压、热带风暴、强热带风暴、台风、强台风和超强台风。热带气旋往往可造成陆地大风、暴雨洪涝、海上巨浪和风暴潮等灾害,同时还会引发地质灾害、海洋灾害等次生灾害,从而形成台风灾害链,对各行各业影响极大,严重威胁人民生命财产安全,制约经济社会的发展。据1949—2010年的热带气旋资料统计,每年平均有7个热带气旋影响海南,最多的年份达到14个,热带气旋影响海南的时间主要集中在6—10月,约占年总数的90%。每年平均有2个热带气旋登陆海南岛,主要登陆点为海南岛的东部沿海地区,文昌、琼海、万宁登陆频次最高。热带气旋造成的主要气象灾害包括风灾和暴雨。风灾高频影响区主要位于海南岛东、南、西部沿海地区,频率高达80%～94%,大风维持时间一般在12 h左右,长者达到36 h以上,短者仅有几个小时。暴雨影响高频区在中部山区,其次为东部、西部地区,北部、南部过程雨量相对较小,降水过程一般可维持2～4天,长者达8～11天。据不完全统计,1949—2010年,海南平均每年因热带气旋造成105.5万人受灾、181人受伤、61人死亡、10.71×10^4 hm^{2}农作物受灾、2.72×10^4 hm^{2}成灾、4.4万间房屋被损、2.0万间房屋倒塌,平均每年直接经济损失18.5亿元。

热带气旋灾害风险性的空间分布特征为沿海高、内陆低,风险大小由沿海向内陆逐渐减弱（见图7.1）。高风险区位于文昌、琼海、万宁三市县的沿海地区以及海口市东部、陵水县东北部地区。这些地区为热带气旋正面袭击高频区,致灾因子的危险性较其余地区高(见图 7.2),加上地势低、河网密集,基础设施多,孕灾环境的敏感性及承灾体综合易损性都较高(见图 7.3)。

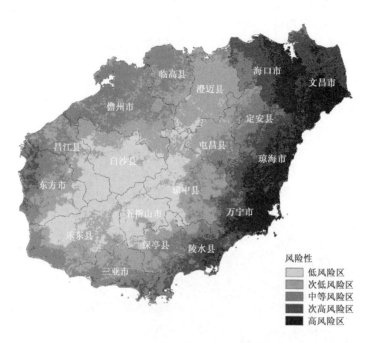

图 7.1　海南岛热带气旋灾害风险区划图

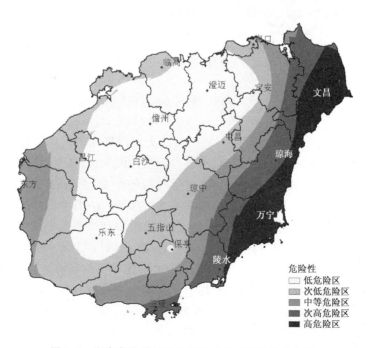

图 7.2　海南岛热带气旋灾害致灾因子危险性分布图

次高风险区主要分布在东部沿海市县与内陆市县接壤的一侧陆地以及三亚市、东方市的沿海地区(见图7.1)。热带气旋袭击这些地区时,经海岸带地面摩擦作用,风力较沿海地区有所减弱,致灾因子的危险性有所降低,但与中部山区市县相比,致灾因子危险性仍较高(见图7.2),这些地区经济仍较发达,承灾体易损性也普遍较高(见图7.3)。

中等风险区主要分布在西部沿海地区及定安、屯昌、琼中、保亭等市县的东部地区(见图7.1)。这些地区的热带气旋大风潜在破坏力较小,但降水量较大,致灾因子的危险性及承灾体易损性属于中等水平(见图7.2和图7.3)。

海南岛中南部山区是热带气旋灾害的次低及低风险区(见图7.1)。这些地区人口密度低、地均GDP小、土地利用类型多为森林,承灾体的易损性较其余地区明显偏低(见图7.3)。

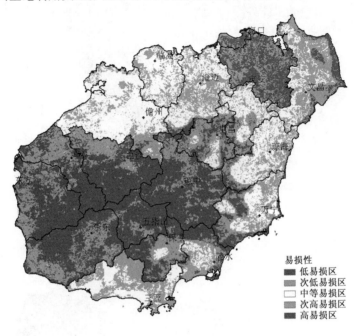

图7.3 海南岛热带气旋灾害承载体易损性分布图

(2)暴雨洪涝

海南省是全国著名的暴雨中心之一,暴雨洪涝灾害出现频繁。暴雨易导致河水上涨,冲毁、淹没农作物,引起水土流失;淹没道路、街道、房屋、冲毁水库、桥梁、电站等设施;造成山洪暴发,引发山体滑坡等地质灾害,直接影响农业生产和交通、旅游业的正常运作,甚至使人民生命财产遭受威胁。海南省暴雨灾害主要出现在4—10月,8—10月为海南省暴雨的集中期,占69%。造成暴雨的天气系统主要有冷空气、低压槽、热带辐合带和热带气旋,其中以热带气旋暴雨次数最多,强度最强。海南省各地年平均暴雨日数4～11天,除了西部沿海的东方仅有4天外,其余地区一般在6天以上,暴雨中心区的琼中、万宁年平均暴雨日达11天。暴雨洪涝的影响高频区位于海南岛东部、中部地区,平均每年达到4次,自东向西暴雨发生频率递减。暴雨强度的空间分布与暴雨日分布基本一致,东部高于西部。海南省暴雨过程持续时间绝大多数只有1～2天,3天以上的很少。据不完全统计,1949—2010年间,海南省平均每年因暴雨洪涝造成20.1万人次受灾,1～2人死亡,$1.51 \times 10^4 \ hm^2$农作物受灾,4000间房屋被损,2000间房屋倒塌,平均每年直接经济损失4.9亿元。其中2010年10月出现的2次大面积暴雨洪涝灾害,造成 482.3 万人受灾,3310.17×10⁴ hm² 农作物绝收,4480 间房屋倒塌,直接经济损失 114.5 亿元。

暴雨洪涝灾害分布总体上呈现东北多、西南少的分布特征。高风险区主要分布在琼海南部、万宁东部、陵水北部一带及海口市大部分地区(见图 7.4)。台风暴雨是该地暴雨洪涝灾害最主要的致灾因子。地势低洼、经济发达、人口密集是为暴雨洪涝灾害提供了良好的孕灾环境和高易损性(见图 7.5,图 7.6)。次高风险区主要分布在临高和儋州地区以及文昌、琼海北部到屯昌一带(见图 7.4)。受西南季风及海岛的特殊地形影响,暴雨发生频率及强度仅次于高风险区,孕灾环境的敏感性及承载体易损性也普遍较高(见图 7.5)。中等及次低风险区分布中部及西南部的大部分地区(见图 7.4)。这些地区暴雨发生频次相对较少,致灾因子危险性为中等(见图 7.6),承灾体综合易损性较低(见图 7.5)。低风险区分布在海南岛的高海拔地区,主要包括五指山、琼中、乐东三市县辖区内的大型山脉地区(见图 7.4)。这些地区致灾因子危险性不低,但由于地势高,河网密度小,孕灾环境敏感性差,承载体易损性小。

(3)干旱

干旱是海南省较常出现的影响范围最广、持续时间最长的灾害性天气之一。干旱可导致水库水位下降,江河断流,水资源短缺,工农业生产和人畜饮水困难,并带来一系列的生态环境恶化。按干旱发生的季节划分,海南省有冬旱、春旱、夏旱、秋旱和连旱。冬、春旱是海南省最常出现的干旱,中等程度以上的春旱年出现频率为:西、南部沿海地区 90%~100%;北部、东部、中部为 30%~50%;其他地区为 60%~80%。冬春连旱出现较为频繁,大部分地区出现频率达到 25%~60%。从海南岛相对湿润度指数分析结果显示,海南岛西部沿海地区为全省最突出的干旱区,其次西南部内陆及南部地区是海南省发生旱灾的次高频地,海南岛中部山区发生旱灾的频率相对较低。据不完全统计,1949—2010 年间海南省平均每年因干旱造成 7.1

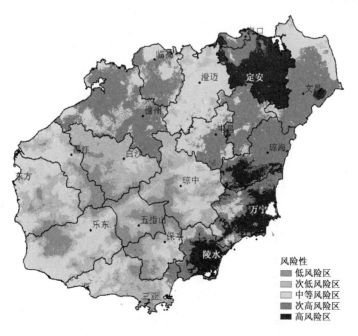

图 7.4　海南岛暴雨洪涝灾害风险区划图

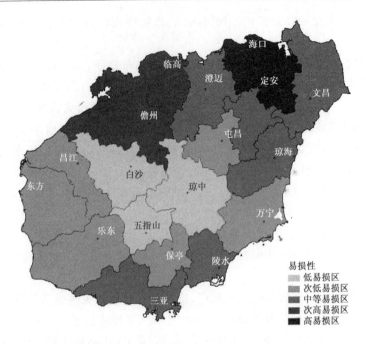

图 7.5 海南岛暴雨洪涝灾害承载体易损性分布图

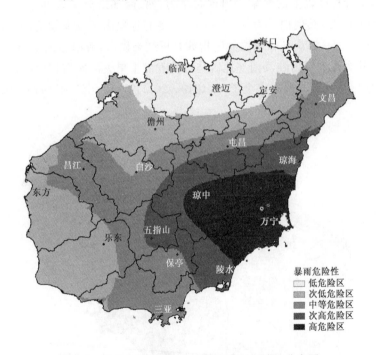

图 7.6 海南岛暴雨洪涝灾害致灾因子危险性分布图

万人受灾,6.7 万人饮水困难,3.79×10⁴ hm² 农作物受灾,平均每年直接经济损失 2783.5 万元,其中 2007 年发生的大面积旱灾,造成 21.4 万人饮水困难,0.34×10⁴ hm² 农作物绝收,直接经济损失 4.3 亿元。

干旱灾害分布特征为西部、南部多,东北、中部少(见图 7.7)。这与海南年降水量的分布特征基本一致。致灾因子在干旱灾害的形成中作用突出。东方市是干旱灾害的高风险区。该地区的年均降水量仅有 961 mm,不到琼中县年降水量的一半。植被覆盖率低,土壤水分蒸发量大,孕灾环境敏感性强。季节性干旱灾害几乎每年都有发生。次高风险区位于陵水、三亚、乐东、临高、昌江县。中等及次低风险区主要分布在海口、澄迈、定安、文昌、琼海、陵水、屯昌、白沙、五指山、保亭等地。琼中县是海南岛发生干旱灾害风险最低的地区。这里年降水量在全省各市县中最高,年平均气温最低,大部分地表为热带雨林覆盖,无论是致灾因子还是孕灾环境,都不利于干旱灾害的形成(见图 7.8 和图 7.9)。

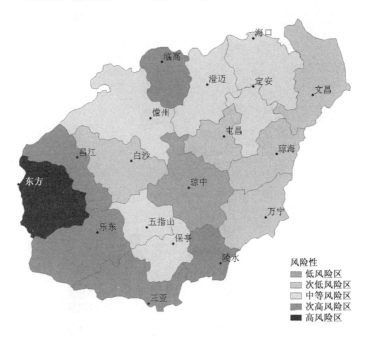

图 7.7 海南岛干旱灾害风险区划图

(4)低温冷害

海南省的低温冷害有低温阴雨、清明风和寒露风。低温阴雨主要出现在 12 月—次年 2 月,维持天数一般为 3~7 天。以西北部和中部山区最多,重度低温阴雨过程在西北部约两年一遇。南部沿海地区基本没有低温阴雨出现。清明风主要出现在 3 月下旬—4 月上旬,平均每年有 1 次,持续 4~5 天,中部山区、西北部内陆最严重,出现概率为 80%~85%,北部次之,南部沿海地区基本没有清明风。寒露风出现在 9 月下旬—10 月中旬,平均每年出现 1.2 次,中部山区出现频率最高,达 80%~95%,年平均出现日数也最多,约 7~10 天;西北部内陆出现频率约 50%~70%,年平均日数约 3~4 天;南部沿海地区最少。据不完全统计,1949—2010 年,海南省平均每年因低温冷害造成 0.22 万人受灾,$0.5×10^4 hm^2$ 农作物受灾,980 hm^2 成灾,平均每年直接经济损失 1166.4 万元。低温阴雨天气主要对农作物安全过冬及生长造成危害。2008 年发生的低温冷害,造成 13.6 万人受灾,$1.54×10^4 hm^2$ 农作物绝收,直接经济损失约 6.0 亿元。清明风对海南省早稻孕穗、抽穗有较大影响,严重的清明风天气则使早稻秕率增加而减产。1988 年清明节前后,海南省遭到"清明风"带来的长时间低温寡照天气影响,全省有 9330 hm^2 处于抽穗扬花期的早稻受影响,减产幅度达 12%。寒露风对海南省晚稻的孕

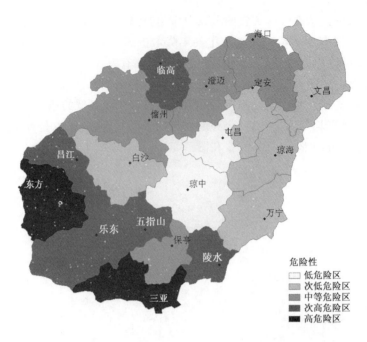

图 7.8　海南岛干旱致灾因子危险性分布图

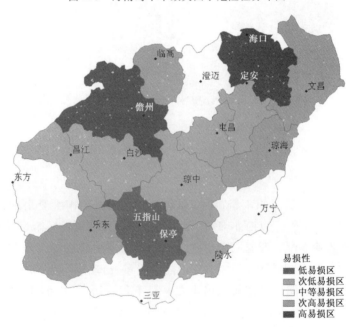

图 7.9　海南岛干旱灾害承灾体易损性分布图

穗、抽穗有较大的危害,导致晚稻出现不实、空壳而减产。严重的寒露风天气对晚稻抽穗扬花不利,造成减产。1988 年 9 月中旬,"寒露风"对海南省正处于扬花阶段的 1000 hm² 晚稻产生较大影响,减产 3～5 成,损失粮食 8385 t。

　　低温冷害灾害分布特征为中部山区最高,这与海南岛地形密切相关。其次为北部地区,南部最低,这与冷空气自北向南影响海南省有关。高风险区及次高风险区位于海南岛中部的五指山、白沙、琼中、昌江及乐东等市县的高海拔地区(见图7.10)。中等及次低风险区主要位于五指山以北的地区。即文昌、海口、定安、屯昌、临高、澄迈各市县及中部山区的河谷地带。低风险区主要分布于陵水、三亚、乐东到东方一带的沿海地区。这些地区受海南岛中部山脉的阻挡,冷空气影响很小,发生低温冷害的概率很低(见图7.11)。

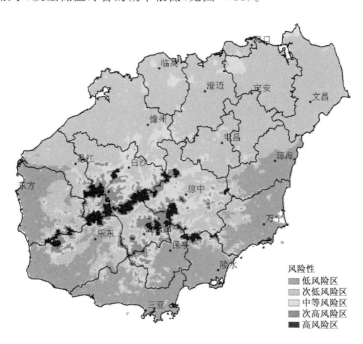

图 7.10　海南岛低温冷害风险区划图

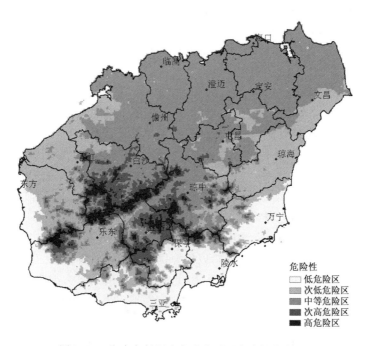

图 7.11　海南岛低温冷害致灾因子危险性分布图

(5)其他气象灾害

海南省其他常见的气象灾害还有大风、冰雹、大雾、龙卷风等。

大风可严重破坏各种设施,对作物和树木产生机械损害,造成人员伤亡和财产损失。海上大风还严重影响海上作业及海上交通安全。大风灾害包括热带气旋大风和冷空气大风。据统计,1979—2008年,海南省平均风力8级以上大风日数7.4天,最多的是东方13天,其次是海口8天,大多数地区为2～7天。热带气旋陆地大风出现频次沿海大于内陆,东南部大于西北部,冷空气造成的海上强风北部多于南部。1959年,发生于北部湾的一次海上强风事故造成渔船32艘受损,7艘沉没,14人死亡。

海南省冰雹出现机会虽然不多,但冰雹可击毁房屋、击伤人畜,并使农作物受损,其灾害亦不能忽视。冰雹主要出现在3—5月,其余月份基本不会出现。北部内陆地区出现冰雹频次相对较大,平均每年0.1～0.4次,其余地区基本没有。1985年发生的海南省一次最严重雹灾打伤2228人,重伤14人,死亡1人,伤亡牲畜6593头(只),倒塌房屋29间,损坏7626间,造成经济损失432万元。

大雾是海南省发生在冬春季节的一种气象灾害,主要出现在9月—翌年3月。海南雾日在中部山区出现最多,其次是北部地区,南半部沿海地区则极少有雾出现。中部地区全年雾日84～104天,东南沿海全年雾日不足4天,三亚全年无雾。大雾主要对交通、供电、人体健康等方面造成影响。2000年发生的一次大范围大雾致使20多个航班或货轮渡延误,引发了多起陆上交通事故,一起两渔船相撞事故。

龙卷风在海南发生概率小,但局部的危害非常大。一般多发于4—8月,主要发生在北部和西部、东部地区。1997年在万宁市乌场港出现的龙卷风,风力达11级以上,造成死亡11人,伤2人,直接经济损失841万元。

因此,提高海南农业气象灾害防灾减灾能力,是海南经济社会发展的迫切需要。但目前与农业气象灾害严重危害不相适应的是我国农业防灾减灾能力总体较弱,目前,有关农业气象灾害预警评估和调控技术研究虽然取得了一定的进展,但相关研究成果多是基于地面气象观测信息和田间试验的单项技术,尚未形成预警、评估、综合减灾应用技术,与实际生产的需求尚有较大差距,也未形成综合业务服务能力。总体上,现有灾害防御基本处于被动减灾状态,远不能适应防灾减灾的需求,尤其是重要农业区域、不同季节的农业气象灾害预警评估与综合减灾技术更为薄弱。对于区域性高发与危害重的农业气象灾害,如海南常见热带气旋灾害、暴雨洪涝灾害、热带经济林果寒害等灾害防御系统缺乏多部门多元监测信息的融合、多类相关业务模式的集成,以及定量化、动态化预警、评估技术及其业务化服务平台。各级政府指挥农业生产迫切需要及时准确的定量化、动态化的气象灾害预警预报、影响评估等信息及综合调控对策。因此,急需发展农业气象灾害预警、评估、防御为一体的综合减灾应用技术;建立适宜海南当地的台风灾害的监测、评估系统;探索海南橡胶风害评估技术,建立橡胶风害的监测、损失评估系统;完善暴雨灾害风险性评估和区划工作,以保障国家粮食安全和农业可持续发展,全面提升防灾减灾水平,增强应对台风灾害的防御能力,也是地方政府的重大战略需求。

7.1.3　海南主要热带水果气象灾害防御

(1)香蕉的气象灾害防御

1)霜冻防御

我国大部分香蕉产区地处亚热带,每年都有不同程度的低温天气影响香蕉生长。海南地区寒害较其他产蕉区轻,但受害类型相似。以受寒害典型地区广东为例,在 1950—1972 年的 22 年间,共出现寒潮 121 次,平均每年 5.6 次,其中强寒潮平均每年出现 1.7 次;在 1957—1963 年的 7 年间,共出现严重危害香蕉的低温天气四次。

香蕉的耐寒能力较差,当温度降至 5 ℃时,蕉叶便出现冻害现象,气温降至 2.5 ℃时,蕉叶严重受害,持续一夜的 0 ℃低温可使整片蕉园冻坏。广东东莞麻涌公社在 1957 年 2 月 6—14 日,连续九天低温,日平均气温为 3.1～9.3 ℃,其中有 3 天午夜的气温降低至 −0.4～4.1 ℃,结果,植株和果实都受到严重冻害,造成严重减产,甚至失收。即使温度比上述低温天气高,但如果出现的次数频繁,也会造成严重的危害。麻涌公社 1963 年 1 月 9—17 日的 9 天中,有 3 天午夜最低温度降至 1～1.5 ℃,其中有两个夜间平均温度为 3.1～3.8 ℃,也使香蕉受冻而严重减产。

由此可见做好预防霜冻工作是蕉园管理的一项重要内容。根据香蕉产区群众的经验,预防低温霜冻的有效措施如下:

①避寒栽培:早春种植蕉童吸芽苗,蕉童的苗龄较大,开花结果早,一般可在 8 月底前抽蕾,12 月基本可收完果;冬植后用薄膜防寒过冬,在 10—11 月用组培苗定植到田间,在 12 月盖薄膜小拱棚防寒至春暖,清明左右除去薄膜拱棚,如配合地膜覆盖效果更好。春暖后,加强肥水管理,使蕉株早生快发,可在寒害来临前将大部分的果实采收;早春用大袋育成的老壮试管苗定植,用地膜覆盖土壤,迟留芽或不留芽,12 月底可收获 60%～90%。广西玉林市不少蕉农多采取这种方法种植,取得良好效果。

②选择耐寒品种:可选择耐寒品种,如大蕉、粉蕉等。在香蕉品种中,高、中秆品种耐寒性比矮秆品种稍好。

③重施过冬肥和喷叶面肥保护:10 月份重施 1 次有机肥及钾肥,有机肥最好是草木灰、火烧草皮等暖性肥料,每株施 25～50 kg,施于蕉头附近表面,钾肥每株 0.2 kg,淋施或穴施,以增强土埂保暖。喷叶面肥(药)保护,在入冬前叶片可喷磷酸二氢钾液(0.1%～0.3%)等叶面肥,提高叶片细胞汁液的浓度,也可喷高脂膜 200 倍液,抑蒸剂(1%)等减少叶片失水,对防干冷有利。对秋、冬植小苗可在 10 月下旬淋香蕉矮壮素,使叶片肥厚,从而提高耐寒力。

④熏烟、植株覆盖、包扎及果穗套袋防寒:熏烟防霜,这种方法对防霜有效。烟堆的材料,可以因地制宜,就地取材。稻秆、杂草、谷壳、锯屑和冬季清园的枯枝落叶等,都可以作为烟堆材料。对树龄较小(1 m 以下)的吸芽株或新植的组培苗,可采取入冬前盖稻草或束叶的措施减少受霜面积,假茎用稻草等包扎,最好加薄膜袋。对成年株束叶较困难,可在把头处盖稻草,尤其是挂果树要进行果轴覆盖。果穗可套上薄膜袋,最好套 2 个袋(里层是珍珠棉、外层是蓝色塑料薄膜袋)。连续低温阴雨天气时,薄膜袋不开口,最好束紧密封仅留一小开口透水汽。

蕉园遭受霜冻后,可采取如下办法抢救:

①及时灌溉。因为冬季气候干燥,而且常有大风,加速了水分的丧失,所以遭受冻害的植株,常因缺水而加重危害。及时灌溉可缓和冻害程度。

②及时割除冻害的叶片和叶鞘。特别要注意割除冻坏的筒状叶,防止腐烂的部分向下蔓

延,致使球茎茎顶部的分生组织腐烂,整株死亡。

③提早追施速效肥。植株经霜冻后继续补充营养物质,特别需要补充大量氮素。宜提早在"立春"前后追施。

④根据寒害的程度采取相应的留芽方法。如果母株寒害不严重,估计还可抽生新叶 6 片以上的,2 个月后可抽蕾的,可除去秋季顶端的吸芽,让母株充分生长。如果母株受害严重的,或刚接近抽蕾挂果无青叶或青叶数 4 片以下的,最好砍去母株,让最大的吸芽快点生长,及早收获。对于母株和大吸芽地上部均已冻死的,如母株能及早长出吸芽,则选留一最强壮的芽,其余及早除去。如果吸芽生长势弱,要及早重新栽植。

2)大风防御

香蕉叶大根浅,植株高,假茎及叶柄脆而汁多,结果后果穗又重,极易被大风刮倒,轻者伤根伤叶、重者干倒伤株,影响产量。我国华南沿海地区夏、秋两季 6—10 月常发生台风,4—5月有时发生龙卷风,因此,蕉园防风保护工作十分重要。防风有如下几项措施。

①选择抗风品种

选择抗风品种,如广东香蕉 1 号、广东 2 号、中把威廉斯、大矮蕉等的中矮品种,都具抗风的能力,防风能力也较强。

②避风栽培

冬天气候温暖且台风发生频率较高的地区,如海南省、广东省一些沿海地区、广西北海市及福建省少部分蕉园,都可种植反季节蕉,以避过台风的影响。

③营造防风林

营造防风林带除了种植植株高大、粗壮且抗风力强的畦头大蕉,按 3 株丛植的方式密植作为防风林外,还可选择有山或坡地近风地头种植速生树种,以形成栅栏防风树林带。

④尼龙绳绑缚或立竿搭架保护蕉株

香蕉挂果后,由于蕉果自身重量的作用,蕉株自然向蕉弓那边倾斜,对风力不太大的蕉园,可用尼龙绳绑缚的方法进行防风。

对高度在 2 m 以上的蕉株,在蕉株旁的适当位置,用长 4 m 以上的单支粗壮竹竿直立深埋土中 50～60 cm,然后用绳子把假茎横绑在竹竿上,在 0.8 m、1.6 m 高处各绑 1 段(共绑 2段),如果蕉株较高的可以在 2.4 m 高处再绑 1 段(共绑 3 段)。把假茎固定在竹竿上。捆绑处的绳子应松紧适度。也可对未抽蕾植株立杉木桩防风,其较坚固耐用,1 株 1 桩,桩柱入土 35～50 cm,用绳将桩柱与假茎上部缚紧。对于挂果树,也可用 1 株 1 桩的方法护蕉,桩柱直立于果穗下弯的方向,下部埋入土 35～40 cm。上部用绳缚紧把头的假茎,支撑果穗及防风效果较好。对产量较高的果穗最好用双柱防风,方法与单柱方法一样。还有采用打桩立柱拉网索的方法防风,每公顷用绿色尼龙绳索 35.5 kg,在约 2 m 高处,采用船绳打结法,把每株香蕉 1 支的防风竹桩按行与行间、株与株间绑缚成长方形网状结构,四边绳索的末端绑缚固定在 50 cm的竹竿或木桩上,再打桩入土固定,可防较强台风。另外,采用打桩立柱并用竹竿等材料搭成方架的方法防风,方法是每株立一桩柱,和单柱方法一样,只是要求柱子比蕉株高,每隔 3～4行用竹竿斜撑立柱上部,并要求蕉园四周都用竹竿或木桩向外斜撑立柱上部,再用竹竿把每株1 支的防风竹桩按行与行间,株与株间绑缚成长方形网状结构。这样的防风效果更好。

3)干旱防御

香蕉性喜水又怕水,田间水分的科学管理十分重要。因此,全生育期要求蕉园土壤干湿适宜。蕉苗田间定植后应及时浇足浇透定根水。营养生长前期（田间苗）应保持土壤田间持水量60%～75%,营养生长中、后期应保持土壤田间持水量70%～80%,花芽分化至抽蕾期应保持土壤田间持水量70%～80%,并保持畦沟有浅水层。挂果期应保持土壤田间持水量60%～70%。按照香蕉生长发育过程对水分要求规律,旱季应适时足量灌水。多雨季节或蕉园畦面渍水时应及时排水,果实采收期适当控水。

春季干旱对抽蕾的植株及新植蕉园影响甚大。夏季一般不干旱。秋季是香蕉生长发育的关键时期,多数植株进入花芽分化或抽蕾期,叶面积大,根系生长多,需水量十分大,且白天阳光暴晒,气温高,干燥,几天不下雨就会导致香蕉水分供求不平衡。因此,秋季是香蕉灌溉的关键时期。

香蕉的灌溉方式有自流灌溉、人力浇水、高头喷灌、冠下喷灌及滴灌等方式。在保水性能较好的蕉园,采用滴灌是香蕉灌溉与施肥的较好形式,可以较准确地计算灌溉量,可把灌溉和施肥结合起来。以色列在水源十分紧缺的情况下,采用滴灌方式对蕉园进行灌溉,既节省水量,也有利于香蕉生长,可以引进采用。

"人工降雨"是用小喷嘴抽水机（人工降雨机）在全国树冠上进行大面积喷洒。相当于高头喷灌,但水源不能太远。该法不仅能增加土壤湿度,也能增加蕉园空气相对湿度,降低温度,对香蕉生长有利,但容易使真菌性病害传播。

自流灌溉是旱田采用抽水机抽取水库水,水由畦沟流过,稍浸透畦面土壤即可断水。

人工浇水是在无自流灌溉又无灌水设备时使用。旱地蕉园通常用人力担水淋溜,在幼苗期需水量小时较容易做到,植株大时用人工太多。水田蕉园则用粪勺将畦沟的水洒向畦面。

浇水量依土壤干旱程度而定,一般浇水后土壤含水量为田间最大持水量的60%～80%为宜。灌溉次数则依香蕉的需水量、土壤蒸发量等而定,一般高温干旱季节1周灌2次,每次以相当于10～15 mm的降水量为宜,低温干旱季节则10～15天灌1次。

4）涝害防治

雨季涝害会使土壤水分过多。土壤浸水严重的植株,叶片会变黄枯萎,新叶、花蕾抽生困难,甚至整株死亡、根系变黑、腐烂。所以,雨季必须及时防涝排水。排水包括土壤内部排水和外部排水。内部排水性是指土壤的疏水性,与土壤质地、结构及畦的长短、宽度有关;外部排水性是指蕉园的排水性,与地势、排水设施等有关。检查土壤排水情况时,可挖蕉园的土壤,观察其犁底层下褐斑氧化层的深度,褐斑氧化层距地面深甚至没有的,说明土壤排水性良好。旱田、旱地蕉园要注重土壤的内部排水性。水田蕉园的渍水和浸水在雨季经常发生。所以,既要注重土壤的外部排水性,又要注重内部排水性,要配备相当排水量的抽水机以防内涝。

（2）荔枝的气象灾害防御

1）寒害防御

荔枝性喜温暖,如果气温下降至−2 ℃以下则受冻害,特别是早熟品种,常在抽穗开花时遭受冻害。受冻害的荔枝,轻的枯枝枯叶,重的全株死亡。由于荔枝的寒害主要是由辐射霜引起,因此要减轻寒害的发生,除了加强栽培管理提高果树抗逆能力外,还应创造良好的果园生态条件和采取有效措施,减缓有霜夜晚果园的降温速度。

鉴于荔枝的寒害多发生在低洼等冷空气易于沉积的地段,因此在开辟新植果园时要充分考虑利用小气候环境来避免寒害的发生,以选择缓坡地最为理想,坡向以南向为最佳。新植园址周围地势要开阔,以使冷空气易于泄出,或附近有大水体以减缓降温幅度。河边地土壤比较潮湿,加上河水缓慢放出潜热,能调节附近荔枝园小气候,因此霜害比远离河边的旱地为轻。沙土地由于土壤疏松,地热散失快,热辐射也比黏土快,所以沙土较黏土霜害重。

创造良好的果园生态环境,包括营造防风林和实行合理的果园间套种、覆盖等。防风林能反射地面长波辐射而使降温缓慢。间套种和覆盖同样阻挡了地面的长波辐射放热,从而减轻了霜冻的发生。

加强果园管理提高植株的抗寒能力。包括如下几方面:合理的肥水管理和病虫害防治以培养强壮树势,尤其是冬前增施磷钾肥,使枝叶组织充实。适时促放秋梢,使其入冬前能充分老熟。使用乙烯利、B_9 等生长调节剂促进秋梢老熟并抑制冬梢。以上措施均能有效地提高植株的抗寒能力,从而减轻寒害的发生。

树体保护。入冬前对主干、主枝进行涂白或用稻草包扎,以减少树体在夜晚降温的速度,从而加强树体的抗寒力,可起有效的保护作用。幼树可在有霜夜晚用塑料薄膜罩盖树冠,白天气温高时揭开。

果园灌水或喷水在霜冻到来前进行灌水,利用水放热较慢的特点,使土温不易发生剧变,有明显的防冻效果。霜前进行果园喷水不仅减缓温度的下降速度,而且弥漫在空气中的微小水滴阻挡了地面和植株的长波辐射放热,防寒效果更佳,可增温 2～3 ℃。霜后还应及时对植株进行喷水洗霜。幼树在霜冻后的早晨,露水未干前,用水泼淋树叶,洗去霜花,有显著效果。但重霜时效果不好。

熏烟防霜。于有霜夜晚在果园中燃烧潮湿的谷壳或枯枝叶进行熏烟,并坚持到日出之后才停止。利用烟雾减少地面的有效辐射,提高地表温度。最好在霜冻前 1 小时左右点火,此法可以将温度提高 0.5～1.5 ℃,如果采用沥青、硝铵、煤末、锯末等,效果更佳,可提高温度 2 ℃。

荔枝的苗圃应使用农用薄膜搭拱棚过冬。由于植株受寒害后严重失水,树势衰弱。因此应及时进行淋水施肥,做到勤施薄施,并对果园进行中耕松土。由于荔枝的枝干受寒害后在短期内很难判断是否存活,因此修剪要适量分次进行。已明显干枯死亡的枝条可及时剪除,以减少水分蒸发。其余的枝条要到春芽萌动、枝干死活界限分明时再行修剪。较大的剪口要涂上保护剂,以防病菌侵染。寒害植株仍有一定的开花结果能力,甚至一些寒害较重的植株仍能在多年生枝条上抽生花穗,是否让其挂果要视树势及花穗质量而定。二级以上寒害的植株主要以恢复树势为主,多年生枝干上抽生的花穗亦较弱,坐果率低,应及时抹除,以减少养分消耗。

2)干旱防御

荔枝树根系在土壤湿度 9%～16% 时生长缓慢,23% 时生长最快。春季荔枝抽新梢,开花结果需要大量的水分,必须保持土壤湿润状态。现蕾期要有小雨,以助花枝发育。开花期多雨则烂花,结果少甚至无果。俗语说"荔枝惜花,龙眼惜果",就是形容荔枝坐果率低。因此,在旱期要多些灌溉,为植株创造适宜的水分条件;同时用地膜或其他覆盖物覆盖,以减少蒸发。

在花穗、花器官的发育期要求土壤较湿润,否则根系生长吸收弱,光合效能低,养分不足,造成落叶,影响花器官发育,使花期延迟。开花期间特别是雌花开放时,晴天有利于授粉,但是花期空气过分干燥和阳光强烈,花粉和柱头易干枯,会影响授粉受精。早熟种(如三月红)开花期在雨季到来之前,因此一般授粉良好,产量稳定。中熟、迟熟种,特别是中熟种,开花期正逢雨季,授粉困难,产量受影响。同时结果后期阴雨天过多,影响光合作用也会引起落果。但在5—6 月,果实迅速膨大,需水较多,充足的水分对果实发育有利。春旱影响荔枝幼果的发育,导致落果。此时正逢海南雨季,能满足果实发育对水分的要求。采果后荔枝进入萌发秋梢期。

枝梢萌发、生长对水分需求较多,为了培养健壮的秋梢成为良好的结果母枝,秋梢期一定要对土壤灌水并对树冠叶喷水,保持高湿度,以利于秋梢生长、展叶及转绿。秋旱对荔枝秋梢生长不利,会造成次年减产,可以采取喷、滴灌水、土壤覆盖、中耕松土等预防措施。入冬以后,土壤水分不宜太高。花芽分化期要求土壤适度干旱,提高树液浓度,有利于花芽形成。因为在花芽分化临界期前适度干旱,抑制冬梢抽发,有利于光合产物的积累,提高细胞液浓度,为明年丰产打下基础。

3)风害防御

我国荔枝产区主要分布在沿海地区,特别是早熟荔枝几乎都是种植在沿海地区。而我国常在每年的7—9月出现台风天气,个别年份6月和10月也有台风天气,况且台风还会带来暴雨,这对荔枝的生产影响较大。遇8级以上大风,成熟的荔枝果实会被刮掉。台风、龙卷风和雷雨大风,荔枝树易被吹倒,叶片被打烂,若遇上开花的荔枝花穗会被大风打坏;若遇上果实发育期则会造成大量落果,甚至失收。夏季常受热带气旋大风袭击,因此沿海地区在种植荔枝时应在荔枝园周围建立永久性的防风林带,选好果园位置,充分利用地形的防风效能。防风害的具体措施如下:

①风前立防风桩保护。在定植后立支柱,缚上尼龙绳,加固植株。

②风后及时做好补救工作。排除果园积水,防止根系受水浸,造成植株枯死。护苗培土。经台风吹袭,植株东倒西歪的,嫁接苗可趁土壤松软潮湿时将植株适当扶正后培土固定;圈枝苗因根系浅且脆,不能急于反方向扶正植株,否则易损伤根系,导致植株死亡,应视植株现状,稍微扶正,顺势就地培土固定。对折断、拉裂的枝干要及时剪齐伤口。

③加强肥水管理及病虫害防治,使幼树及早恢复生长。

4)热害防御

荔枝根系在土温10~12 ℃时开始生长,土温23~26 ℃时最适根系生长,土温31 ℃根系生长转入缓慢甚至停止。气温11~14 ℃花和叶都可同时缓慢发育成为有经济价值的花穗,14 ℃以上则不利于花芽分化和发育。冬季高温会导致花芽分化失败,造成减产。温度是影响开花的主要因素,小花要在10 ℃以上才开始开放,18~24 ℃开花最盛,29 ℃以上开花减少。能够开花,却不一定能授粉,因为花粉萌发与开花要求的温度不完全相同,22~27 ℃萌发率最高,30 ℃以上萌发率明显下降。花期温度过高,最高温度大于30 ℃,尤其是高温干燥天气,对开花授粉也不利。6—7月荔枝处于果实成熟期,遇高温天气将会引起果实细胞成分的变化,当高温天气出现时要喷洒10 mg/kg乙烯,以缓解高温的侵害。8月荔枝处于育苗期,此时遇高温幼苗易发生顶芽枯萎,苗木纤瘦,难以达到嫁接要求,要采用灌水、喷水或用覆盖物覆盖等方法降温。

(3)菠萝的气象灾害防御

1)霜冻寒害防御

①束叶

在低温霜冻到来之前,一般在11月下旬—12月上旬进行束叶。用麻皮或塑料绳将菠萝整株叶片束起,以保护叶只,特别是心叶不受寒害,也可防止冷雨灌心。这种方法对防寒,将别是防霜冻有一定效果,但这种方法费时费工,大面积防寒有一定困难。

②覆盖

有稻草或薄膜覆盖两种。一般在12月中旬开始覆盖,翌年2月下旬揭除。束叶后,再用稻草帽盖株顶或用塑料袋套植株,可以有效地预防霜冻及冷雨灌心,但耗工多,成本高,一般在霜冻严重的年份及为了保护良种安全过冬时才采用。

也有用稻草或薄膜全畦覆盖防寒的。用稻草覆盖,每亩大约用草 400~500 kg,在辐射型低温霜冻情况下用此法防寒效果好,还可口防止土壤降温,保持温、湿度。但对平流型低温阴雨,则效果差,冷雨流入株心反而容易引起烂心。如 1974 年冬广西宁明农场盖草的菠萝烂心率 11.3%,而不盖草的烂心率仅 7%。所以对平流型低温,最好采用薄膜覆盖,防寒效果好,每亩 70 kg,可用 3 年。但薄膜成本高,又易被风吹掉,在生产上一般很少采用。丰产片、冬季风小地区才可考虑采用。

③熏烟

当预测到有霜冻发生时,可在地面热量没有完全散失前,在菠萝园周围点火熏烟,使烟幕弥漫,防止地面热量散失,阻止霜冻产生。

④喷水防霜冻

在霜冻产生前喷水,水遇冷放出潜热,可阻止霜在叶片凝集,也可增加土温和空气湿度,避免危骤降温,缓和霜冻危害。霜冻后也可喷水洗霜。

2)涝害防御

菠萝最忌积水,所以在雨季前都要修整纵横排水沟,以利大暴雨时排水。另一方面,菠萝虽然耐旱,但在苗期和果实生长发育期,需要较多水分。因此在更新种植或新定植时,特别是在定植后 30 天左右遇旱情时,要用人工灌溉,以促进新根萌发,加速植株生长。小果发育时遇旱也要灌溉。在一般情况下,灌溉时结合根外追肥,效果更好。在果实成熟前需水分特别多,灌溉结合喷钾肥,可以提高产量和改进果实品质。灌溉有地面及液面淋灌两种,以叶面淋灌效果好,地面灌溉易引起土壤板结,破坏团粒结构,影响根系生长。

在种苗定植前 10 天,不要有大水。因为幼苗定植所用的吸芽、裔芽和冠芽的芽苗还未充分地发育根系,如果土壤水分太多、湿度过大,会造成幼苗烂头现象,从而导致烂苗直至死亡。所以过去一般在幼苗种植 10 天内是不提倡灌定根水的,但是对于那些土壤湿度过小、过干、过硬的地方,可以考虑用微喷滴灌的方式稍淋定根水。

要做好排灌的准备工作。由于菠萝有不能缺水但又怕积水或渍水的特点,在开园整地时除修筑排灌沟外,大雨或暴雨后须及时疏通排水及灌水沟,以排除积水,排除畦沟与等高垒畦沟内的淤泥并培于畦上、等高梯壁外坡上及裸露的根系上。及时排水的目的是避免因长时间积水造成植株根系缺氧呼吸困难,导致烂根甚至死亡。

3)干旱防御

菠萝是耐旱品种,对水分的要求不严,但是整个生长发育的过程中是不能缺少水分的。

①定植后不能长期缺水,如果定植后连续 10~12 天干旱,对菠萝的根系生长极为不利,不容易发根,因此要进行全区域灌溉,目的是促进根系的萌发、生长、扎根。

②在关键时期要加强对水分的供应,如苗期、花蕾抽生期、果实发育期和吸芽抽生期遇到连续 15 天干旱时,应及时灌溉,灌溉方式可用微喷滴灌的方式,尤其在后期避免全区域长期渍水。

③当生产进入干旱季节或月降雨量少于 50 mm 时,须及时灌溉或淋水,以保证植株正常生长和果实发育。实践表明,秋冬果旱季淋水或灌溉和根外追肥,能增产 10%~15% 的。

④秋种菠萝苗适当淋水或灌溉,能有效地促进新苗根系恢复和萌发新根,确保翌年高产、稳产。

⑤在秋冬和刚刚入冬的热带、亚热带地区,温度还不是太低,只要有适当的水分供应,菠萝的根系及地上部分仍能继续生长。当然这时候的生长速度是比较慢的,如果此时能及时补充

水分,对植株的生长、养分的积累和提高越冬能力都大有好处。

⑥在菠萝进入结果期时,一定要保证水分的供应。如果这一时期的水分不充足的话,会直接影响植株的花芽分化、花蕾发育不正常和果实发育滞后,造成果实小、果肉水分少、口味淡。因此,对于那些秋季催花、春季结果的菠萝,由于植株抽蕾、开花和结果都处于温度较低、降水少的时期,如果遇上干旱就要对种植园进行及时灌溉或微喷滴灌,才能保持植株的叶片油绿,光泽感强,有利于果实的正常发育,确保翌年正常开花并结果。

⑦在灌溉方式上可以采取叶面灌溉和地面灌溉相结合的方式,根据不同的情况而采取不同的方式。但总的来说,由于菠萝的叶片具有吸水和保水功能,有利于植株的吸收,而长期采取地面灌溉可能导致土壤板结和透气性能差,从而影响根的生长发育和吸收能力。因此,我们建议果农可以多采用叶面喷灌的方式为菠萝提供水分。

⑧将抗旱和施肥、施药结合起来,既能降低劳动力和生产成本,又有利于种植园的保水、保肥、治病和省工、节水。

(4)龙眼的气象灾害防御

1)寒害防御

龙眼属南亚热带果树,冬季气温降至 3 ℃以下,幼树容易受到冻害,特别是 1～2 生的幼树,树体组织较嫩,根系浅,受冻程度较成年树严重。幼树受冻害的主要症状是叶片变褐干枯,受冻严重的植株 1～2 年生枝干枯死亡,或者近地而主干受冻后树皮干枯爆裂,致整株死亡。因此,在纬度较高、冬季气温较低的南亚热带北缘地区栽培龙眼,要认真做好幼龄树防寒工作。主要的防寒措施有:

①选择春季回暖后的 3 月和 4 月定植,这时小树恢复生长快,可抽生多次新梢老熟过冬,抗寒能力强。春季定植不宜过早,刚种植的幼树若遇上倒春寒易冻死。在冬季气温较低的地区不宜采用秋植,秋植小树恢复生长慢,只能抽生 1～2 次新梢老熟,抗寒能力差。

②冬季用草绳包扎树干。

③用杂草或稻草等覆盖树盘系。

④大寒潮到来前,将稻草尾部扎成一束,基部展开罩在幼树树冠上防寒,回暖后将稻草揭开。

⑤干冷寒潮到来前灌水,提高小树抗寒能力。

⑥大寒潮过后晴天的夜晚易出现霜冻,可烧烟防寒。

⑦霜日的早上,太阳出来前,向树冠喷水洗霜,可减轻霜冻。

龙眼预防霜冻的根本途径是选育抗寒的品种。其次是注意果园位置的选择,例如在冷空气不易积聚的南向山坡地上种植龙眼,较不易发生冻害。幼树抗寒力差,重霜时要注意树体保护,可用稻草包扎树干、遮盖树冠等。苗木在冬季要搭棚防寒,在霜害较轻的地方,也可在幼苗行间间种大麦进行保温,可免去搭棚。此外,在秋冬季季节控制施肥,霜冻将要发生时,在龙眼园中进行熏烟、灌水等,对减轻霜冻也有一定的作用。

果园灌溉设施普及后,在估计会下霜的夜晚,进行定期喷水,以调节果园小气候,减少辐射降温,对防霜冻将会有更显著的效果。国外也有在果园中设置加热器的措施,在下霜的夜晚,燃烧重油,对提高气温,预防霜冻也有较好的效果。

2)风害防御

福建、广东、广西、台湾等省沿海地区,每年夏秋季常有台风登陆,引起龙眼大量落果和断枝、倒树；四川龙眼产区开花时常有"焚风"，严重妨碍坐果。预防风害,首先应注意果园位置的选择,龙眼基地不要建在太近海边的地点,并尽量避免利用东北向坡地种植龙眼。其次是在迎风的方向营造防风林带。防风林的树种以相思树、木麻黄、马尾松、桉树等比较好,能适应华南丘陵红壤条件且生长迅速,较快形成防风能力。今后逐步推行龙眼的矮化密植栽培,也可大大减轻风的危害程度。此外,对幼树立支柱加固,对结果多的树用竹竿支撑或以绳索吊缚,以及莆田果农采用靠接,把主干或植株之间联结在一起等办法,对抗风防倒也有一定作用。

预防风害的方法：

①尽量避免在山地的东北向或北向种植。

②适当密植,以提高抗风能力。

③多用嫁接苗繁殖和培养矮化树型。

④在山地建园,龙眼应种在山坡的中、下段。在山顶和迎风的方向造林,如营造木麻黄、相思树、马尾松、桉树等对红壤适应性较强、生长较迅速的树种,这样既能保持水土,调节气候,又能防风害。

此外,注意收听当地气象站的天气预报,在强台风即将来袭时,适当提早采收,也可减少损失。

3）旱灾与洪涝防御

幼年植株根系少而浅,抗逆能力差,受表层土壤水分和温度变化影响大,在烈日或大气干燥的情况下,表层土壤易失水干旱,会导致植株生长受阻,甚至死亡,所以果园的水分管理极为重要。苗木定植后到抽生二次新梢前遇旱,可每周淋水1～2次。苗木成活后也要求经常淋水保持土壤湿润,保证植株正常生长。树盘覆盖可减少表层土壤的水分蒸发和温度的变化幅度,改良表层土壤结构,有利于植株的生长。苗木定植后第1年根系较弱。树盘覆盖尤为重要。要求定植后7～10天完成树盘的覆盖工作,覆盖物主要有稻草、盲萁草或其他杂草,塘泥和经筛选的垃圾也是很好的覆盖材料,其团粒结构好,维持覆盖时间长,并能为幼树提供肥料。用稻草覆盖树盘要有一定厚度（15～20 cm）和宽度（直径80 cm以上）,才能达到良好的效果。采果之后至冬季,由于生长量较少,所需水分相应也少,这样可以抑制过量生长,积累足够的营养物质,对翌年花芽分化有所帮助。开花期间及果实成熟期,不宜多雨,如花期阴雨将引起烂花或授粉受精不良而减少着果。果熟期多雨会降低果实品质和增加落果。根系生长旺期（6—8月）,必须保持足够水分,以利根系迅速生长,春夏多雨季节,应防止果园积水,才不致使根群处于窒息状态,影响树体生育。

新建龙眼园内排水系统尚未健全,雨季果园要排水,防止积水烂根。新建的水土保持系统也易受雨水冲刷损坏,雨后要及时修复。

关于龙眼生殖生长的气象灾害防御的几点建议：

①开展龙眼生殖生长期气象灾害预报

异常节律性变温天气是造成龙眼生殖生长气象灾害的直接原因,具有对龙眼产量影响大、范围广、频率高,发生期间与长短年际间差异大和灾害类型复杂（交替或混合）等特点。龙眼生殖生长期气象灾害对我国龙眼产区的影响往往是大范围的,且"年年有灾,处处有灾"。气象和农业部门要开展协作攻关,加强异常节律性变温天气形成机理和变化规律的研究,长期监测其形成发展过程和进行龙眼生殖生长气象灾害预测预报,做好龙眼生产防灾减灾的基础性工作。

②开展节律性变温与龙眼生殖生长发育的机理研究

节律性变温天气与龙眼生殖生长发育关系密切,但对龙眼生殖生长发育的生态作用尚不明确。可通过试验研究,探明节律性变温对龙眼生殖生长发育的作用机理,以提高花期调节的成功率和技术应用效果(生产上普遍存在相同技术年际间应用效果重演性差的问题),确保龙眼丰收。

③加快良种推广与品种更新工作

不同龙眼品种对龙眼生殖生长气象灾害抗逆性不同,因而受灾程度不同。根据长期观察比较,赤壳、水涨等老品种分别较不抗花而不实和花穗"冲梢",要应用高接换种技术,进行回缩更新、嫁接较抗花而不实和耐"冲梢"的凤梨穗、银早 98 新品种,从根本上提高抗御灾害能力。

④应用抑制栽培技术调节花期

抑制栽培是人为创造龙眼春芽萌动和开花着果期比自然物候期延后的栽培模式,达到趋利避害的目的。据观察,同安区龙眼花而不实年份,花穗形成于 1 月中旬至 2 月中旬,雌花盛花期在 4 月中下旬,落花落果期主要在 4 月下旬至 5 月上中旬;花穗"冲梢"期主要在 2—3 月。采取环割、断根或喷施植物生长调节剂,可抑制冬梢和花穗"冲梢",提升碳氮比,延迟花穗形成和开花期,形成较短壮晚秋梢,减少花蕾量,提高雌花比例 21% 和着果数(灾年抑制栽培处理的着果数比无抑制的高 10 倍以上),从而避开龙眼生殖生长期的气象灾害。如在晚秋梢(末级结果母枝)成熟后,对长势旺的植株树干环割或断根晾根,可推迟顶芽萌动 1～2 个月;在冬梢萌动期选用适量 B_9、多效唑可抑制顶芽 15～25 天不萌发;在"冲梢"红叶期喷适量多效唑加乙烯可促进红叶脱落,推迟花期 10～20 天。把花期调节在日最低气温稳定通过 18 ℃的季节(5 月上旬左右)开放,以利开花着果。

⑤科学管理果园,提高龙眼抗性

据观察,龙眼生殖生长受灾程度与复合芽萌发迟早、结果母枝类型和树势(碳氮比)相关,一般复合芽萌发太早或过迟、结果母枝类型单一、树势太强(碳氮比过低)或过弱(碳氮比过高)对花芽分化都不利。要根据树冠封行程度划分果园类型,区别投产果园与盛产果园的日常管理,包括科学施肥、灌水、土壤改良、整形修剪和防治病虫害等栽培环节。培育具备中庸树势(碳氮比适宜)营养积累水平高的树冠基础,提高龙眼自身的抗逆性,以利生殖生长正常发育。

(5)芒果的气象灾害防御

1)冻害防御

芒果为热带果树,在高温条件下生长结果良好,低温条件下,生长发育会受到影响。芒果对低温的敏感性依品种、树龄和树体状况而不同。如在福建安溪,大果类型的吕宋芒稍遇低温阴雨,花穗就霉烂枯萎,抗逆性较差;而本地种安溪红花芒除了阴雨连绵、花期低温阴雨年份外,均有一定产量。菲律宾及印度南部品种有早开花倾向,在我国南方地区试种也表现抗逆性较差。

树体不同部位的抗寒差异颇大,未老熟的嫩梢比老熟枝梢更易受冻害,花序对寒冷的抵抗力弱于营养器官。据吴泽欢等(1985)在广西南宁的观察,在有霜的夜晚,气温降至 2 ℃时,幼龄树上生长刚稳定的叶、成年树顶端的嫩叶轻度受害而呈水渍状小斑点;降至 −0.7 ℃,幼树主干上部树皮流胶,成年树顶梢及花穗受害干枯;−1.9 ℃时,幼树主干枯死,成年树一年生枝条枯死,−3.7 ℃时,幼树地上部完全枯死,成年树 2～3 年生枝条枯死。

低温伤害程度除与低温强度有关外,还与持续时间、地势及栽培管理等有关。抽蕾开花期间,天气多次寒暖交替,会导致芒果树多次抽蕾开花,树体养分消耗过多,从而降低植株对低温的抵抗力。早开的花序在冷空气容易积聚的低洼地及辐射强烈的北坡,甚至在同一颗树上的面北部,受害更重。头年结果多、采果晚、树势弱的树受害也重。

芒果开花期幼果期的低温阴雨天气是我国南方地区芒果低产和产量不稳定的重要原因。当气温降至 5 ℃以下或出现凝霜时,芒果花序会受冻害。花期气温在 15 ℃以下时,授粉受精就会受影响。而连续低温时又常常是阴雨天气,湿度大光照不足,不利于传粉昆虫的活动,花粉不能正常传播和发芽,结成的幼果的胚也不能发育,形成无籽小果或大量落果。低温阴雨天气容易出现在 12 月至翌年 2 月。3—4 月气温多已回升,但若出现阴前天气,则使在此期间开花的芒果严重受害。因为高温潮湿天气会造成"焗花",同时有利于炭疽病的发生和蔓延,有利于芒果短头叶蝉等害虫的滋生,从而大大降低坐果率和产量,还会降低果品质量。

防御芒果的低温灾害一般要做到以下几点:

①合理搭配品种。应注意根据当地气候、土壤条件。选择适宜的品种建园,早、中、迟熟品种宜按照比例 3∶4∶3 搭配种植,有利于错开低温天气对花期的影响。次适宜区应以迟熟抗寒品种为宜,选用抗寒品种、花期较晚的品种和落花轻的品种,以适应低温环境和避开霜期,减轻晚霜的威胁,预防寒害的发生。如紫花芒、桂香芒等均属优良品种,其适应性广,生长适中,较抗病寒,属迟熟晚开花品种。

②严格选地址。芒果种植的地方以平缓山坡地较佳,平地次之,选择水肥条件较好的地段,同时要尽量利用逆温层和大水体保温效应,切不可在谷底、盆地、山坡底部或低洼地建园,以免冷空气滞留而发生寒害。但坡地的高度也不宜过高,海拔每上升 100 m,温度会下降 0.6 ℃。因此海拔以 500 m 以下为宜。海拔过高,湿度太大,对芒果病虫害防治也有不利的影响,不能盲目北移、上移,随意发展。种植的坡向以南向最佳,东西向次之,北向最差。原因为南向气候较暖和,日照充足,授粉昆虫多,而北向在开花期间常遇寒流,使昆虫活动能力减弱,直接影响到授粉。

③加强树体管理,提高越冬水平。冬季清园后,要施足磷钾肥,使树体生长壮旺以提高对不良环境条件的抗性。树势生长强壮的比生长弱的受冻害轻,凡是管理精细、施肥水平高、修剪及时、无病虫害的果树,树体内养分积累多,树势强健,抗低温能力强。在果树栽培中 要始终做到精细管理,及时修剪,使树体枝条充分成熟,以提高抗冻害能力。

④做好灾后恢复工作。疏花疏果时,对遭受冻害的果树要尽量少留果,对受冻害较重的果树可不留果,减少负载量、减少营养消耗,促进树体复壮。应及时修剪除去腐烂枝叶,促发新枝。早施薄施勤施追肥,促进树势恢复。清理受害果园,及时排除果园积水。

2)干旱防御

芒果的生长受到土壤水分的影响很大,当土壤含水量低时,会抑制枝梢生长及抽梢的数量,尤其在需水临界期必须保证充分的水分供应。缺水将会影响根系吸收矿质养料,新梢生长减弱,果实不能正常膨大。因此栽培上应根据芒果一年中不同生长期对水分的需求,结合当地的气候、土壤干湿状况,及时进行灌溉。一般而言,在花芽分化前 60~90 天应尽量保持土壤干燥,植株在正常的花芽分化后会陆续抽穗、开花、结果、膨大,这段时期适逢芒果开花及果实迅速膨大期,也为最需水分的关键时期,然而此时期我国南方一般正值干旱季节,供需矛盾非常突出。如果此时期过于干旱,往往导致减产,同时,如果土壤含水率低于 6%,则芒果树会出现凋萎现象,并且全株很快枯死,所以在此时期须以人为的方法进行灌溉。适宜的灌溉,可增加果重,提高单位面积产量。果实→硬核→成熟→收获,前后约有 2 个月的时间,为需水量较少时期,应保持干燥的土壤,才能促使果实增加甜度及提高品质。芒果大部分均在白天吸收水分,属日间吸水型,自 08 时开始,吸水明显地增加,至 16 时达到最高峰后渐趋于减少,在夜间仍有少量的吸水作用,夜间吸水量约为日间最大吸水量的 50% 左右。

①灌溉:灌溉方法有沟灌、树盘浇灌、喷灌、滴灌等。沟灌和树盘浇灌简单易行,但易使土壤板结,且耗水量多。喷灌、滴灌方法先进,土壤结构不受破坏,节约用水,但一次性投入大,不论采用何种灌溉方法,都应掌握一次性使芒果根系分布层的土壤充分湿润灌透,这样才能保证满足水分供应,同时减少土壤板结程度。

②排水:芒果虽然比较耐旱但不耐涝。由于芒果树根系呼吸作用强,需氧量高,如排水不良,将会抑制根系呼吸,降低吸收功能。当土壤含水量高时,会抑制花芽分化,促进枝梢之生长。长时期积水,会导致落叶、落花、落果、枯枝、烂根,影响树体生长发育。因此,芒果园忌积水,排水也是芒果园管理朗一项重要工作。尤其是低洼地或杂草多的园地,必须在雨季来临之前清理排水系统,清除杂草,做到明暗沟排水畅通。地下水位较高的果园,在盛夏、初秋雨水较多季节应起高畦和在树盘培土,在树盘外开挖排水沟,以降低水位和增强排水。

3)寡照防御

芒果是喜温好阳光的热带、亚热带果树,在阳光充足的地区或年份,花芽分化早,分化数量多,有利授粉受精,产量高,果实颜色鲜艳、洁净,味甜而浓,耐贮运。芒果种植北界的确定指标:年极端最低气温≤0 ℃的出现频率≤10% 来划分芒果栽培区的北界。北界划分:北流—横县—宾阳—武鸣—平果—田东—百色—田林东南部。此界线以南地区,除靖西、德保、那坡外,大部县市均可种植。此界线以北地区,由于越冬条件较差,不宜大面积种植。此外,由于芒果开花坐果期遇上春季低温阴雨天气,坐果率降低,而桂东南地区春季多阴雨,会降低芒果坐果率。故右江河谷是芒果最适宜种植区,其次是左江河谷。

防御芒果的寡照灾害一般要做到以下几点:

①严格选地址。芒果种植的地方以平缓山坡地较佳,平地次之,选择水肥条件较好的地段,同时要尽量利用逆温层和大水体保温效应,切不可在谷底、盆地、山坡底部或低洼地建园,种植的坡向以南向最佳,东西向次之,北向最差。原因为南向气候较暖和,日照充足,授粉昆虫多,而北向在开花期间常遇寒流,使昆虫活动能力减弱,直接影响到授粉。

②加强树体管理,保持株距。种植果树时保持一定的株距,既不能浪费土地,又要保证每棵果树可以受到足够的光照。冬季清园后,要施足磷钾肥,使树体生长壮旺以提高对不良环境条件的抗性。树势生长强壮的比生长弱的受寡照灾害轻,凡是管理精细、施肥水平高、修剪及时、无病虫害的果树,树体内养分积累多,树势强健,抗低日照能力强,在果树栽培中要始终做到精细管理,及时修剪,使树体枝条充分成熟,以提高抗寡照灾害的能力。

③做好灾后恢复工作。疏花疏果时,对已受害的果树要尽量少留果,对受害较重的果树可不留果,减少负载量、减少营养消耗,促进树体复壮。应及时修剪除去腐烂枝叶,促发新枝。早施薄施勤施追肥,促进树势恢复。清理受害果园,及时排除果园积水。

7.2　热带水果气候品质认证

气候品质认证是根据农产品的优越自然气候条件与农产品品质的关系,通过对认证单位农产品产区基本概况进行调查,对作物生长期气候资源进行分析和品质检验,利用建立的气候品质模型对试点的热带水果进行气候品质认证,并由气象部门根据气象条件进行农产品的气候品质认证和等级评定。所有的海南热带水果种植户均可免费申请气候品质认证，一般认证时长为两周左右。

气候品质认证的发展具有如下可行性：

(1)数据丰富，基础牢固

随着气象观测网的建立和现代气象的发展，农业气象作为一个独立的学科迅速发展起来。现代农业气象发展，研究成果丰硕。但长期以来，受多种因素制约，历史气象数据和农用气象研究成果未能充分发挥其价值，难以满足当地农业生产服务需求。我国气象基础设施建设投入不断加大，初步建立了包括地面、高空探测、天气雷达、自动气象站、酸雨、土壤水分、闪电定位、风能资源等多系统组成的门类比较齐全、布局基本合理的天基、地基、空基立体化综合气象观测网。统计显示，截至 2013 年，我国有 7 颗气象卫星在轨，其中 5 颗保持正常状态运行，建成 2423 个国家级地面气象观测站，49094 个区域自动气象站、2075 个自动土壤水分观测站和831 个全球定位系统气象观测站，采集到的各类气象要素数据丰富。随着我国农业科技水平的提高，粮食生产需要高时效、高密度、精准的气象服务。为与现代农业的发展相适应，从2009 年起，中国气象局开始规划现代农业气象观测业务，调整站网布局和观测项目，改进农业气象观测仪器和手段，大力发展自动化的农业气象观测，组建自动化农业气象观测网，实现土壤水分、农田小气候和农作物生长状况的实时、在线、自动化观测。有了这些牢固的基础数据，我们应利用好这些宝贵的资源，深入挖掘数据资源价值，积极为农业生产服务，促进农业气象事业发展。

(2)气候社会关注，公众认可

随着全球气候不断变化，极端天气频发，公众对天气气候的变化越来越关注。我国气象灾害种类繁多，其中干旱、冰雹、暴雨、霜冻、大风、雷电对工农业生产和广大人民群众的生命财产危害很大。据统计，2012 年我国主要气象灾害造成的直接经济损失达 3358 亿元，随着社会经济的快速发展，加强气象灾害防御工作，特别农业经济如何趋利避害提高生产效益，是贯彻科学发展观，建设社会主义新农村的要求，也是全面建设小康社会的重要保障。新时期赋予气象为农服务工作新的内涵，充分发挥气象为农服务职能是农业气象工作的重要内容；大力提升气象为农服务能力是气象业务现代化的重要标志，有效利用社会资源提高气象为农服务覆盖面是气象服务社会化的重要体现，切实保障"城乡统筹"和"城乡一体化"发展是气象服务均等化的重要任务。气象情报可对农业生产提供有针对性的分析工作，并提供合理性的建议。仅提供天气信息，已经不能适应公众新的发展要求，因此，开展气候品质认证工作有较大的发展空间，可提高气象信息的价值，为公众提供更好的服务。

(3)拉动消费，增加收入

研究表明，农产品认证是提升消费者福利水平的重要途径，其主要表现在：降低消费成本、满足消费者多样化需求和消费者对农产品的高品质要求。因此，农产品气候品质认证有助于促进农产品流通速度，减少消费者的综合购买成本，提升农业综合竞争力的同时提升消费者福利。研究表明，消费者对有机食品的了解程度与其购买意愿是呈正相关的，且当消费者对有机食品的了解上升 1 个等级时，其对有机食品的购买意愿就增加 1.77 个单位。绿色食品、有机食品认证向消费者证明了农产品的安全品质，GAP 和 HAccp 认证向消费者证明了农产品生产企业的对食品安全管理的水平高低，而农产品气候品质认证向消费者证明了农产品产地气候环境的优劣。目前我国农产品气候认证工作处于起步阶段。消费者对此项的工作的认知不足可能会影响了其对气候品质认证价值的判断,从而影响消费者的购买行为。因此,在开展气候品质认证工作的同时,应加强针对消费者的气候品质认证的宣传,使公众认识、了解并信任它,这样才能最终体现此项工作的价值。

昌江素有"中国芒果之乡"的美称。近年来,海南气候中心以海南特色热带水果芒果、莲雾作为试点,立项开展海南热带水果气候品质认证基础研究,并利用多年相关数据建立气候品质认证模型。在这个基础上,2015 年海南省气候中心联合昌江县气象局选取海南昌江天和实业有限公司天和农场,首次在海南开展"红玉"芒果气候品质认证。目前,经过气候品质认证,天和农场生产的产品"红玉"芒果达到"优"等级(见图 7.12)。海南省气候中心和昌江气象局给海南昌江天和实业有限公司天和农场提供了认证报告和证书,并颁发 2000 枚"红玉"芒果气候品质"优"的认证证书(见图 7.13)。经过认证的水果将增加其知名度,有效增进其经济效应,目前已获得政府、种植户等高度评价和认可。

图 7.12　芒果气候品质认证等级标签

为规范农产品气候品质认证工作,促进热带水果气候品质认证有效开展,海南省气候中心联合昌江县气象局推动地方政府出台了推广农产品气候品质认证的相关政策,气象部门作为权威认证机构,同时还出台了农产品气候品质认证工作流程、评价方法及专家认定等一系列规定,为农产品注入全新的气象科技含量,赋予认证单位农产品"特色招牌"。通过公开的认证程序为农产品在市场销售方面提供信用支撑,有助于农产品品牌建设,提高农业产出值,助力地

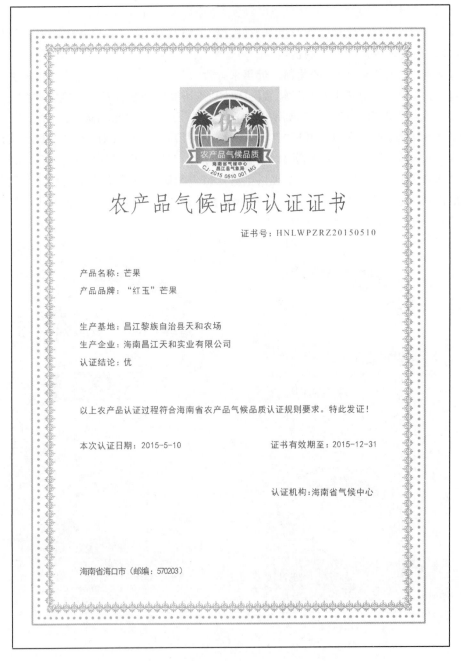

图 7.13　昌江芒果气候品质认证证书

方经济发展。

7.2.1　水果品质检测

水果品质的检测可分为外观品质、内在品质。

（1）外观品质

水果外观品质的检测一般从尺寸、形状、颜色、表面缺陷四个方面进行。

　　水果尺寸是分级的重要依据之一。实践证明,柑橘、苹果等球形水果在销售、加工或储藏前通过尺寸分级,实现商品规格化,有利于按等级论价,适应市场的多种需求,提高商品等级和竞销能力。应义斌等(2004)利用机器视觉对水果尺寸(直径、面积和周长等)进行测量,可以很方便地选用像素量来表示空间尺寸,而实际尺寸可以通过乘以像素间隔或一个像素的面积加以适当地校准。

　　果实形状是水果品质检测与分级的一个重要指标。赵静等(2011)在综合分析果形的基础上,提出用半径指标、连续性指标等 6 个特征参数表示果形。首次将参考形状分析法用于果形判别,并利用人工神经网络对果形进行识别和分级。

　　颜色是衡量水果外部品质的一个重要指标,同时也间接反映了水果的成熟度和内部品质。

　　水果表面的缺陷面积是水果分级的重要指标之一。何东健等(2002)以提高球形果实表面缺陷面积的计算机视觉测定精度为目的,分析了利用投影图像直接测定球形果实表面缺陷存在的问题;提出并建立了从投影图像恢复球形果实表面几何特征的像素点变换法和边界变换法,并通过试验进行验证。结果表明,这两种方法可使测定相对误差减小 35% 左右。

　　(2)食用品质

　　一般水果的食用品质指标主要包括:可溶性固形物、可溶性糖、类胡萝卜素、可滴定酸、维生素 C 等。

　　1)果实中的糖

　　果实内主要含有葡萄糖、果糖和蔗糖,这些糖类总称为可溶性糖(潘增光 等,1995)。这些糖是果实品质成分和风味物质,如维生素、芳香物质和色素等,合成的基础原料。糖也是植物生命活动包括果实生长发育的基础物质,还可以为果实细胞膨大提供渗透推动(Berüter J et al.,1997)。不同树种,不同品种的果实糖类组成也不同。根据果实成熟时所积累的主要糖的含量,可将果实分为淀粉转化型、蔗糖积累型和己糖积累型。淀粉转化型,果实中的光合产物除了用于果实生长发育与呼吸消耗外,多余部分主要以淀粉形式积累于果实中直到果实成熟,采后再经果实后熟将淀粉转化为可溶性糖。猕猴桃、香蕉和芒果等为淀粉转化型(陈俊伟,2004)。柑橘品种本地早(赵智中 等,2001)、温州蜜柑(陈俊伟 等,2001)以积累蔗糖为主,而甜莱檬以积累己糖为主(陈俊伟 等,2000)。

　　由于各种果实含糖种类、含糖量及比例的不同,果实甜味也存在很大差别。测定果实或其他植物组织中可溶性糖(包括还原糖及总糖)含量的方法很多,如容量法有费林法、索姆吉法、铁氰化钾氧化滴定法等;比色法有索姆吉—奈逊法、蒽酮法等。本节给出比色法的测量参考(莫淑勋 等,1992)。

　　①试剂配制

　　碳酸钙:固体。6 mol/L HCl:一定量浓度 HCl 加入等量蒸馏水。6 mol/L NaOH:称取24 g NaOH 溶于 100 ml 蒸馏水。碱性铁氰化钾:称取 1 g 铁氰化钾及 2 g 无水碳酸钠溶解定容至 100 ml,随用随配。

　　②测定

　　制备糖分待测液:选有代表性样品适量洗净,用不锈钢刀切取可食部分成小块充分混匀四分取样,称 100~150 g 鲜样加入等量水(1:1),多汁果无须加水,柑橘剥去外皮及橘络,苹果、梨、葡萄等连果皮放入组织捣碎机中捣成匀浆。匀浆倒入烧杯搅匀,根据大致含糖量称取15~20 g 放入 50 ml 小烧杯,将蒸馏水加入 100 ml 容量瓶,容量瓶中已预先通过小漏斗加入1.5 g

固体碳酸钙(中和有机酸并絮凝胶体便于过滤),定容后再振摇,经滤纸过滤。吸滤液 5～10 ml 放入 100 ml 容量瓶,加蒸馏水定容,充分摇匀,为糖分待测液。

还原糖测定:吸取糖分待测液 5 ml(含还原糖 1～4 mg)放入 50 ml 容量瓶,加蒸馏水 5 ml(总体积 10 ml),通过滴定管和移液管准确加入 1% 铁氰化钾 5 ml,摇匀,75 ℃ 水浴加热 30 min,自来水冷却后定容,摇匀,在光电比色计上用蓝色滤光片(波长 450 nm)进行比色测定,颜色 12 h 内稳定。

总糖测定:吸取糖分待测液 2 ml 放入 50 ml 容量瓶,加蒸馏水 3 ml(总体积 5 ml),6 mol/L HCl 5 ml,摇匀放入 70 ℃ 水浴加热 10 分钟,取出立即用自来水冷去后加入 6 mol/L NaOH 0.5 ml,摇匀,加蒸馏水 4 ml(总体积 10 ml)。以下步骤同还原糖测定。

标准系列:称取 0.5 g 葡萄糖(无水)或 0.25 g 果糖,溶于蒸馏水,加 0.1 mol/L HCl 5ml,用蒸馏水稀释定容到 1000 ml。此液含还原糖 500 ppm(即 0.5 mg/ml,1 ppm=0.001 mg/ml)。吸取上液 0、2、4、6、8、10 ml 放入 50 ml 容量瓶,逐个用蒸馏水调整到 10 ml 体积后,按上述还原糖步骤同时进行测定。结果以糖分 ppm 为横坐标,透光率为纵坐标在半对数纸上绘出标准曲线(见图 7.14)。

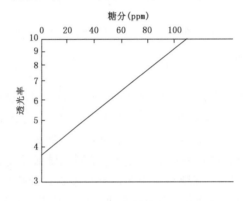

图 7.14　可溶糖(葡萄糖)标准曲线

结果计算:

$$可溶糖=\frac{显色液糖分\ ppm\times 显色液体积\times 10^{-6}\times 分取倍数}{匀浆重(g)}\times 100\% \qquad (7.1)$$

式中,显色液糖分 ppm 由标准曲线查出,显色液体积为 50ml。

$$分取倍数=\frac{匀浆稀释液体积\ 100ml}{吸出体积\ 10ml}\times \frac{第二次稀释液体积\ 100ml}{吸出体积\ 5ml}=200 \qquad (7.2)$$

2)果实中的有机酸

果实中有机酸是决定果实风味品质的重要因素之一。有机酸在果实自身代谢中参与了光合作用,呼吸作用以及合成酚类、氨基酸、酯类和芳香物质的代谢过程。通常有机酸在果实生长过程中积累,在成熟过程中作为糖酵解,三羧酸循环(TCA 环)等呼吸基质,以及糖原异生作用基质而被消耗。

依据有机酸分子碳架来源不同,果实有机酸可分成 3 大类:①脂肪族羧酸,其中按分子中所含羧基个数可分为一羧酸如甲酸、乙酸、乙醇酸、乙醛酸等;二羧酸如草酸、苹果酸、琥珀酸、富马酸、草酰乙酸、酒石酸等;三羧酸如柠檬酸、异柠檬酸等。②糖衍生的有机酸,如葡萄糖醛酸、半乳糖醛酸等。③酚酸类物质(含苯环羧酸),如奎尼酸、莽草酸、绿原酸、水杨酸等(陈发兴等,2008)。有机酸组分与含量的差异使不同类型果实各具独特的风味。

按照成熟果实中所积累的主要有机酸,大体可将果实分为苹果酸型、柠檬酸型和酒石酸型三大果实类型:苹果酸型,如苹果、枇杷、梨、桃、李、香蕉等(陈发兴 等,2008)。柠檬酸型,如柑橘、菠萝、芒果、草莓等,成熟果实中以柠檬酸为主要有机酸。柠檬酸的酸味特征是温和、爽快、有新鲜感,入口时即达最高酸感,后味时间短。酒石酸型果实,以葡萄为代表,其果实中主要为酒石酸,其次是苹果酸,二者占总酸量的90%以上,此外,还含有少量琥珀酸、柠檬酸等有机酸。

在果实生长过程中,有机酸含量总体上来说是先上升后下降。在果实发育早期,有机酸被作为能量物质积累,在果实膨大期结束前后有机酸达到最高值,随着果实的成熟,有机酸被作为呼吸基质或作为合成其他物质的底物而被消耗掉。但是,亦存在一些品种在果实成熟时,果实有机酸含量的变化与上述果实相反的情况。

有机酸的测量可以选用 NaOH 滴定法(郝建军 等,2006)。取 5 g 果肉于玻璃研钵,加入少许石英砂匀浆,连同残渣一起用蒸馏水洗入 50 ml 三角瓶,加水约 30 ml,置于 80 ℃ 水浴中提取 30 分钟,每隔 5 min 搅拌一次。取出冷却,过滤入 50 ml 容量瓶中,并用蒸馏水洗残渣数次,定容至刻度,充分摇匀,从中取出 10 ml 样液,加入 2~3 滴酚酞指示剂,用 0.1%NaOH 进行滴定,以样液颜色出现浅红色 15 秒内不褪色为滴定终点。用 NaOH 的滴定体积来计算可滴定酸的含量。

3)可溶性固形物

水果中的可溶性固形物(SSC)主要是可溶性的糖、酸、果胶等。可溶性固形物含量是衡量水果质的重要指标。

水果可溶性固形物含量的测定方法分无损检测方法和常规方法两种。无损检测方法研究报道较多的是可见/ 近红外光谱法,该方法需预先建立模型、仪器价格昂贵,因而未能在实际应用中得到推广和普及。常规方法即折射仪法,具有仪器价格低廉、操作过程简便等优点,是水果可溶性固形物含量测定的经典(聂继云 等,2014)。

利用折射方法测定可溶性固形物。先将水果洗净、擦干,取可食部分切碎、混匀,称取250 g,置高速组织捣碎机中捣成匀浆。将水果匀浆过滤取汁,用手持折光仪测定。

4)类胡萝卜素

类胡萝卜素(carotenoids)是一类 C40 类萜化合物及其衍生物的总称,由 8 个类异戊二烯单位组成,呈黄色、橙红色或红色的色素(李福枝 等,2007)。类胡萝卜素大量存在于许多黄色、橙色和红色果实中,其含量和组成不仅决定果实外观色泽和商品性,而且其在预防疾病、清除自由基、提高免疫力和延缓衰老等保护人类健康方面也起着重要作用。

类胡萝卜素的检测方法主要有分光光度法、薄层色谱法、高效液相色谱法。分光光度法能用于测定纯类胡萝卜素的量或浓度,或用来估算混合物或天然萃取物中的总类胡萝卜素含量,但其精确度相对较低。薄层色谱法具有操作简便、快速等特点,比较多的用于定性分析。高效液相色谱法分析因其具有高柱效、高选择性、高灵敏度、用样量少、可重复、分析速度快等优点,被国内外研究者更多的选择利用(李福枝 等,2007)。

类胡萝卜素的测定参照赵家桔(2010)的方法。称取样品 2.0 g,以三氯甲烷:甲醇=2:1 (V/V)为溶剂反复萃取,直至样品无色,合并萃取液,定容至 50 ml,在 $\lambda = 460$ nm 波长下测定吸光度,按下述公式计算类胡萝卜素的含量:

$$\rho = OD \times v \times f \times 10 \times 1000 \times m^{-1} \times 2500^{-1} \tag{7.3}$$

式中，ρ 为样品中类胡萝卜素的质量浓度(单位：$\mu g/g$)；OD 为类胡萝卜素萃取液在最大吸收波长下的吸光值；v 为类胡萝卜素萃取液样品的体积(单位：ml)；f 为测定时类胡萝卜素萃取液的稀释倍数；m 为样品质量(单位：g)；2500 表示 1‰类胡萝卜素在最大吸收波长时的平均吸光值。

7.2.2　热带水果气候品质认证(以昌江芒果为例)

（1）认证区域气候概况

分析认证区域近 30 年气候资料可知：区域常年平均气温 25.0 ℃，月平均最高气温出现在 6 月，为 29.2 ℃，月平均最低气温出现在 1 月，为 15.7 ℃，月极端最低气温为 7.2 ℃；年平均降水量达到 1693 mm，12 月—翌年 4 月旱季，降水较少；区域光照资源丰富，年总日照时数达到 3000 h 以上，月平均日照时数均达到 275 h。区域芒果花期到果实成熟期间的主要气象灾害为低温、连阴雨、强对流、干旱等，其中对果实品质影响较重的为低温和连阴雨天气。

（2）认证品种主要适宜生长气候条件

1）气温：芒果生长的有效温度为 15～35 ℃，生长的最适温度为 24～27 ℃，气温降到 18 ℃以下时生长缓慢，10 ℃以下停止生长。在 20 ℃以上开花才能正常授粉受精，低于 20 ℃则花药不开裂，花粉也不萌发，影响结果。

2）水分：芒果耐旱能力较强，但不耐涝，在年雨量 700～2000 mm 的地区生长良好。过多的水分会使芒果的营养生长过旺，不利于开花结果，同时会加剧病虫害的滋生和为害，但如果花期和结果初期如空气过分干燥，会引起落花落果。在果实发育期久旱骤雨，也会引起芒果裂果。在花芽分化临界期适度干旱有利于枝梢停止生长，进行花芽分化。花期天气晴朗、降雨量相对较少，而又有灌溉条件的环境，是芒果理想的种植地区。

3）光照：芒果是喜温好光的热带果树，充足的光照可促进花芽分化，提高坐果率，增加含糖量，从而提高产量和品质，如光照不足，枝叶不茂，树势纤弱，发育不良。开花期日照强，天气缓和，相对湿度低，有利于授粉受精，结实率高，果实颜色鲜艳，风味也较浓并耐贮。

4）风：微风有利于芒果果园气体交换，增加光合效率和果树养分积累，从而增强树体抗性和减轻病虫害发生。

（3）气候条件对品质影响

1）生长期气候条件分析

根据查询种植基地"红玉"芒果生长记录可知：认证区域本季"红玉"芒果花芽萌发在 2015 年 1 月 10 日达普遍期，盛花期在 2015 年 2 月 10 日，2015 年 2 月 24 日普遍坐果，2015 年 5 月 10 日后芒果成熟（见图 7.15）。分析此段时间气象资料可知：芒果花芽萌发期到花期平均气温 18.8 ℃，较正常年份略偏低，日最低气温 9.8 ℃，降水量 6.9 mm，无较重低温和连阴雨灾害，有利于芒果开花；盛花期到坐果期平均气温 22.7 ℃，最低气温 17.7 ℃，有微量降水，有利于芒果坐果；坐果到果实成熟期平均气温 26.8 ℃，最高气温 37.8 ℃，最低气温 17.1 ℃，降水量 73 mm，日照时数 579.4 h，气温日较差平均达 10.4 ℃，期间无重大气象灾害，气候条件有利于果实养分积累和果形外观品质形成（见图 7.16～图 7.19）。

2）气候条件对果实品质影响

根据对认证区域芒果果实品质形成关键影响气候要素（表 7.1）统计可知，2015 年 2 月 24 日芒果坐果到 2015 年 5 月 10 日芒果成熟期间，大于 10 ℃有效积温为 1275.3 ℃·d，平均气温 26.8 ℃，最高气温 37.8 ℃，最低气温 17.1 ℃，降水量 73 mm，日照时数 579.4 h，气温日较差平均达 10.4 ℃,各指标均有利于本季生产的芒果单果重、可溶性糖、含水率、维生素 C、可溶性蛋白、可溶性固形物等品质形成。

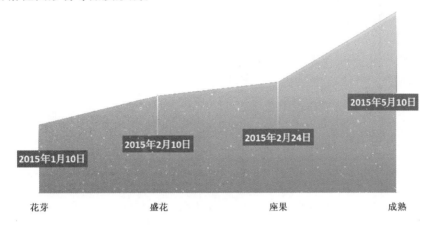

图 7.15　昌江"红玉"芒果果实发育期进程

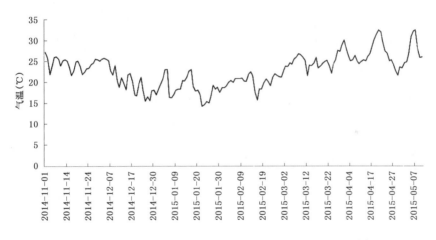

图 7.16　2014 年 11 月 1 日—2015 年 5 月 10 日昌江逐日平均气温

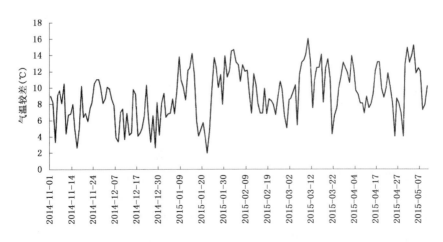

图 7.17　2014 年 11 月 1 日—2015 年 5 月 10 日昌江逐日气温日较差

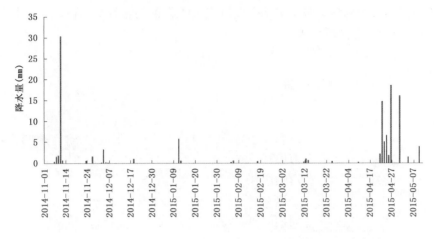

图 7.18 2014 年 11 月 1 日—2015 年 5 月 10 日昌江逐日降水量

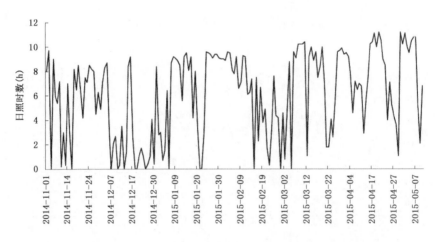

图 7.19 2014 年 11 月 1 日—2015 年 5 月 10 日昌江逐日日照时数

表 7.1 关键气候条件对果实品质影响

关键要素	本生长期内气候条件	气候条件对品质影响
大于 10 ℃积温	1275.3 ℃·d	有利
气温日较差	10.4 ℃	有利
降水	73 mm	有利
日照时数	579.4 h	有利

（4）认证结论

芒果花期以及果实发育期的气象条件是其品质形成的关键因素。芒果果形、含糖量、Vc
含量、氨基酸含量等主要品质指标与其果实发育期的积温、气温日较差、光照、湿度等气象条件
密切相关。通过现场勘查、品质抽样以及前期生长气象条件分析，利用芒果气候品质模型进行
品质计算，认定海南昌江天和实业有限公司天和农场种植基地在 2015 年 5 月 1 日—6 月 30
日期间成熟采摘的芒果气候品质等级为"优"。

7.3　热带果树产量预测

7.3.1　作物模型及产量预报研究进展

作物模型研究所涉及的作物生长发育是一个非常复杂的过程,不仅与植物生理、遗传特性、生态环境有关,而且还涉及农业气象、土壤肥料、耕作栽培技术及计算机应用等诸多领域的科学知识。所以作物模型的研究与应用,不仅是传统农业从粗放经验管理向数字化、模式化、信息化管理转变的必由之路,而且在世界范围内也是极具挑战性的研究领域。

积温学说和作物生长分析法是研究作物模拟模型的两种主要思想(陈人杰,2002)。积温学说认为各类作物要完成其生长周期必须要累积一定的温度总量,为了更加精确,人们常常应用有效积温替代积温进行作物生育期、产量等的模拟研究。作物生长分析法主要研究内容为作物植株干物质的累积。此方法的具体操作是每隔一段时期进行采样,所隔时间可以为一天、一周、一月等,具体可视作物种类及其生长期长短而定。作物一生中,有两种基本生命现象,即生长和发育;作物的生长和发育是交织在一起进行的。关于作物模拟的建模方法及原理,一般是首先要假设各类作物的生长发育的动态无论在何种状态何种时刻都能够定量表达(Wit et al,1987),而且这种动态的变化可以用数学公式来加以概括(Penning et al,1989),而对作物生长发育过程中一系列的过程进行数学估计的大前提是设定在较短的时间内作物生理过程及环境因子等外界因子不会改变太大,以此来进行时到日、进而到整个生长环境的积累估算,达到对整个发育时期各指标的预测(范柯伦·H 等,1990)。

20 世纪 60 年代中期,荷兰和美国等国家的学者首先开始了作物生长模拟研究,并相继提出了冠层光能截获与群体光合作用的模型,成为作物生理生态过程模拟模型的经典之作。70—80 年代,模型逐步向系统化和机理化方向发展,从生育过程不同时期的模拟到完整的生长模型,作物模拟研究取得了巨大的发展。80 年代提出的 CERES、GOSSYM、SOYGRO、SU-CROS 等作物模型都能完整地描述和预测作物生长及产量形成的过程。在这一时期,我国的科研工作者也开始了作物模拟模型方面的研究,虽起步较晚,但 80 年代以后发展迅速,在植物生理生态过程的模拟方面取得了很大的成就,并初步提出了水稻等作物的产量模型。

近 40 年来,作物生长模拟模型在经历了初创阶段、发展阶段后,已向综合化与应用化方向发展。目前,荷兰、美国、英国、日本、澳大利亚、以色列等已对多种作物建立了生长模拟模型,作物涉及玉米、小麦、棉花、大麦、黑麦、马铃薯、高粱、大豆、甜菜、苜蓿、向日葵、白菜等;研究领域涉及光合作用、呼吸作用、蒸腾作用、太阳辐射、物质生产和分配、生育进程、形态建成、根系生长、冠层微气候、土壤氮素运行和土壤水分状况等,并已应用到作物产量预测、作物育种和生产管理等方面。

荷兰的作物生长模型以综合作物生理生态的研究为主,注重模型的理论性研究,如作物生长模拟器 BACROS(Wit et al. ,1987)和模拟一年生作物生产潜力模型 MACROS(Onsinejad et al. ,1997);美国的模型开发注重"天气、作物、土壤、管理"等综合作用的结果,强调模型的实用性,代表模型有在国际上影响较大的模型 CERES(Tsuji G T et al. ,1994)和棉花模拟模型 GOSSYM(邱建军 等,2002)。其中最成功的例子是美国农业部农业研究服务中心作物模拟研究所 1985 年研究的棉花管理专家系统 COMAX-GOSSYM。COMAX 能在农场内为棉花管理提供咨询,用于确定灌溉、施肥、施用脱叶剂和棉桃开裂的最佳方案。

国内也有很多对作物的生长发育进行模拟的研究。施泽平等(2005)根据发育阶段生长度日恒定原理和栽培试验,将温室甜瓜生长发育阶段划分为播种期、幼苗期、伸蔓期、开花坐果期、果实生长盛期、果实成熟期,建立了温室甜瓜发育的动态模拟模型,并确定了发育阶段生长度日参数,系统预测温室甜瓜生长发育阶段。朱晋宇等(2007a,2007b)在传统经典单叶童话屋生产模拟模型及 GreenLab 模型基础之上,采用源库生长单位的测定方法,量化了干物质在温室番茄各果穗间的分配,构建了叶片、茎节和果实的干物质分配的动态模型,为番茄的栽培管理提供了理论研究的基础,同时可提高效益。陈汇林等(2006)利用费歇尔准则,考虑气象因子的综合影响,建立了荔枝花芽分化期预报模型,为荔枝控梢促花提供科学依据。李晓川等(2012)分别利用偏最小二乘回归分析和自适应模糊神经推理系统对库尔勒香梨始花期进行了预测,她认为影响库尔勒香梨开花早晚的主要气象因子为始花前期的气温、低温和日照。

目前流行的产量预测方法有气象产量预测法、遥感技术预测法、统计动力学生长模拟法。这三种方法的预测提前期通常为 2 个月左右,预测误差为产量的 5%～10%,这是因为当地表作物尚未生长到一定程度时,很难利用遥感技术进行预测,而目前世界气象科学的发展水平对1 个月以上的天气情况还很难做出精确预测。

目前在国内,预测产量的研究方法和研究成果还是不少的,其中具有代表性的方法和模型主要有:直线回归模型、多元回归模型、灰色预测、马尔可夫链、谱分析方法、变异系数法、粗糙集理论等。上面提到的都是单一的方法,还有一些把相关的方法结合起来构成比较复杂的复合方法或者模型。丁晨芳(2007)尝试通过赋予组合模型中的合理权重,将指数平滑模型、C-D生产函数模型和多元回归模型加权组合,利用组合预测法预测我国未来的粮食产量,以期提高预测精度。赵之砚等(2003)把神经网络与回归分析法组合起来用来预测粮食产量,最后再与单个的神经网络方法和回归分析法进行分别比较,以说明方法组合起来效果较好,预测精度较高。朱晋宇等(2007)在传统经典单叶童话屋生产模拟模型及 GreenLab 模型基础之上,采用源库生长单位的测定方法,量化了干物质在温室番茄各果穗间的分配,构建了叶片、茎节和果实的干物质分配的动态模型,为番茄的栽培管理提供了理论研究的基础,同时可提高效益。

7.3.2 热带果树产量预报模型构建(以芒果为例)

(1)试验设计

芒果树是多年生常绿果树,产量年际间波动比较明显。在正常气候条件下,根据芒果生育期和生理特性,考虑旬平均气温、旬平均最高气温、旬平均最低气温、旬平均相对湿度、旬降水量、旬降水天数、旬总日照时数等气象因子对芒果生长发育和产量高低的影响。为了削弱农业技术水平、社会经济条件、供需关系、政府重视程度等非气象因素对其单产的影响,更好地分析单产和气象因子之间的相关性,必须把气象因子对单产的影响同农业技术水平、社会经济条件、供需关系、政府重视程度等对单产的影响分开考虑。习惯上,一般把作物的产量分成三个部分:趋势产量 Y_t(指作物在正常气候条件下,气候变化之外的所有自然和非自然因素所影响的那部分产量)、气象产量 Y_w(指由气象因素的波动所影响的那部分产量)、随机噪声 Y_e(由其他没考虑的因素所导致的误差,为小量,一般可忽略)。本节引用《海南省统计年鉴》(海南省统计局,1990-2013)中 1990—2013 年海南省芒果产量、种植面积数据,以同期气候资料为基础,从农业气象角度对影响芒果产量的主要气候因子进行分析,尝试在传统的数理统计方法基础上普查找出影响芒果产量的气象因子,用 BP 神经网络模型进行产量预报,以解决气候出现异常的情况下用统计模型难以准确预报芒果产量的问题,并考察 BP 神经网络方法在产量预报中的应用前景。

(2)趋势产量的预报模型构建

1)调和权重法

这种线性回归与滑动平均法相结合的实产模拟法,将某个阶段的产量趋势看作一段直线,而以该趋势后延的改变位置来反映历史趋势的连续变化。资料处理上,通常把年序或其他时间参数作为自变量,把实际产量作为因变量,建立趋势产量预报方程。某一阶段的线性趋势方程为:

$$Y_i(i) = a_i + b_i t \tag{7.4}$$

式中,t 为时间序列,$t = 1,2,3,\cdots,n-k+1$(k 为滑动步长,n 为样本序列个数);i 为方程个数。当 $i = 1$ 时,$t = 1,2,3,\cdots,k$;当 $i = 2$ 时,$t = 2,3,4,\cdots,k+1$;$\cdots$;当 $i = n-k+1$ 时,$t = n-k+1,n-k+2,\cdots,n$。

计算每个方程在 t 点的函数值 $Y_i(t)$:

$$Y_i(t) = \frac{1}{q} \sum_{i=1}^{q} Y_i(i) k \tag{7.5}$$

式中,$i = 1,2,3,\cdots,q$,每个 t 点上分别有 q 个函数值,q 的多少与 n,k 有关。再求算每个 t 点上的平均函数值。

确定趋势产量函数 $W(t+1)$ 的增长量,方程式如下:

$$W(t+1) = Y_t(t+1) - Y_t(t) \tag{7.6}$$

式中 $Y_t(t+1)$ 为后一年的趋势产量,$Y_t(t)$ 为前一年的趋势产量。

其平均增长量计算公式如下:

$$\overline{W} = \sum_{t=1}^{n-1} C_{t+1}^n \cdot W(t+1) \tag{7.7}$$

式中,C_{t+1}^n 为调和权重系数,$C_{t+1}^n > 0$,$\sum_{t=1}^{n-1} C_{t+1}^n = 1(t = 1,2,3,\cdots,n-1)$。

调和权重系数计算公式为:

$$C_{t+1}^n = m(t+1)/(n-1) \tag{7.8}$$

式中为 $m(t+1)$ 序列样本的权重,第一个序列样本的权重为 $m(2) = 1/(n-1)$,第二个样本的权重为 $m(3) = m(2)/(n-2)$,$\cdots$,依次类推 $m(t+1) = m(t)/(n-t)$,其中 $t = 2,3,4,\cdots,n-1$。

趋势产量的预报值可由下式得到:

$$Y'_t(t+1) = Y_t(t) + \overline{W} \tag{7.9}$$

式中,$Y'_t(t+1)$ 为趋势产量的预报值,$Y_t(t)$ 为前一年的趋势产量,$\overline{W}$ 为趋势产量的平均增长量。

2)多项式预报法

多项式预报方法的趋势产量模拟预报方程如下:

$$Y'_t = \alpha T^3 + \beta T^2 + \gamma T + \varepsilon \tag{7.10}$$

式中,T 代表年序,Y'_t 代表某年的趋势产量。

使用多项式方法分离气象产量和趋势产量,相对于滑动平均分离方法而言,其优点在于不必减少样本数,尤其是当产量和气象资料的样本数比较少时,这种方法的优点比较明显。

（3）气象产量预报模型的构建

利用统计软件 DPS,分析分离得到的历年气象产量与同期气象资料之间的相关关系发现:气象产量 Y_w 和上年 10 月上旬平均气温、上年 11 月上旬平均气温、上年 12 月下旬平均气温、当年 3 月上旬平均气温,当年 4 月上旬平均最高气温、当年 5 月上旬平均最高气温、上年 12 月下旬平均最高气温、上年 11 月平均最低气温、上年 12 月下旬平均最低气温、2 月上旬最低气温、上年 12 月上旬日照时数、3 月下旬日照时数、4 月上旬降水天数等气候因子的相关关系较为显著。如表 7.2 所示,表中带"＊"的显著水平为 0.05,带"＊＊"的显著水平为 0.01。

表 7.2　气象因子与芒果产量相关系数

影响因子	相关系数
上年 10 月上旬平均气温	0.698＊＊
上年 11 月上旬平均气温	0.897＊＊
上年 12 月下旬平均气温	0.598＊
当年 3 月上旬平均气温	0.778＊＊
当年 4 月上旬平均最高气温	0.697＊＊
当年 5 月上旬平均最高气温	0.556＊
上年 12 月下旬平均最高气温	0.887＊＊
上年 11 月平均最低气温	0.596＊
上年 12 月下旬平均最低气温	0.895＊＊
2 月上旬最低气温	0.795＊＊
上年 12 月上旬日照时数	0.563＊
3 月下旬日照时数	0.663＊
4 月上旬降水天数	0.774＊＊

为了准确地反映各地气象要素对芒果产量的影响,在选取芒果种植区所在气象台站气温、降水量、日照时数、相对湿度等气象要素值时,引入面积权重概念,见下式:

$$W_{ik} = \sum_{j=1}^{m} (W_{ikj}) \times \frac{A_{ikj}}{A_{kj}} \tag{7.11}$$

式中, i,k,j 分别为年、旬、气象台站序号; m 为气象台站总个数; A_{ikj},A_{kj} 分别为气象站所对应县市的芒果种植面积面积、海南省芒果的种植总面积; W 代表 T,Tm,Tn,R,S,U ; W_{ikj} 为所代表的气象要素实况旬值, W_{ik} 为 W_{ikj} 经过面积权重处理后的累加值。

鉴于芒果生育期是个连续的过程,按旬依次组合进行膨化处理,得到某连续时间区间的数值:

$$Si = \sum_{k=g}^{36-h} W_{ik} \tag{7.12}$$

式中, $h=35,34,33,\cdots,0$; $g=1,2,3,\cdots,36$ 。用式(7.12)进行膨化处理后得到若干组合数组 Si 。

气温和相对湿度气象要素值年际间变化幅度小,而降水量和日照时数年际间变化幅度大,通常使用对数、倒数、距平值、归一化等方法进行处理,以减少降水量和日照时数年际间变幅大带来的差异。在利用 BP 神经网络时,为了满足 BP 网络节点函数的条件及有效提高网络训练

速度,将学习矩阵的训练样本数据标准化为 $0.1 \sim 0.9$,计算公式:

$$x_i = \frac{X_{io} - X_{\min}}{X_{\max} - X_{\min}} \tag{7.13}$$

式中,x_i 为变换后数据;X_{io} 为观测数据;$X_{\max}$,$X_{\min}$ 分别为观测值中最大和最小值。

隐含层和输出层传递函数采用 S 型对数函数 logistic:

$$f(S_j) = \frac{1}{1 + \exp(-S_j/c)^2} \tag{7.14}$$

输出层神经单元的输出信号按下列公式计算:

$$y_{jk}^{in} = \sum_i w_{ik} x_i \tag{7.15}$$

$$y_k^{out} = f_0(y_{jk}^{in}) \tag{7.16}$$

$$u_j = f_1 \left(\sum_k w_{kj} y_k^{out} \right) \tag{7.17}$$

式中,y_{jk}^{in} 是隐含层第 k 神经单元从输入层接收到的输入信号,w_{ik} 是输入层到隐含层的权重,y_k^{out} 是第 k 神经单元从输入层接收到输入信号后的输出信号,w_{kj} 是输出层的权重。u_j 是输出层第 j 神经单元的输出信号。

(4)芒果产量预报试验

1)趋势产量与气象产量的分离

趋势产量与气象产量的分离使用多项式方法,此方法相对于滑动平均分离方法而言,其优点在于不必减少样本数以分离趋势产量 Y_t 和气象产量 Y_w,可分离得到表 7.3 中数据。

表 7.3　1990—2010 年海南各市县芒果分离产量

年份	产量(t)	趋势产量(t)	气象产量(t)
1990	3241	3196.08	44.92
1991	4749	1925.52	2823.48
1992	6795	3477.84	3317.16
1993	10686	7737	2949
1994	14685	14586.96	98.04
1995	28526	23911.68	4614.32
1996	35859	35595.12	263.88
1997	36891	49521.24	−12630.2
1998	67511	65574	1937
1999	100245	83637.36	16607.64
2000	101220	103595.3	−2375.28
2001	108604	125331.7	−16727.7
2002	139898	148730.6	−8832.64
2003	180595	173676	6919
2004	196284	200051.8	−3767.76
2005	222685	227741.9	−5056.88
2006	262401	256630.32	5770.68
2007	310140	286601.04	23538.96
2008	305462	317538	−12076
2009	359202	349325.16	9876.84
2010	370171.94	381846.48	−11674.54

2)芒果产量预测

趋势产量由地理环境、水肥、品种和生产力水平等因素决定,逐年变化幅度比较小,有相对的稳定性。用多项式方法模拟趋势产量的方程如下,拟合曲线如图 7.20 所示。

$$Y'_t = -19.34T^3 + 1585.5T^2 - 8830.6T + 14670 \tag{7.18}$$

式中,T 代表年序(如 1989 年 $T=1$,1990 年 $T=2$,…,2009 年 $T=21$,…),Y'_t 代表趋势产量。

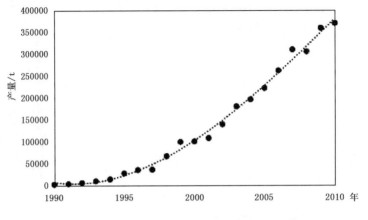

图 7.20　趋势产量拟合曲线

气象产量利用 BP 神经网络模拟,在模型选定相关的参数值为:初始学习速率 $\eta=0.1$,惯量因子 $\alpha=0.9$,最大迭代次数 $=10000$ 次,目标误差 $=0.0001$。模型的训练样本为 1990—2005 年,检验样本为 2006—2010 年,神经网络模型采用 Matlab7.8 软件通过编程实现。

把模拟得到的 2006—2010 年气象产量的值和模拟得到的趋势产量的值相加,即为模拟的单产,结果见表 7.4。从表中可以看出,模拟预测精度除一年为 89%,其余均在 90% 以上,模拟预测精度很高,基本满足产量预报的精度要求。

表 7.4　趋势产量、气象产量预测结果

年份	趋势产量 (kg)	气象产量 (kg)	预测产量 (kg)	实际产量 (kg)	预测精度 (%)
2006	256630.32	18320	274950.32	262401	95
2007	286601.04	12593	299194.04	310140	96
2008	317538	−23211	294327	305462	96
2009	349325.16	22256	371581.16	359202	96
2010	381846.48	−21256	360590.48	370171.94	97

7.4　小气候监测

小气候是指在局部地区内,因下垫面局部特性影响而形成的贴地层和土壤上层的气候。它与大气候不同,其差异可用“范围小、差别大、很稳定”来概括。所谓范围小,是指小气候现象的垂直和水平尺度都很小(垂直尺度主要限于 2 m 以下薄气层内;水平尺度可从几毫米到几十千米或更大一些);所谓差别大,是指气象要素在垂直和水平方向的差异都很大(如在沙漠地区贴地气层 2 mm 内,温差可达十几摄氏度或更大);所谓很稳定,是指各种小气候现象的差异比较稳定,几乎天天如此。

地表是人类活动、动植物生存的主要场所,中小地形、森林、湖泊和人类活动集中的城市、耕地等,对贴地气层的小气候影响很大。不同的下垫面上就形成各种小气候,农田中有农田小气候,城市里有城市小气候,森林中有森林小气候,等等。

小气候的监测就是对小气候系统中的某些物理特征量,即小气候要素,进行测定。它包括辐射:辐照度、总辐射量、反射辐射、净辐射、光合有效辐射;光照度:光照时间;热量:如介质(空气、土壤、水等)温度、表面温度和环境平均辐射温度等;气体:如 CO_2 和 O_2 等的密度、质量、浓度等;水汽:如水汽压、湿度、露点等;风:风速、风向等。

无线传感器网络应用于森林小气候监测时具有以下特点:

①空间跨度很大,一般情况下有几十万公顷,监测区域是其中的一部分。无线传感器网络节点在该监控区域随机部署,各个节点位置布置完毕后相对固定;

②端节点向协调器传递数据需要很多个节点进行接力式的传输,即数据传输将采取多跳传输,该网络中多跳跳数比一般层次结构的无线传感器网络节点传输跳数大许多,系深度多跳传输;

③节点所处的环境一般比较恶劣,多采用电池供电;

④每个节点的监测数据不会很多,正常情况下传输的是大量相似数据,数据之间的相关度、冗余度很高;

⑤整个网络对实时性的要求不高,允许存在一定的时间延迟。

在农林生产中,利用无线传感器网络建立一个小型的物联网,通过小气候传感器实时采集空气温度、湿度,光照明度,风速、风向,降水量等环境参数,并将采集数据传输给后台,通过引入物联网技术,实现对农林综合生态信息的自动监控和智能化管理,为农林生产数字化、信息化、可视化、标准化提供智能化解决方案,从而达到定量分析、高产高效的效果。

基于物联网的热带果树小气候监测系统主要包含三个部分:数据采集系统、数据汇聚平台、后台处理中心。其中,后台处理中心又包括数据中心、应用支撑平台、信息服务系统三部分。该系统通过传感器节点采集小气候相关因子信息,如水位、降水量、风速、风向、温度、湿度、光照强度等,以 ZigBee 无线通信方式进行数据传输,并将采集数据汇聚到数据汇聚平台。数据汇聚平台通过 GPRS 将采集数据传输给远程数据中心,数据中心据此对气候因子进行分析,从而为农林生产过程提供智能化控制(见图 7.21 和图 7.22)。

无线传感器网络是由成百上千的、遍布在广阔地域的传感器节点组成,网络中各节点以协作方式进行实时感知、采集、监测节点分布区域内的各种被监测对象的数据信息,并对其进行预处理或处理,最终提交给上层用户进一步分析使用。由于无线传感器网络具有低成本、可快速部署、可自组织和高容错性等特点,并且在恶劣环境下,能够灵敏地感应监测点温度、湿度、光照度等参数的快速变化,非常符合树林小气候监测的需求。

通过把传感器投放在果树林中,让其自动组织成一个无线网络,实时采集各种环境数据(温度、湿度、大气压力、光照度等),并通过网络传递到监控指挥中心,从而实现对重点监控林区的全天不间断 24 h 的实时监测,对采集数据实时处理,对异常情况迅速报警。

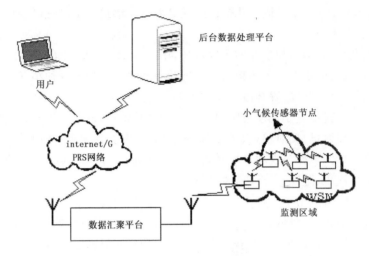

图 7.21　基于物联网的热带果树小气候检测系统

数据源:气温历史资料库>气温日数据汇总表>T_Day_Mean 函数:原始数据 时间段:2015-01-01至2015-12-31

日期	海口(59758)	定安(59851)	澄迈(59843)	临高(59842)	儋州(59845)	琼海(59855)	文昌(59856)	万宁(59951)	屯昌(59854)	白沙(59848)	琼中(59849)	昌江(59847)	东方(59838)	乐东(59838)
2015-01-01	16.4	15	14.9	14.2	15.5	17.6	15.9	17.9	16.6	14.6	14.5	18.4	19.2	17.7
2015-01-02	17.4	17.1	15.5	15.8	16.4	18.2	17.9	18.9	17.2	15.7	16.7	18.4	19.3	17.7
2015-01-03	18.3	17.4	16.9	16.6	18.8	18.7	18.4	18.8	17.9	17.5	18.4	20.4	19.5	19.5
2015-01-04	18.9	18.2	18.1	18.6	20	19.4	18.5	19.4	19.3	19.2	18.4	20.3	21	18.4
2015-01-05	21.1	21.9	21.7	20.5	20.9	21.9	21.2	21.3	21.2	19.8	20.2	21.2	21.4	19.6
2015-01-06	22.8	22.4	22.6	22.3	21.9	22.7	22.2	22.7	22.2	20.7	20.8	22.7	22.3	21.4
2015-01-07	19.4	19.7	20.4	19.8	21.2	21.7	20.4	21.7	21	21.5	21.2	23	22.2	24
2015-01-08	16.9	17.5	17.3	17.2	17	18.9	18.9	18.9	17.7	17.3	16.6	19	19.8	20.3
2015-01-09	16.6	15.7	15.9	16.7	15.8	17	16.9	17.4	15.9	15.3	14.8	17.9	19.4	19.1
2015-01-10	17.2	16.7	16.7	16.9	16.3	17.9	18	17.5	16.6	16	14.9	18.1	19	17.9
2015-01-11	16.6	17.3	16.5	15.8	15.3	18.9	18.8	18.5	16.8	15.9	16.1	17	16.7	18.8
2015-01-12	13.3	13.8	13.5	13.6	12.9	14.6	15.3	15.8	13.6	13.1	13.4	14.3	14.6	14.9
2015-01-13	14.2	13.9	14.1	13.9	13.2	15.1	14.6	15.6	14	13.3	13.3	14.6	15.5	16
2015-01-14	14.8	14	13.1	13.5	14	15.5	13.7	15.3	14.3	13.5	13.1	15.4	15.6	13.9
2015-01-15	14	13.6	13.7	13.3	13.9	15.4	14	14.9	14.1	12.7	12.8	15.1	15.6	15.4
2015-01-16	16.4	15.4	14.9	14.6	15.4	17.4	16.3	17.9	15.5	14.9	14.9	16.7	16.6	17.3
2015-01-17	16.1	15.8	15.8	16.1	16.8	17.5	15.8	18.5	17.3	15.7	16.7	19.3	19.2	17.4
2015-01-18	17	15.9	15.1	15.6	16.5	16.8	17	17.1	15.9	14.9	15.1	18.4	18.4	17.6
2015-01-19	15.7	14.6	13.8	14.7	16.3	16.6	15.3	17.1	15.3	14.1	14.5	18.8	18	16.8
2015-01-20	15.9	14.6	14.6	15.1	17	16.6	16.1	17	16	15.7	15.4	17.6	17.2	17.1
2015-01-21	18	17.6	17.6	17.7	17.8	18.8	17.9	19.7	18.6	17.4	18.8	18.7	17.8	17.4
2015-01-22	17.2	17.3	17.6	16.5	17.6	18.3	17.2	17.4	17.9	17	17.3	18.7	18.2	17.8
2015-01-23	18.8	18.2	17	18.4	18.9	18.2	16.6	18.4	18.2	16.8	17.4	17	18.9	18
2015-01-24	19.2	18.7	18.3	19.3	19.9	18.7	18.1	18.5	18.9	18.2	17.9	19.9	19.3	16.8
2015-01-25	19.9	20.2	19.6	20	20	20	18.3	18.7	20	18.8	19	20.4	19.8	17.9
2015-01-26	19.9	20.9	20.8	20.7	20.2	20.2	20.9	19.6	20.3	19.1	19.3	20	19.5	19.3
2015-01-27	19.9	20.4	21.1	19.6	21	20.5	20.8	20	20.9	20.5	19.7	20.9	20.3	19.4
2015-01-28	20.8	20.9	19.9	20.1	20.7	20.7	20.3	19.9	19.9	20.3	20.3	19.5	20.9	19.9
2015-01-29	21	20.1	20.5	20.6	20.3	20.4	20.1	18.8	19.8	19.9	18.2	20.9	20.8	20
2015-01-30	21	20.1	20.3	19.3	20.4	20.1	18.8	19.9	19.6	18.2	21	21.6	20	
2015-01-31	18.2	17.9	18.1	18.4	18.4	19.3	19.1	18	17	17.4	20.3	21.2	20.4	
2015-02-01	17	16.9	17.5	17.3	17.3	18.9	18.2	18.4	17.3	17.2	16	20.2	20.7	20.3
2015-02-02	17.9	18	18.1	18.1	19	19.2	18.4	19	18.6		21.9	20.4	21.6	
2015-02-03	19	19.9	19.7	19.1	19.3	19.9	19.7	19.4	18.7	18.4	22.4	21.6	21.3	
2015-02-04	18.7	19.5	19.4	19.7	19.7	19.1	19.7	19.7	20	18.4	21.5	20.8	21.2	
2015-02-05	15.3	16	16.1	15.1	15.5	17.6	17.2	17.9	16.2	16.5	16.3	17	19.1	
2015-02-06	13.7	13.9	13.5	13.4	12.6	14.8	15.4	15.3	13.4	12.7	15.8	16	18.1	
2015-02-07	16.8	16.8	17.1	16.8	17.4	17.3	17.2	18.6	17.4	17.2	18.4	19.4	19.5	

图 7.22　逐日数据监测结果

7.5　热带水果气象灾害监测及气象指数保险系统

7.5.1　系统简介

通过对海南热带水果气象灾害监测及气象指数保险服务系统的建立达到对现有软件的整合,形成一个由多个子系统组成的平台,整合气候中心历史数据、自动站实时数据以及预测数据,建立气候业务平台中心数据库(见图 7.23)。

利用比系统能够对香蕉、荔枝、芒果主要生育期气象灾害进行监测,计算保险指数。

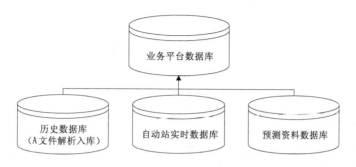

图 7.23　业务平台数据库

7.5.2　系统设计原则

本系统主要基于以下原则设计:

①软、硬件先进性:在技术方案编制、软硬件平台构建及数据库设计等方面,选择主流技术、知名厂商的产品,采用先进的技术与手段,实现最终的空间数据平台。

②数据标准化与规范化:考虑到气象数据及作物指标数据自身的多源性和复杂性,在热带果树气象服务系统建设中,必须做到数据的标准化和规范化。

③系统实用化与业务化:热带果树气象服务系统的建立要满足不同层次人员开展业务服务和应用的要求,因此需将实用化与业务化原则贯穿于平台的设计与实现之中。

④可靠性与安全性:热带果树气象服务系统的设计必须以稳定性和可靠性为前提,并从技术和管理两方面具备一定的安全保障机制。

7.5.3　功能列表

系统功能如表 7.5 所示。

表 7.5　海南热带水果气象灾害监测及气象指数保险服务系统功能列表

一级模块	二级模块
地图操作	放大
	缩小
	平移
	全图
	向前
	向后
	清除
	导出地图
水果分布	香蕉
	荔枝
	芒果
灾情监测	热带气旋
	非台风暴雨
	干旱
	寒害
	冷害
	热害
保险理赔	指数计算及保险理赔

7.5.4　系统展示

（1）系统登录

1）加载页

加载页（见图7.24）主要作用是预先加载系统基础数据，提高用户体验。

图7.24　加载页示意图

2）首页

系统登录成功后，首页中包含菜单栏、侧边工具栏、工作区域以及气象资料入库日期信息（见图7.25）。

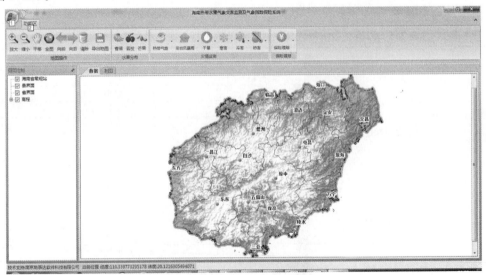

图7.25　首页示意图

①菜单栏：每个菜单的标题表明该菜单上命令的用途。

②工作区：地图主界面、业务功能操作区域。

③图层控制：控制地图图层显示与隐藏。

④状态栏：显示登录用户名称和气象资料入库日期信息。

（2）灾情监测

1）热带气旋（以香蕉为例）

进入灾情监测界面后，可选择查询条件：可进行此种水果的主要生育期时段选择开始日期和结束日期。选择查询条件后，点击"查询"按钮，系统根据指标数据库，基于各站实时监测气象要素，显示灾情数据，结果如图 7.26 所示。

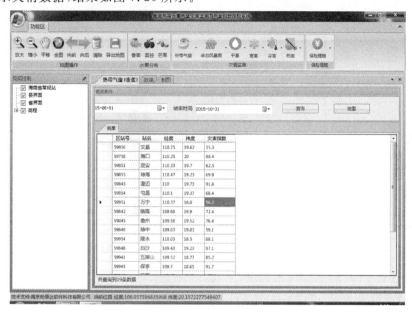

图 7.26　热带气旋灾情监测查询结果（以香蕉为例）

选择需要绘图的数据列，点击"绘图"按钮，可生成灾害的空间分布图（如图 7.27）。

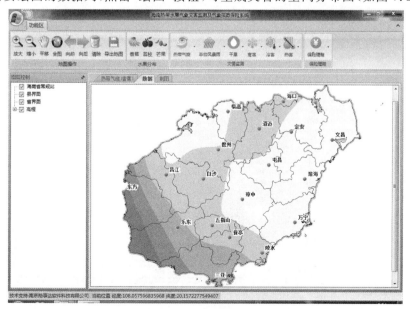

图 7.27　热带气旋灾情监测数据视图（以香蕉为例）

系统可实现服务产品的在线制作,绘制灾害监测的空间分布图,可实现色版图的配色,等值线的绘制等(如图7.28所示)。

图7.28　热带气旋灾情监测制图视图(以香蕉为例)

2)干旱(以香蕉为例)

进入灾情监测界面后,可选择查询条件:可进行此种水果的主要生育期时段选择,选择开始日期和结束日期。选择查询条件后,点击"查询"按钮,系统根据指标数据库,基于各站实时监测气象要素,显示灾情数据,结果如图7.29所示。

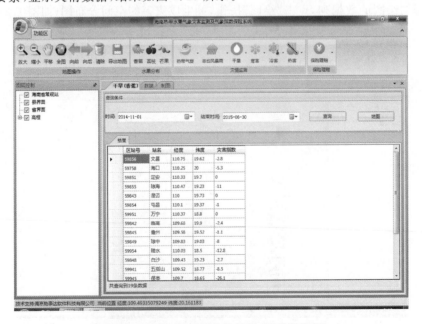

图7.29　干旱灾情监测查询结果(以香蕉为例)

选择需要绘图的数据列,点击"绘图"按钮,可生成灾害的空间分布图(见图 7.30)。

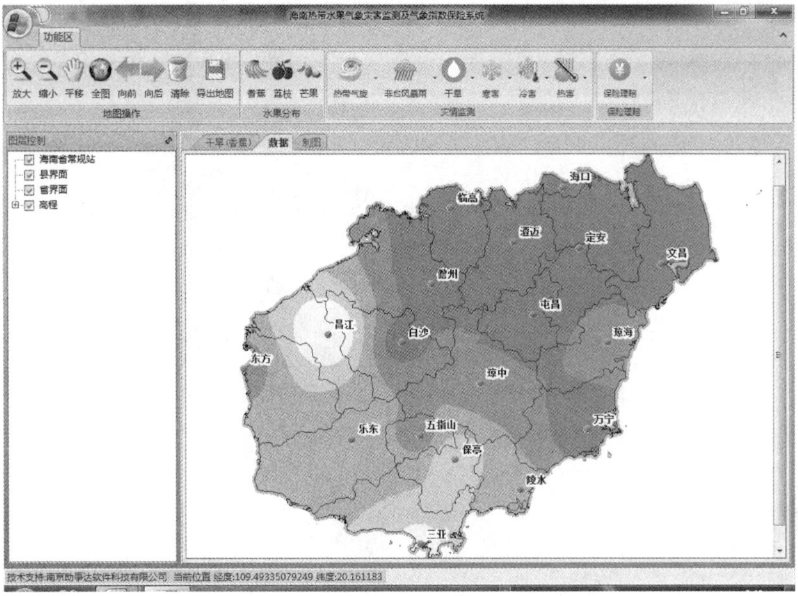

图 7.30　干旱灾情监测空间图(以香蕉为例)

3)寒害(以香蕉为例)

进入灾情监测界面后,可选择查询条件:可进行此种水果的主要生育期时段选择,选择开始日期和结束日期。选择查询条件后,点击"查询"按钮,系统根据指标数据库,基于各站实时监测气象要素,显示灾情数据,结果如图 7.31。

图 7.31　寒害灾情监测查询结果

选择需要绘图的数据列,点击"绘图"按钮,可生成灾害的空间分布图(见图7.32)。

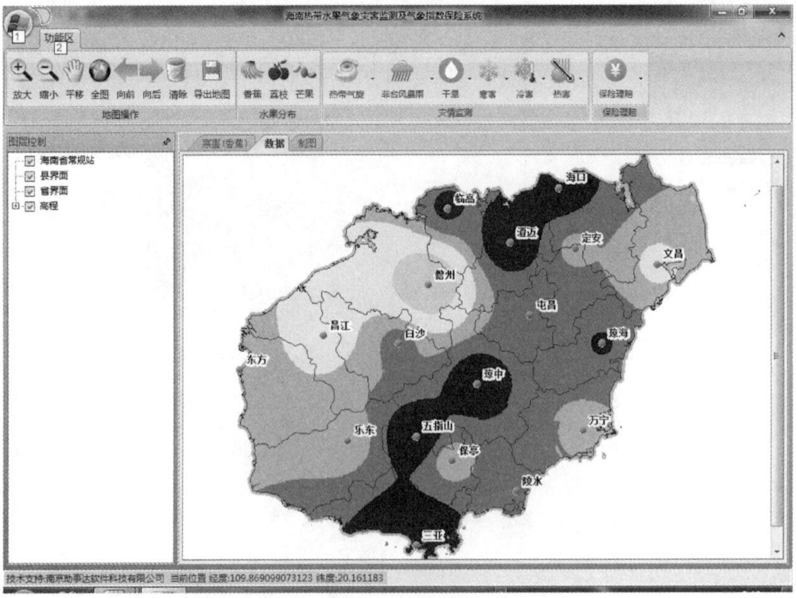

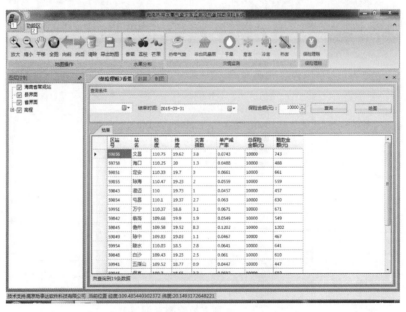

图 7.32　寒害灾情指数空间图

(3)保险理赔(以香蕉为例)

进入保险理赔界面后,可选择相应的水果,选择查询条件:保险产品关注的主要时段选择,选择开始日期和结束日期。保险免赔额的设置,计算结果:各站灾情数据,显示灾害监测率,保险金额,计算的赔偿金额以及全省分布图显示。点击"计算"按钮,得到如图7.33、图7.34所示结果。

图 7.33　赔款金额

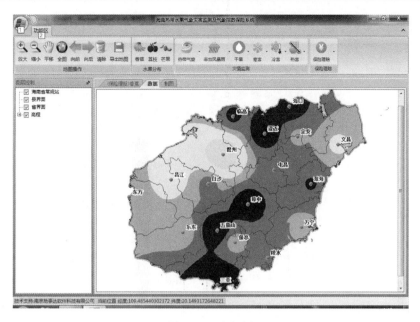

图 7.34　空间图

（4）系统管理

为保证系统数据库及后台管理安全，本系统设置了系统管理功能，管理员可进行一级管理，包括系统用户信息管理、用户权限管理、组织管理、站点管理、外接程序配置、报告管理、软件下载中心、Graps 安装，客户端使用者可进行数据调用显示、计算、绘图等。

1）用户信息管理

管理员可管理系统用户，主要包括用户的信息的增加、删除、修改、查询。管理员可根据需要在图 7.35 用户管理界面点击"添加"按钮，出现用户信息填写窗口（见图 7.36）。在系统中可对用户信息进行修改，点击"修改"按钮，可编辑用户基本信息。

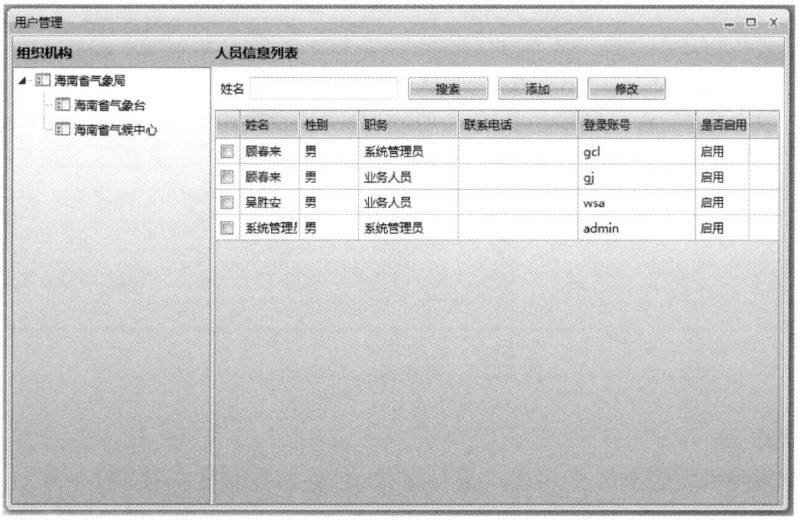

图 7.35　系统用户信息管理界面

图 7.36　用户信息

2)用户权限管理

系统管理员可根据每个用户的需要,在图 7.36 所示界面的职务选项对其进行授权,包括在系统的能否下载原始数据以及对原始数据的订正等,以实现维护用户模块权限。

3)组织管理

管理员可对系统实现部门管理,以实现不同功能的权限,包括在一级单位中设立二级单位,可对系统组织机构信息维护,包括增加、删除、修改、查询(见图 7.37)。

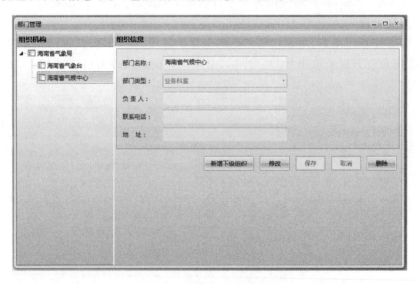

图 7.37　系统部门管理界面

4)站点管理

管理员可对本系统数据股介入站点进行维护,包括站点位置的变更,以及新站点的增加。维护气象站基本信息包括:站台号、站名、省、市、县、经度、纬度、所属区域、相连站点、排序号(见图 7.38)。

图 7.38　站点管理界面

参考文献

包云轩,王莹,高苹,等,2012. 江苏省冬小麦春霜冻害发生规律及其气候风险区划[J]. 中国农业气象,**33**(1):134-141.

蔡大鑫，王春乙，张京红，等,2013.基于产量的海南省香蕉寒害风险分析与区划[J].生态学杂志,**32**(7):1896-1902.

蔡大鑫，张京红，刘少军,2013.海南荔枝产量的寒害风险分析与区划[J].中国农业气象,**34**(5):595-601.

曹银贵，周伟，王静，等,2010. 基于主成分分析与层次分析的三峡库区耕地集约利用对比[J].农业工程学报，**21**(4):291-296.

陈大成,1993.芒果现代实用栽培与贮藏加工技术[M].北京:农业出版社:7.

陈发兴，刘星辉，陈立松,2008. 枇杷果肉有机酸组分及有机酸在果实内的分布[J]. 热带亚热带植物学报,**16**(3): 236-243.

陈怀亮,张弘,李有,2007. 农作物病虫害发生发展气象条件及预报方法研究综述[J].中国农业气象,**28**(2):212-216.

陈汇林，吴翠玲,2006. 海南岛荔枝花芽分化期预报初探[J]. 福建果树(4): 40-41.

陈杰忠,1999.芒果栽培实用技术[M].北京:中国农业出版社.

陈君，陈秋波,2007.海南岛主要气象灾害分析及防灾减灾对策[J].华南热带农业大学学报,**13**(2):24-28.

陈俊伟，张良诚 ,2000. 果实中的糖分积累机理[J]. 植物生理学通讯,**36**(6):497-503.

陈俊伟，张上隆，张良诚，等,2001. 温州蜜柑果实发育进程中光合产物运输分配及糖积累特性[J].植物生理学报,**27**(2): 186-192.

陈俊伟,张上隆,张良诚,2004. 果实中糖的运输,代谢与积累及其调控[J]. 植物生理与分子生物学学报,**30**(1): 1-10.

陈丽,2010. 国外农业保险风险区划的经验启示[J]. 中国集体经济(6):198.

陈平,陶建平,赵玮,2013.基于风险区划的农作物区域产量保险费率厘定研究——以湖北中稻县级区域产量保险为例[J].自然灾害学报,**22**(2):51-60.

陈人杰,2002.温室番茄生长发育动态模拟系统[D].北京:中国农业科学院研究生院农业气象研究所.

陈清西,纪旺盛,2004.香蕉无公害高效栽培[M].北京:金盾出版社.

陈晓艺，马晓群，孙秀邦,2008. 安徽省冬小麦发育期农业干旱发生风险分析[J]. 中国农业气象(4): 472-476.

陈新建,陶建平,2008. 基于风险区划的水稻区域产量保险费率研究[J]. 华中农业大学学报(4):14-17.

陈新建，韦炳佩,2015. 果农对规模经营的风险认知与风险分担机制研究——基于广东、广西适度规模经营果农的实证分析[J].南方农业学报,**46**(5):936-942.

陈修治，陈水森，苏泳娴，等,2012.基于被动微波遥感的2008年广东省春季低温与典型作物寒害研究[J].遥感技术与应用,**27**(3):387-395.

陈业光，过建春，何凡，等,2008.海南荔枝发展现状及对策[J].中国热带农业(3):21-23.

陈业光，何凡,2006.海南热带果业发展现状与展望[J].东南园艺(3):31-33.

陈业渊，高爱平，刘康德,1997.海南发展荔枝龙眼生产的现状、存在问题及对策探讨[J].热带作物研究(3):9-14.

崔读昌,1999. 关于冻害、寒害、冷害和霜冻[J].中国农业气象,**20**(1):56-57.

邓国,王昂生,李世奎,等,2001. 风险分析理论及方法在粮食生产中的应用初探[J].自然资源学报,**16**(3):

221-226.

邓晓东，张运强，张辉强，等.1998.海南香蕉的叶斑病[J].热带农业科学(6):28-32.

邓振权，2002.早熟荔枝高效优质栽培[M].广州:广东科技出版社.

丁晨芳，2007.组合模型分析方法在我国粮食产量预测中的应用[J].农业现代化研究，**28**(1):101-103.

丁少群，1997.农作物保险费率厘定问题的探讨[J].西北农业大学学报，**25**(S):103-107.

杜鹏，李世奎，1997.农业气象灾害风险评价模型及应用[J].气象学报，**55**(1):95-102.

杜尧东，李春梅，毛慧琴，2006.广东省香蕉与荔枝寒害致灾因子和综合气候指标研究.[J].生态学杂志，**25**(2):225-230.

杜尧东，李春梅，毛慧琴，等，2008a.广东省香蕉寒害综合指数的时空分布特征[J].中国农业气象，**29**(4):467-471.

杜尧东，李春梅，唐力生，等，2008b.广东地区冬季寒害风险辨识[J].自然灾害学报，**17**(5):82-86.

杜尧东，毛慧琴，刘锦銮，2003.华南地区寒害概率分布模型研究[J].自然灾害学报，**12**(2):103-107.

段海来，千怀遂，俞芬，等，2008.华南地区龙眼的温度适宜性及其变化趋势[J].生态学报，**28**(11):5303-5313.

范柯伦·H，等，1990.农业生产模型-气候，土壤和作物[M].北京:中国农业科学出版社.

房世波，2011.分离趋势产量和气候产量的方法探讨[J].自然灾害学报，**20**(6):13-18.

冯冠胜，黄祖辉，2004.美国农业灾害保险的革新[J].世界农业(4):16-18.

冯瑞祥，张展伟，伍丽芳，等，2004.龙眼栽培关键技术[M].广州:广东科技出版社.

冯秀藻，闵庆文.1994.一种用于反映天然牧草生长规律的综合农业气象指数[J].中国农业气象，**15**(2):47-49.

傅真晶，韦开蕾，2010.海南省香蕉生产的比较优势分析[J].热带农业科学，**30**(6):6-10.

甘廉生，1990.柑橘、荔枝、香蕉、菠萝优质丰产栽培法[M].北京:金盾出版社.

甘廉生，彭成绩，钟扬伟，等，1990.柑橘荔枝香蕉菠萝优质丰产栽培法[M].北京:金盾出版社.

高爱平，陈业渊，许树培，等，2010.海南芒果发展和研究历程述评[J].中国热带农业(4):25-27.

高晓容，2012.东北地区玉米主要气象灾害风险评估研究[D].南京:南京信息工程大学.

广东省农业科学院，1978.广东荔枝志[M].广州:广东科学技术出版社:156.

广东省农业科学院果树研究所，1987.菠萝及其栽培[M].北京:轻工业出版社:1.

广州市农林局，1978.菠萝[M].广州:广东科技出版社:10.

广州市农林局，1976.荔枝[M].广州:广东人民出版社.

郭淑敏，陈印军，苏永秀，等，2010.广西香蕉精细化农业气候区划与应用研究[J].中国农学通报，**26**(24):348-352.

郭迎春，闫宜玲，王卫，等，1998.农业自然风险评估及区域农业保险费率的确定方法[J].应用气象学报，**9**(2):231-238.

海南省无公害农产品协会，海南省荔枝龙眼协会，2007.海南荔枝龙眼产业介绍[J].世界热带农业信息(5):18.

韩剑，2007.海南龙眼生产优势分析[J].中国热带农业(1):14.

郝建军，康宗利，2006.植物生理学[M].北京:化学工业出版社.

贺军虎，陈业渊，等，2005.海南芒果发展优势区域初探[J].热带农业科学，**25**(3):31-34.

贺军虎，梁李宏，陈业渊，等，2012.海南菠萝产业发展现状、存在问题和对策[J].热带农业科学，**32**(11):114-117.

何东健，张海亮，宁纪锋，等，2002.农业自动化领域中计算机视觉技术的应用[J].农业工程学报，**18**(2):171-175.

何业华，2006.无公害芒果标准化生产[M].北京:中国农业出版社:1.

侯振华,2010.芒果种植新技术[M].沈阳:沈阳出版社.

侯振华,2011a.荔枝种植新技术[M].沈阳:沈阳出版社.

侯振华,2011b.龙眼种植新技术[M].沈阳:沈阳出版社.

侯振华,2011c.香蕉种植新技术[M].沈阳:沈阳出版社.

扈海波,董鹏捷,潘进军,2011.基于灾损评估的北京地区冰雹灾害风险区划[J].应用气象学报,**22**(5):612-620.

胡济耀,2003.香蕉·菠萝[M].贵阳:贵州科技出版社.

胡雪琼,吉文娟,张茂松,等,2011.云南省冬小麦干旱灾损风险区划[J].大气科学学报,**34**(3):356-362.

华敏,2008.海南芒果产业发展现状与对策[J].中国热带农业(5):12-13.

华南热带农业大学,1998.中国热带作物栽培学[M].北京:中国农业出版社.

黄秉智,2000.香蕉优质高产栽培[M].北京:金盾出版社,186-216.

黄朝豪,李增平,马遥燕,2000,海南岛香蕉病害记述[J].中国南方果树.**29**(3):23-25.

黄崇福,2005.自然灾害风险评价:理论与实践[M].北京:科学出版社.

黄崇福,刘新立,周国贤,等,1998.以历史灾情资料为依据的农业自然灾害风险评估方法[J].自然灾害学报,**7**(2):1 9.

黄德炎,1999.芒果早结生产栽培技术[M].北京:中国盲文出版社.

黄国成,2003.龙眼生产关键技术彩色图说[M].广州:广东科技出版社:05.

黄鹤丽,林电,章金强,等,2009.水分胁迫对巴西香蕉幼苗叶片生理特性的影响[J].热带作物学报,**30**(4):485-488.

黄金松,1979.龙眼[M].福州:福建人民出版社.

黄世希,1999.右江河谷芒果主要病虫害的发生及其防治[J].农业研究与应用(2):35-36.

黄以东,2000.龙眼高产栽培技术[M].北京:中国盲文出版社.

黄永璘,苏永秀,钟仕全,等,2012.基于决策树的香蕉气候适宜性区划[J].热带气象学报,**28**(1):140-144.

霍治国,李世奎,王素艳,等,2003.主要农业气象灾害风险评估技术及其应用研究[J].自然资源学报,**18**(6):692-703.

季俊,2012.某结构BIM软件研发及工程应用[J].建筑结构(S1):433-438.

柯佑鹏,过建春,张锡炎,等,2012.2012年我国香蕉产业发展趋势与建议[J].中国果业信息(5):23-25.

李峰,2009.香蕉标准化生产技术[M].北京:金盾出版社:11.

李福枝,刘飞,邓靖,2007.沼泽红假单胞菌中类胡萝卜素的提取与分析[J].生物技术,**17**(1):50-53.

李桂生,1993.芒果栽培技术[M].广州:广东科技出版社:6,20.

李建光,2000.龙眼高效益栽培技术200问[M].北京:中国农业出版社.

李建国,2004.荔枝栽培实用技术[M].北京:中国农业出版社:8.

李娜,霍治国,贺楠,等,2010.华南地区香蕉、荔枝寒害的气候风险区划[J].应用生态学报,**21**(5):1244-1251.

李绍鹏,许树培,等,1996.南方果树丰产栽培技术[M].北京:农村读物出版社.

李世奎,1999.中国农业灾害风险评价与对策[M].北京:气象出版社.

李世奎,霍治国,王素艳,等,2004.农业气象灾害风险评估体系及模型研究[J].自然灾害学报,**13**(1):77-87.

李韬,蒋计谋,2004.龙眼栽培实用技术[M].北京:中国农业出版社.

李晓川,陶辉,张仕明,等,2012.气候变化对库尔勒香梨始花期的影响及其预测模型[J].中国农业气象,**33**(1):119-123.

李勇,杨晓光,王文峰,等,2010.气候变化背景下中国农业气候资源变化Ⅰ:华南地区农业气候资源时空变化特征[J].应用生态学报,**21**(10):2605-2614.

李勇,杨晓光,王文峰,等,2010.全球气候变暖对中国种植制度可能影响Ⅴ:气候变暖对中国热带作物种植北界和寒害风险的影响分析[J].中国农业科学,**43**(12):2477-2484.

李玉萍,2006.海南热带水果生产现状及发展对策[J].中国热带农业(3):10-12.

李于兴,2009.内陆地区龙眼荔枝栽培技术[M].四川:天地出版社.

李元道,1988.椰子栽培[M].广州:广东科技出版社:9,14.

李志学,程猛,2008.美国和日本的农业保险模式及其对我们的启示[J].西安石油大学学报,**17**(1):15-19.

梁来存,2010.我国粮食单产保险纯费率厘定的实证研究[J].统计研究,**27**(5):67-73.

林贵美,李小泉,江文,等,2011.2011年云南省香蕉寒害调查[J].中国热带农业(6):50-52.

林日荣,1979.香蕉[M].广州:广东科技出版社.

林善枝,陈晓敏,蔡世英,等,2001.低温锻炼对香蕉幼苗能量代谢和抗冷性效应的研究[J].热带作物学报,**22**(2):17-22.

林盛,肖正新,李向宏,等,2009.海南龙眼生产现状及发展对策[J].中国热带农业(1):15-17.

刘海清,胡盛红,2009.海南热带水果生产优势的比较分析[J].中国农学通报,**25**(7):254-257.

刘锦銮,杜尧东,毛慧琴,2003.华南地区荔枝寒害风险分析与区划[J].自然灾害学报,**12**(3):126-130.

刘玲,高素华,黄增明,2003.广东冬季寒害对香蕉产量的影响[J].气象,**29**(10):46-50.

刘荣光,刘安阜,彭宏祥,等,1997.菠萝高产栽培技术[M].广西:广西科学技术出版社.

刘岩,2000.菠萝高效益栽培技术100问[M].北京:中国农业出版社.

刘岩,钟云,刘传和,2008.菠萝生产实用技术[M].广州:广东科技出版社.

刘映宁,贺文丽,李艳莉,等,2010.陕西果区苹果花期冻害农业保险风险指数的设计[J].中国农业气象,**31**(1):125-129.

娄伟平,吴利红,陈华江,等,2010.柑橘气象指数保险合同费率厘定分析及设计[J].中国农业科学,**43**(9):1904-1911.

娄伟平,吴利红,倪沪平,等,2009.柑橘冻害保险气象理赔指数设计[J].中国农业科学,**42**(4):1339-1347.

娄伟平,吴利红,邱新法,等,2009.柑橘农业气象灾害风险评估及农业保险产品设计[J].自然资源学报,**24**(6):1030-1040.

卢美英,徐炯志,欧世金,2009.荔枝龙眼芒果沙田柚控梢促花保果综合调控技术[M].北京:金盾出版社.

马晓群,陈晓艺,盛绍学,2003.安徽省冬小麦渍涝灾害损失评估模型研究[J].自然灾害学报,**12**(1):158-162.

毛熙彦,蒙吉军,康玉芳,2012.信息扩散模型在自然灾害综合风险评估中的应用与扩展[J].北京大学学报(自然科学版),**48**(3):513-518.

毛祖舜,1987.椰子栽培技术[M].广州:科学普及出版社:8.

毛祖舜,1987.椰子栽培技术[M].广州:广东科技出版社.

毛祖舜,2003.椰子丰产栽培技术[M].海口:海南出版社:7.

莫淑勋,钱承梁,1992.果实中可溶性糖的比色法测定[J].果树科学,**9**(1):59-62.

牟海飞,吴代东,邹瑜,等,2012.香蕉寒害及防寒栽培技术研究进展[J].南方农业学报,**43**(7):965-970.

倪明鑫,潘友仙,2010.浅析海南芒果产业发展的现状和对策[J].热带农业科学,**30**(6):99-102.

倪耀源,吴素芬,1990.荔枝栽培[M].北京:农业出版社.

聂继云,李静,徐国锋,等,2014.水果可溶性固形物含量测定适宜取汁方法的筛选[J].保鲜与加工,**14**(5):62-64.

农业部发展南亚热带作物办公室,1998.中国热带南亚热带果树[M].北京:中国农业出版社.

欧良喜,2003.荔枝无公害生产技术[M].北京:中国农业出版社.

欧良喜,邱燕萍,向旭,等,2008.荔枝生产实用技术[M].广州:广东科技出版社.

欧阳若,陈厚彬,1999.香蕉栽培实用技术[M].北京:中国农业出版社.

潘学文,李建光,李荣,等,2008.龙眼生产实用技术[M].广州:广东科技出版社.

潘增光,辛培光,1995.不同套袋处理对苹果品质形成的影响及微域生境分析[J].北方园艺(2):21-22.

彭坚,2002.果树栽培原理与技术(下)[M].北京:中国农业出版社.

漆智平,2000.香蕉菠萝芒果椰子施肥技术[M].北京:金盾出版社.

邱建军,肖荧南,2002.基于模拟模型的棉花生产管理系统研究[J].农业工程学报,18(6):161-164.

邱武陵,1996.中国果树志[M].北京:中国林业出版社,.

任义方,赵艳霞,王春乙,2011.河南省冬小麦干旱保险风险评估与区划[J].应用气象学报,22(5):537-548.

单琨,刘布春,刘园,等,2012.基于自然灾害系统理论的辽宁省玉米干旱风险分析[J].农业工程学报,28(8):186-194.

尚志海,刘希林,2014.自然灾害风险管理关键问题探讨[J].灾害学,29(2):158-164.

申双和,杨再强,2012.设施杨梅环境调控及气象服务[M].北京:气象出版社.

史景钊,任学军,陈新昌,等,2009.一种三参数 Weibull 分布极大似然估计的求解方法[J].河南科学,27(7):832-834.

石兴,黄崇福,2008.自然灾害风险可保性研究[J].应用基础与工程科学学报,16(3):382-392.

施泽平,郭世荣,康云艳,等,2005.温室甜瓜干物质分配模型的研究[J].江苏农业科学(4):61-68.

宋迎波,王建林,陈晖,等,2008.中国油菜产量动态预报方法研究[J].气象,34(3):93-99.

孙文堂,苗春生,沈建国,等,2004.基于 GIS 的马铃薯种植气候区划及风险区划的研究[J].南京气象学院学报,27(5):650-659.

谭宏伟,2010.香蕉施肥管理[M].北京:中国农业出版社.

谭宏伟,喻乐辉,2005.香蕉优质高产栽培技术[M].北京:中国农业出版社.

谭宗琨,何燕,欧钊荣,等,2006."禾荔"荔枝果实发育进程与温度条件的关系[J].气象,32(12):96-101.

庹国柱,丁少群,1994.论农作物保险区划及其理论依据:农作物保险区划研究之一[J].当代经济科学(3):64-69.

涂英安,1982.龙眼[M].南宁:广西人民出版社.

涂悦贤,陶全珍,1994.近两年广东香蕉寒害与区划[J].广东气象,1:24-26.

王壁生,黄华,1999.香蕉病虫害看图防治[M].北京:中国农业出版社:1-35.

王壁生,戚佩坤,丁爱东,等,1993.芒果炭疽病防治试验初报[J].广东农业科学(2):38-39.

王鼎祥,1985.寒潮对海南岛的影响[J].热带地理,5(3):149-156.

汪铎,叶美德,1992.柑橘增减产生态环境模式研究[J].生态学报,12(3):273-281.

王芳,过建春,夏勇开,2008.海南香蕉产业组织现状与发展对策[J].海南大学学报(人文社会科学版),26(1):7-11.

王芬,过建春,夏勇开,2008.海南香蕉产业组织化模式初探[J].安徽农业科学,36(24):10702-10703.

王刚,郭德勇,2012.用信息扩散理论分析高海拔、寒、旱地区矿山事故风险[J].北京科技大学学报,34(5):495-499.

王贵忱,1999.大德本《南海志》残卷跋[J].广州师院学报(社会科学版),20(3):43-45.

王举兵,易于军,曾继吾,等,2007.海南荔枝销售情况调查[J].中国热带农业(1):12-13.

王克,2008.农作物单产分布对农业保险费率厘定的影响[D].北京:中国农业科学院.

王克,张峭,2010.农作物单产风险分布对保险费率厘定的影响——以新疆3县(市)棉花单产保险为例[J].中国农业大学学报,15(2):114-120.

王丽红,杨汭华,田志宏,等,2007.非参数核密度法厘定玉米区域产量保险费率研究——以河北安国市为例[J].中国农业大学学报,12(1):90-94.

王萍,2010.海南热带水果产业的发展分析[J].热带农业工程,34(2):67-70.

王绍玉,唐桂娟,2009.综合自然灾害风险管理理论依据探析[J].自然灾害学报,18(2):33-38.

王素艳，霍治国，李世奎，等，2005.北方冬小麦干旱灾损风险区划[J].作物学报，**31**(3):267-274.

王文壮，等，1998.椰子生产技术问答[M].北京:中国林业出版社.

王勇，李万超，2009.借鉴发达国家农业保险经验做法发展我国农业保险的几点建议[J].黑龙江金融(6):87-88.

王远皓，2008.东北地区玉米冷害的风险评估技术研究[D].北京:中国气象科学研究院.

王云惠，2006.热带南亚热带果树栽培技术[M].海南:海南出版社:38-71.

韦开蕾，2010.海南省香蕉生产的比较优势分析[J].热带农业科学，**30**(6):6-10.

魏华林，吴韧强，2010.天气指数保险与农业保险可持续发展[J].财贸经济(3):5-12.

魏守兴，陈业渊，2008.香蕉周年生产技术[M].北京:中国农业出版社:6.

温克刚，吴岩峻，2008.中国气象灾害大典·海南卷[M].北京:气象出版社:112-120.

吴东丽，2009.华北地区冬小麦干旱风险评估研究[D].北京:国家气候中心.

吴东丽，王春乙，薛红喜，等，2011.华北地区冬小麦干旱风险区划[J].生态学报，**31**(3):760-769.

吴利红，娄伟平，姚益平，等，2010.水稻农业气象指数保险产品设计——以浙江省为例[J].中国农业科学，**43**(23):4942-4950.

吴仁山，1980.荔枝[M].南宁:广西人民出版社.

吴仁山，2008.龙眼高新技术栽培彩色图解[M].广西:广西科学技术出版社.

吴淑娴，1998.中国果树志[M].北京:中国林业出版社.

吴秀君，王先甲，袁红梅，2004.洪水保险的保费计算方法研究[J].水利经济，**22**(3):12-15.

吴泽欢，甘保森，施筱健，1984.桂南地区芒果树冻害调查报告[J].热带作物研究(3):50-54.

武增海，李涛，2013.高新技术开发区综合绩效空间分布研究——基于自然断点法的分析[J].统计与信息论坛，**28**(3):82-88.

习金根，吴浩，王一承，等，2010.土壤水分对菠萝地上部和地下部生长的影响[J].热带作物学报，**31**(5):701-704.

谢柱深，徐仕金，伍丽芳，2004.荔枝栽培关键技术[M].广州:广东科技出版社.

邢鹂，于丹，刘丽娜，2007.农业保险产品的现状和创新[J].农业展望，**3**(6):28-30.

许海平，郑素芳，傅国华，2008.海南菠萝产业发展现状分析[J].中国热带农业(6):10-13.

许林兵，杨护，黄秉智，2008.香蕉生产实用技术[M].广州:广东科技出版社.

许书海，2010.海南荔枝生产现状和发展对策[J].热带农业工程，**34**(4):74-76.

许树培，2003.芒果栽培技术[M].海口:海南出版社:9.

薛昌颖，霍治国，李世奎，等，2003a.灌溉降低华北冬小麦干旱减产的风险评估研究[J].自然灾害学报，**12**(3):131-136.

薛昌颖，霍治国，李世奎，等，2003b.华北北部冬小麦干旱和产量灾损的风险评估[J].自然灾害学报，**12**(1):131-139.

薛进军，陆焕春，王海松，等，2008.2008年南宁市荔枝和龙眼冷害调查及促进荔枝灾后成花措施[J].中国果树(5):66-67,71.

杨惠茹，2014.襄垣县种植业保险风险规避研究[D].泰安:山东农业大学.

杨培生，陈业渊，黎光华，等，2003我国香蕉产业——现状、问题与前景[J].果树学报，**20**(5):415-420.

杨志斌，朱湘林，2002.海南香蕉产业的现状与前景[J].热带农业科学，**22**(6):37-43.

易代勇，1995.旱害、寒害对贵州香蕉发展的制约及防治对策[J].热带作物科技(3):55-58.

易雪，王建林，宋迎波，2010.气候适宜指数在早稻产量动态预报上的应用[J].气象，**36**(6):85-89.

应义斌，饶秀勤，马俊福，2004.柑橘成熟度机器视觉无损检测方法研究[J].农业工程学报，**20**(2):144-148.

于飞，谷晓平，罗宇翔，等，2009.贵州农业气象灾害综合风险评价与区划[J].中国农业气象，**30**(2):

267-270.

于宁宁,陈盛伟,2009. 天气指数保险国内外研究综述[J]. 农业经济(4):64-69.

张承林,付子轼,2005. 水分胁迫对荔枝幼树根系与梢生长的影响[J]. 果树学报,22(4):339-342.

张春叶,朱凤林,邱煜辉,等,1999. 我国龙眼品种资源、栽培技术及生理研究的进展[J]. 福建农业大学学报,28(2):157-162.

张放,2014.2013 年我国主要水果生产统计分析[J]. 中国果业信息,31(12):30-42.

张继权,李宁,2007. 主要气象灾害风险评价与管理的数量化方法及其应用[M]. 北京:北京师范大学出版社:33.

张继权,严登华,王春乙,等,2012. 辽西北地区农业干旱灾害风险评价与风险区划研究[J]. 防灾减灾工程学报,32(3):300-306.

张开明,1999.香蕉病虫害防治[M]. 北京:中国农业出版社:10-20.

张林辉,王家银,尼章光,2009. 荔枝栽培新技术[M]. 昆明:云南科技出版社.

张婧,梁树柏,许晓光,等,2012. 基于 CI 指数的河北省近 50 年干旱时空分布特征[J]. 资源科学,34(6):1089-1094.

张星,郑有飞,周乐照,2007. 农业气象灾害灾情等级划分与年景评估[J]. 生态学杂志,26(3):418-421.

张艳玲,韩学军,潘永波,等,2015. 加快海南香蕉产业升级的对策研究[J]. 中国热带农业(3):22-25.

张一举,方佳,2011.海南省芒果产业链研究[J].热带农业科学,31(2):51-55.

张展薇,2005.荔枝高产栽培[M].北京:金盾出版社:9.

张祖荣,2007. 我国农业保险发展滞后的原因探析[J]. 经济经纬(3):144-146.

赵静,何东健,2001. 果实形状的计算机识别方法研究[J]. 农业工程学报,17(2):165-167.

赵文振,沈雪玉,1987.菠萝栽培[M].北京:农业出版社.

赵之砚,金一泓,2003. 回归神经网络对我国粮食产量的预测[J]. 技术经济(8):F003-F004.

赵智中,张上隆,徐昌杰,等,2001. 蔗糖代谢相关酶在温州蜜柑果实糖积累中的作用[J]. 园艺学报,28(2):112-118.

郑诚乐,2004.荔枝无公害高效栽培[M].北京:金盾出版社:3.

郑素芳,张岳恒,2011.海南芒果产业链现状研究[J].中国农业资源与区划,32(2):75-80.

郑维全,邬华松,杨建峰,等,2011. 海南特色香蕉种植优势与发展对策[J]. 热带生物学报,2(3):260-263.

郑有诚,2003.菠萝高产栽培技术[M].海口:海南出版社:3.

植石群,刘锦銮,杜尧东,等,2003. 广东省香蕉寒害风险分析[J].自然灾害学报,12(2):113-116.

中国科学院中国植物志编辑委员会 1990. 中国植物志[M]. 北京:科学出版社.

中国气象局,2006. 气象干旱等级 GB/T 20481—2006 [S].北京:中国标准出版社.

中国气象局,2007.香蕉、荔枝寒害等级 QX/T 80—2007 [S].北京:气象出版社.

钟甫宁,邢鹂,2004.粮食单产波动的地区性差异及对策研究[J].中国农业资源与区划,25(3):16-19.

钟杨伟,1986.荔枝[M].北京:科学普及出版社.

钟以章,2005. 在辽宁省开展地震保险区划研究的建议和设想[J]. 东北地震研究,21(1):75-80.

众卓桐,罗永明,2003.香蕉西瓜菠萝病虫害防治[M].海口:海南出版社:47-75.

周军伟,董放,陈盛伟,2014.低温冻害气象指数保险研究综述[J].山东农业大学学报(社会科学版),16(1):73-78.

周秋瑜,2011.中国主要热带水果国际竞争力研究[D].海口:海南大学.

周修冲,徐培智,刘国坚,等,1999.香蕉菠萝芒果施肥新技术[M].北京:中国农业出版社.

周玉淑,邓国,齐斌,等,2003. 中国粮食产量保险费率的订定方法和保险费率区划[J]. 南京气象学院学报,26(6):806-814.

朱晋宇,温祥珍,刘美琴,等,2007a. 不同茬口日光温室番茄干物质生产与分配[J]. 园艺学报,34(6):

1437-1442.

朱晋宇，李亚灵，2007b. 日光温室越冬番茄果实干物质生产分析[J]. 中国农学通报，**23**(8):294-299.

朱乃海，吴慧，陈汇林，等，2008. 重度低温阴雨天气对海南农业的影响及减灾措施[J]. 中国热带农业(2)：10-11.

祖晓青，2006. 对天气风险进行管理的措施探讨[J]. 金融经济 (4):73-75.

Alvim, Paulo d T, 1977. Ecophysiology of Tropical Crops[M]. Pittsburgh:Academic Press.

Barry K G, 2015. Challenges in the Design of Crop Revenue Insurance[J]. Agricultural Finance Review, **75**(1):19-30.

Berüter J, Feusi M E S, 1997. The Effect of Girdling on Carbohydrate Partitioning in the Growing Apple Fruit[J]. Journal of Plant Physiology, **151**(3): 277-285.

Breustedt G, et al, 2008. Evaluating the Potential of Index Insurance Schemes to Reduce Crop Yield Risk in an Arid Region[J]. Journal of Agricultural Economics, **59**(2):312-328.

Carter M R, Barrett C B, 2006. The Economics of Poverty Traps and Persistent Poverty: An Asset Based Approach[J]. Journal of Development Studies, **42**(2): 178-199.

Crous P W, Mourichon X, 2002. Mycosphacrella Eumusae and Its Anamorph Pseudocercospora Eumusae spp. nov Causal Agent of Eumusae Leaf Spot Diseases of Banana[J]. Verlag Ferdinand Berger Sohne Gesellschaft Mbh, **1**(1):35-43.

Cull B W, Paxton B F, 1983. Growing the lychee in Queensland[J]. Queensland Agricultural Journal.

Davidson R A, lamber K B, 2001. Comparing the Hurricane Disaster Risk of U. S. coastal Counties[J]. Natural Hazards Review, **2**(3):132-142.

Fan Joseph, Hanazaki Masaharu , Teranishi Juro, 2004. Designing Financial Systems in East Asia and Japan[M]. Designing Financial Systems in East Asia and Japan.

Giambelluca T W, Nullet D, Nullet M A, 2005. Agricultural Drought on South-central Pacific Islands[J]. The professional Geographer, **40**(4):404-415.

Glauber J W, 2004. Crop Insurance Reconsidered[J]. American Journal of Agricultural Economics, **86**(5): 1179-1195.

Menzel C M, 1983. The Control of Floral Initiation in Lychee: A review[J]. Scientia Horticulturae, **21**(3): 201-215.

Menzel C M, 1984. The Pattern and Control of Reproductive Development in Lychee: A review[J]. Scientia Horticulturae, **22**(4):333-345.

Menzel C M, Carseldine M L, Simpson DR, 1988. Crop Development and Leaf Nitrogen in Lychee in Subtropical Queensland[J]. Australian Journal of Experimental Agriculture, **28**(6):793-800.

Nakata S, Suehisa R, 1969. Growth and Development of Litchi Chinensis as Affected by Soil-Moisture Stress[J]. American Journal of Botany, **56**(10):1121-1126.

Ngigi SN, Savenije HHG, Rockström J, et al, 2005. Hydro-economic Evaluation of Rainwater Harvesting and Management Technologies:Farmers Investment Options and Risks in Semi-arid Laikipia district of Kenya[J]. Phys Chem Earth, **30**(11-16):772-782.

Ozaki V A, Goodwin B K, Shirota R, 2008. Parametric and Nonparametric Statistical Modelling of Crop Yield: Implications for Pricing Crop Insurance Contracts[J]. Applied Economics, **40**(9): 1151-1164.

Rosenzweig P M, Singh J V, 1991. Organizational Environments and the Multinational-enterprise[J]. The Academy of Management review, **16**,(2):340-361.

Shamsuddin Shahid, Houshang Behrawan, 2008. Droughe Risk Assessment in the Western Part of Bangladesh[J]. Net Hazards, **46**(3):391-413.

Skees J R,2008. Innovations in Index Insurance for the Poor in Lower Income Countries[J]. Agricultural and Resource Economics Review,**37**(1):1-15.

Skees J R, Barnett B J,2006. Enhancing Microfinance Using Index Based Risk-Transfer Products[J]. Agricultural Finance Review,**66**(9):235-250.

Vercammen J A,2000. Constrained Efficient Contracts for Area Yield Crop Insurance[J]. American Journal of Agricultural Economics,**82**(4):856-864.

Wang M, Shi P , Ye T,et al,2011. Agriculture Insurance in China:History,Experience and Lessons Learned [J]. International Journal of Risk Science,**2**(2):10-22.

Wit D C T,Keulen H V,1987. Modelling Production of Field Crops and Its Requirements[J]. Geoderma,**40** (3-4):253-265.

Tsuji G Y,Uehara G,Balas S,1994. DSSAT Version 3[M]. International Benchmark Sites Network for Agrotechnology Transfer:Univrsity of Hawai.

Twyford I T,1967. Banana Nutrition:A Review of Principles and Practice[J]. Journal of the Science of Food & Agriculture,**18**(5):177-183.

Yamoaha C F, Walter D T, Shapiro C A,et al,2000. Standardized Precipitation Index and Nitrogen Rate Effects on Crop Yields and Risk Distribution in Maize[J]. Agric Ecosyst Environ,**80**(1-2):113-120.